演習で考え方を学ぶ
物理学
（力学・電磁気学）

髙野英明
柴山義行
桃野直樹
磯田広史

学術図書出版社

はじめに

　種々の物理現象を理解し，物理学的な考え方を修得することで，物理学を多様な分野への応用につなげることが，多くの物理学の教科書の著者たちの願いです。この達成のために，教科書には理解につながる様々な工夫を凝らしています。本書も物理学の教科書ですが，一般的な教科書とは異なり，最小限の重要事項の説明と多くの演習問題で構成し，演習問題の理解を通して物理学的な考え方を修得するようにしました。多様な入学制度で入学した学生の中には，これまで教員が『当然理解している』と思っていた内容を学習していない人もいるため，早い理解につながるように演習問題中心の構成にしました。しかし，一般的な「物理演習書」にあるような難しい問題はなく，ほとんどの問題は一般的な物理学の教科書で取り上げられている基礎的なものとしました。さらに，解答例は微積分などの数学的な取り扱いに慣れていない人にもわかるように，他の教科書や演習書よりも詳細なものにしました。また，今日の教育現場では「アクティブラーニング」の導入が推奨され，学生の自発的な学習活動が一層重視されるようになりました。本書を演習中心の構成としたもう一つの理由は，その点にあります。

　本書の構成は

　　　第 I 部　大学物理のための基礎数学演習
　　　第 II 部　力学分野
　　　第 III 部　電磁気学分野
　　　第 IV 部　付録

としました。第 I 部は，高校で学習したベクトル・微積分・複素数に加えて，大学での物理の理解のために必要な偏微分とベクトル解析を含みます。偏微分やベクトル解析など大学で新しく学習する内容を中心に，演習問題の前に簡単な説明として「基礎的事項」を設けました。第 II 部は，質点の力学，質点系と剛体の力学から成り，高校で物理を学習してこなかった人や学習済でも理解が十分でない人にも理解しやすいように，基礎的な内容から詳細に説明するようにしました。第 III 部では，主に真空の電磁気学を中心に扱い，マクスウェル方程式をこの部のまとめとしました。第 II 部と第 III 部は自己学習に用い易くするため，各章を「この章の学習目標」，「基礎的事項」，「自己学習問題」，「基本問題」，「発展問題」で構成しました。学習目標を設けることで，何を学習すべきかを明確にし，基礎的事項には，関連する『学習すべき』演習問題の記載ページと問題番号を明記しました。事前学習として，基礎的事項を確認して自己学習問題をやった後，授業で基本問題や発展問題を学習することができます。授業進度や自身の学習スタイルに合

わせて学習し，各章の学習目標を達成することができます．第 IV 部は，これまで担当してきた授業の中で質問のあった事項に対する回答を，「よくある質問と回答」としてまとめました．「いまさら」と思う質問もありますが，多様なバックグラウンドを持つ学生がいますので，取り上げた質問がでてくるのは自然なことと思います．この部の最後では，2018 年に新しく定義し直された国際単位系 (SI) と主な物理定数と関連事項をまとめました．新しい国際単位系では，基本単位の物理量を，関連する物理定数を定義値とすることから定義しており，特に質量と温度は従前の定義と大きく異なっています．また，電磁気学の分野で「真空の誘電率」，「真空の透磁率」と呼ばれていた物理定数 ε_0，μ_0 は，それぞれ「電気定数」，「磁気定数」と名称が変わりました．ただ，現行の教科書がほとんど旧名称を使っていることから，本書では初出部分のみ新名称 (旧名称) で記述し，他の部分では旧名称のみを用いました．

本書の記述面の特徴は，問題を太文字 (ボールド体) で記載し，解答部分は線で囲み，問題よりも小さな文字で記載している点です．また，できる限り段組みで記述し，余白を少なくしました．長い式の変形では，各式で何を行っているかの説明をカッコ書きで加えています．個々の表記では，問題を太文字表記にしたために，ベクトルを大学で使用する教科書の多くで用いている太文字表記の $\boldsymbol{a}$ でなく，矢印表記の $\vec{a}$ を用いました．これら以外に表記上で気を付けた点は，原則として

1. 元素記号や単位は立体 (ローマン体)
2. 変数や物理量は斜体 (イタリック体)
3. 微積分で無限小量を表す d は立体

となるようにしています．このため，例えば導関数は $\frac{dy}{dx}$ でなく $\frac{\mathrm{d}y}{\mathrm{d}x}$ のように表記しています．またこの原則に従い，ネイピア数 (自然対数の底) e も立体で表記しました．ただ，虚数単位は工学では j を用いますが，物理の慣例 (?) にならって斜体の i を用いています．さらに，複素数 z の共役複素数を，数学で通常用いる $\bar{z}$ でなく z^* を用いて表しています．注意して読み進めてください．

本書の作成にあたっては，物理グループの諸先生から貴重なご意見や示唆をいただきました．また，学術図書出版社の発田孝夫さんと貝沼稔夫さんには，筆の遅い筆者を長年にわたり叱咤激励していただきました．この場を借りて皆様に深謝いたします．

2025 年 1 月

理工学基礎教育センター
理工学基礎教育部門 物理グループ
高野英明，柴山義行，桃野直樹，磯田広史
E-mail：takano@muroran-it.ac.jp(高野)

目次

はじめに ... i

第 I 部　大学物理のための基礎数学演習　1

第 1 章　スカラーとベクトル　2

第 2 章　微分と積分　9
- 2.2　微分 ... 9
- 2.3　積分 ... 13
- 2.4　関数の展開 ... 15

第 3 章　複素数と複素平面，極形式，オイラーの公式　17

第 4 章　偏微分　21

第 5 章　ベクトル解析序論　24

第 II 部　力学分野　31

第 6 章　物理量と単位，次元と次元解析　32

第 7 章　質点　35

第 8 章　位置と変位，速度，加速度　37

第 9 章　基本的な運動状態　45

第 10 章　運動の法則と運動方程式　51

第 11 章　力学的エネルギー　76

第 12 章　運動量と力積，角運動量と力のモーメント　91

第 13 章　二体問題　100

第 14 章	力学の保存法則	104
第 15 章	質点系の力学	111
第 16 章	剛体の運動と慣性モーメント	122

第 III 部　電磁気学分野　　　137

第 17 章	静電気と単位	138
第 18 章	クーロンの法則と電場	140
第 19 章	ガウスの法則と静電ポテンシャル	146
第 20 章	静電容量	156
第 21 章	直流回路	164
第 22 章	静磁気	169
第 23 章	アンペールの法則	172
第 24 章	電磁誘導	182
第 25 章	マクスウェル方程式	188

第 IV 部　付録　　　191

よくある質問と回答	192
国際単位系 (SI) と主な物理定数	208
参考図書	213
索引	214

第I部

大学物理のための基礎数学演習

第1章

スカラーとベクトル

1.1.1 基本問題

1. (平面ベクトル)：
図 1.1 において次のようなベクトルを示しなさい。
   (a) 等しいベクトル
   (b) 大きさの等しいベクトル (等しいベクトルを除く)
   (c) 向きの等しいベクトル (等しいベクトルを除く)
   (d) 直交しているベクトル

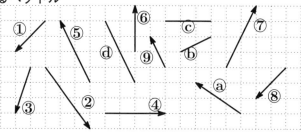

図 1.1 平面ベクトル (点線の間隔は縦横ともに 1 である。)

(解)

| (a) ①と⑧ | (b) ⑤と⑦ | (c) ⑤と⑨ | (d) ④と⑥ |

2. (座標とベクトル)：
以下に示すベクトルを図 1.2 の O-xy 座標上に矢印 (⟶) で描きなさい。

   (a) 始点が $(-2, 3)$, 終点が $(3, 5)$ であるベクトル
   (b) (a) のベクトルを y 軸方向に -5 平行移動したベクトル
   (c) (a) のベクトルに平行で始点が原点 O のベクトル
   (d) (c) のベクトルを O のまわりに $90°\left(\dfrac{\pi}{2}\right)$ だけ左回転したベクトル

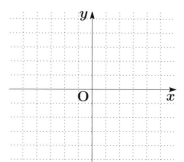

図 1.2 O-xy 座標 (点線の間隔は x, y 方向ともに 1 である。)

(解) 図 1.3 に示す。

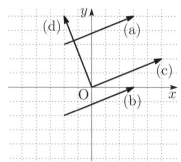

図 1.3 座標とベクトルの解答図

3. (ベクトルのなす角度):
   前問のベクトルの角度について，以下の問に答えなさい。

   (a) (a) と (d) のベクトルのなす角度
   (b) (b) と (d) のベクトルのなす角度
   (c) (a) と (c) のベクトルのなす角度

   (解)
   (a) $\dfrac{\pi}{2}$ (b) $\dfrac{\pi}{2}$ (c) 0

4. (ベクトルの和と差 1):
   $\vec{e}_x$ と $\vec{e}_y$ をそれぞれ x と y 方向の単位ベクトルとする。$\vec{A} = \vec{e}_x + 2\vec{e}_y$, $\vec{B} = 3\vec{e}_x + \vec{e}_y$ に対して，以下を計算しなさい。

   (a) $\vec{A} + \vec{B}$ (b) $\vec{A} - \vec{B}$ (c) $3\vec{A} - 2\vec{B}$

   (解)
   (a) $\vec{A} + \vec{B} = (\vec{e}_x + 2\vec{e}_y) + (3\vec{e}_x + \vec{e}_y) = 4\vec{e}_x + 3\vec{e}_y$
   (b) $\vec{A} - \vec{B} = (\vec{e}_x + 2\vec{e}_y) - (3\vec{e}_x + \vec{e}_y) = -2\vec{e}_x + \vec{e}_y$
   (c) $3\vec{A} - 2\vec{B} = 3(\vec{e}_x + 2\vec{e}_y) - 2(3\vec{e}_x + \vec{e}_y) = -3\vec{e}_x + 4\vec{e}_y$

5. (ベクトルの和と差 2):
   点 A，B，C の座標がそれぞれ $(-4, 5)$，$(-1, -4)$，$(4, 4)$ のとき，$\vec{A} = \overrightarrow{OA}$ は始点 (原点 O) と終点 (点 A) の座標を使って
   $$\vec{A} = \overrightarrow{OA} = (-4, 5) - (0, 0) = (-4, 5)$$
   のように計算で表すことができる。以下の問に答えなさい。

   (a) $\vec{B} = \overrightarrow{OB}$ を座標で表しなさい。
   (b) $\vec{C} = \overrightarrow{OC}$ を座標で表しなさい。
   (c) $\overrightarrow{AB}$ を $\overrightarrow{OB}$ と $\overrightarrow{OA}$ を使って表しなさい。
   (d) $\overrightarrow{AB}$ を座標で表しなさい。
   (e) $\overrightarrow{BC}$ を $\overrightarrow{OC}$ と $\overrightarrow{OB}$ を使って表しなさい。

(f) $\vec{BC}$ を座標で表しなさい。
(g) $\vec{AC}$ を $\vec{OC}$ と $\vec{OA}$ を使って表しなさい。
(h) $\vec{AC}$ を座標で表しなさい。
(i) $\vec{AC}$ を $\vec{AB}$ と $\vec{BC}$ を使って表しなさい。

(解)

(a) $\vec{B} = \vec{OB} = (-1, -4)$
(b) $\vec{C} = \vec{OC} = (4, 4)$
(c) $\vec{AB} = \vec{OB} - \vec{OA}$
(d) $\vec{AB} = (3, -9)$
(e) $\vec{BC} = \vec{OC} - \vec{OB}$
(f) $\vec{BC} = (5, 8)$
(g) $\vec{AC} = \vec{OC} - \vec{OA}$
(h) $\vec{AC} = (8, -1)$
(i) $\vec{AC} = \vec{AB} + \vec{BC}$

---

6. (ベクトルの和 (合成))：
図 1.4 のベクトル $\vec{A}$ と $\vec{B}$ の和 $\vec{C} = \vec{A} + \vec{B}$ を図示しなさい。

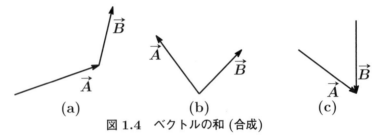

図 1.4　ベクトルの和 (合成)

(解) 解答を図 1.5 に示す。

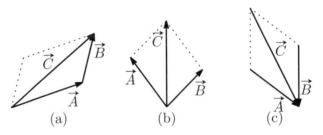

図 1.5　ベクトルの和 (合成) の解答例

7. (ベクトルの分解 1)：
図 1.6 のベクトル $\vec{A}$ を点線の 2 方向に分解したベクトル $\vec{B}$ と $\vec{C}$ を図示しなさい。

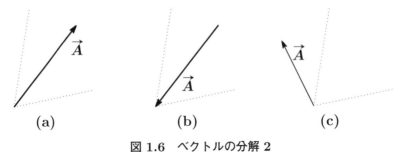

図 1.6　ベクトルの分解 2

(解) 解答を図 1.7 に示す。

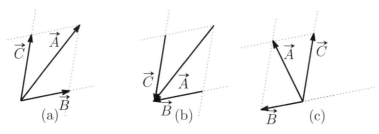

図 1.7　ベクトルの分解 2 の解答例

8. (ベクトルの分解 2)：
x 方向と y 方向の単位ベクトルをそれぞれ $\vec{e}_x$ と $\vec{e}_y$ とすると，位置ベクトル $\vec{A} = \overrightarrow{OA} = (-4, 5)$ は $\vec{A} = -4\vec{e}_x + 5\vec{e}_y$ のように 2 つのベクトルの和として表すことができる。これをベクトル $\vec{A}$ を x 方向と y 方向に分解するという。次のベクトルを x 方向と y 方向に分解しなさい。

(a) $\vec{B} = \overrightarrow{OB} = (-1, -4)$
(b) $\vec{C} = \overrightarrow{OC} = (4, 4)$
(c) 前問の座標で表された $\overrightarrow{AB}$
(d) 前問の座標で表された $\overrightarrow{BC}$
(e) 前問の座標で表された $\overrightarrow{AC}$

(解)
(a) $\vec{B} = \overrightarrow{OB} = -\vec{e}_x - 4\vec{e}_y$
(b) $\vec{C} = \overrightarrow{OC} = 4\vec{e}_x + 4\vec{e}_y$
(c) $\overrightarrow{AB} = 3\vec{e}_x - 9\vec{e}_y$
(d) $\overrightarrow{BC} = 5\vec{e}_x + 8\vec{e}_y$
(e) $\overrightarrow{AC} = 8\vec{e}_x - \vec{e}_y$

9. (空間ベクトル)：
図 1.8 のような平行六面体 ABCD − EFGH において $\overrightarrow{AB} = \vec{a}$, $\overrightarrow{AD} = \vec{b}$, $\overrightarrow{AE} = \vec{c}$ とする。次のベクトルを $\vec{a}, \vec{b}, \vec{c}$ で表しなさい。

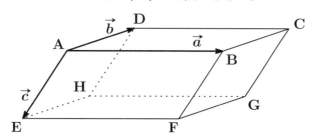

図 1.8　平行六面体

(a) $\overrightarrow{AC}$
(b) $\overrightarrow{AH}$
(c) $\overrightarrow{AF}$
(d) $\overrightarrow{AG}$
(e) $\overrightarrow{BH}$
(f) $\overrightarrow{CE}$
(g) $\overrightarrow{DF}$

(解)
(a) $\vec{AC} = \vec{a} + \vec{b}$
(b) $\vec{AH} = \vec{b} + \vec{c}$
(c) $\vec{AF} = \vec{a} + \vec{c}$
(d) $\vec{AG} = \vec{a} + \vec{b} + \vec{c}$
(e) $\vec{BH} = -\vec{a} + \vec{b} + \vec{c}$
(f) $\vec{CE} = -\vec{a} - \vec{b} + \vec{c}$
(g) $\vec{DF} = \vec{a} - \vec{b} + \vec{c}$

10. (ベクトルの内積 (スカラー積) 1) :
    次のベクトル $\vec{a}$ と $\vec{b}$ の内積 $\vec{a} \cdot \vec{b}$ を求めなさい。
    (a) $\vec{a} = (-1, 2)$ と $\vec{b} = (2, -1)$
    (b) $\vec{a} = (4, 3)$ と $\vec{b} = (1, -2)$
    (c) $\vec{a} = (3, 3)$ と $\vec{b} = (-3, -3)$

    (解)
    (a) $\vec{a} \cdot \vec{b} = -4$
    (b) $\vec{a} \cdot \vec{b} = -2$
    (c) $\vec{a} \cdot \vec{b} = -18$

11. (ベクトルの内積 2) :
    ベクトル $\vec{a}$ と $\vec{b}$ の大きさをそれぞれ $|\vec{a}| = 3$ と $|\vec{b}| = 2$ とし，$\vec{a}$ と $\vec{b}$ のなす角を θ とする。次の場合について内積 $\vec{a} \cdot \vec{b}$ を求めなさい。
    (a) $\theta = 0° = 0$
    (b) $\theta = 30° = \dfrac{\pi}{6}$
    (c) $\theta = 45° = \dfrac{\pi}{4}$
    (d) $\theta = 90° = \dfrac{\pi}{2}$
    (e) $\theta = 135° = \dfrac{3\pi}{4}$
    (f) $\theta = 180° = \pi$

    (解)
    (a) $\vec{a} \cdot \vec{b} = 6$
    (b) $\vec{a} \cdot \vec{b} = 3\sqrt{3}$
    (c) $\vec{a} \cdot \vec{b} = 3\sqrt{2}$
    (d) $\vec{a} \cdot \vec{b} = 0$
    (e) $\vec{a} \cdot \vec{b} = -3\sqrt{2}$
    (f) $\vec{a} \cdot \vec{b} = -6$

12. (空間ベクトルの内積) :
    以下の空間ベクトル $\vec{a}, \vec{b}$ の大きさと両者の内積を求めなさい。ここで $\vec{e}_x, \vec{e}_y, \vec{e}_z$ はそれぞれ x, y, z 方向の単位ベクトルである。
    (a) $\vec{a} = (1, 0, 2), \vec{b} = (-2, 1, 2)$
    (b) $\vec{a} = \vec{e}_x + \vec{e}_y + 2\vec{e}_z, \vec{b} = 2\vec{e}_x - \vec{e}_y - \vec{e}_z$

    (解)
    (a) $|\vec{a}| = \sqrt{5}, |\vec{b}| = 3, \vec{a} \cdot \vec{b} = 1 \times (-2) + 0 \times 1 + 2 \times 2 = 2$
    (b) $|\vec{a}| = \sqrt{6}, |\vec{b}| = \sqrt{6}, \vec{a} \cdot \vec{b} = 1 \times 2 + 1 \times (-1) + 2 \times (-1) = -1$

13. (ベクトルの内積の性質) :
    ベクトル $\vec{a}$ と $\vec{b}$ の内積 $\vec{a} \cdot \vec{b} = 0$ ならば，両者は直交することを示しなさい。

    (解) $\vec{a}$ と $\vec{b}$ のなす角度を θ とする。内積の定義より $\vec{a} \cdot \vec{b} = |\vec{a}||\vec{b}|\cos\theta = 0$ である。ここで $\vec{a} \neq \vec{0}, \vec{b} \neq \vec{0}$ ならば $\cos\theta = 0$ であり，$\theta = \dfrac{\pi}{2}$ であるから両者は直交する。

14. (ベクトルの内積と外積 (ベクトル積))：
以下のベクトル $\vec{a}, \vec{b}$ の内積と外積 $\vec{a} \times \vec{b}$ を求めなさい。ここで $\vec{e}_x, \vec{e}_y, \vec{e}_z$ はそれぞれ x, y, z 方向の単位ベクトルである。
   (a) $\vec{a} = \vec{e}_x + 2\vec{e}_y + \vec{e}_z,\ \vec{b} = \vec{e}_x - 2\vec{e}_y + \vec{e}_z$
   (b) $\vec{a} = 6\vec{e}_x + 4\vec{e}_y + 3\vec{e}_z,\ \vec{b} = 2\vec{e}_x - 3\vec{e}_y - 3\vec{e}_z$
   (c) $\vec{a} = 2\vec{e}_x - 2\vec{e}_y + \vec{e}_z,\ \vec{b} = -\vec{e}_x + 2\vec{e}_y + 2\vec{e}_z$

(解)
   (a) $\vec{a} \cdot \vec{b} = 1 \times 1 + 2 \times (-2) + 1 \times 1 = -2$
   $\vec{a} \times \vec{b} = (2 \times 1 - 1 \times (-2))\vec{e}_x + (1 \times 1 - 1 \times 1)\vec{e}_y + (1 \times (-2) - 2 \times 1)\vec{e}_z = 4\vec{e}_x - 4\vec{e}_z$
   (b) $\vec{a} \cdot \vec{b} = -9$
   $\vec{a} \times \vec{b} = (4 \times (-3) - 3 \times (-3))\vec{e}_x + (3 \times 2 - 6 \times (-3))\vec{e}_y + (6 \times (-3) - 4 \times 2)\vec{e}_z = -3\vec{e}_x + 24\vec{e}_y - 26\vec{e}_z$
   (c) $\vec{a} \cdot \vec{b} = -4$
   $\vec{a} \times \vec{b} = ((-2) \times 2 - 1 \times 2)\vec{e}_x + (1 \times (-1) - 2 \times 2)\vec{e}_y + (2 \times 2 - (-2) \times (-1))\vec{e}_z = -6\vec{e}_x - 5\vec{e}_y + 2\vec{e}_z$

15. (ベクトルの外積の性質)：
ベクトル $\vec{a}$ と $\vec{b}$ で $\vec{a} \times \vec{b} = \vec{0}$ ならば，両者は平行であることを示しなさい。

(解) $\vec{a}$ と $\vec{b}$ のなす角度を θ とする。外積の大きさは $|\vec{a} \times \vec{b}| = |\vec{a}||\vec{b}|\sin\theta = 0$ となる。ここで $\vec{a} \neq \vec{0},\ \vec{b} \neq \vec{0}$ ならば $\sin\theta = 0$ であり，$\theta = 0$ のときには平行 [$\vec{a}$ と $\vec{b}$ の向きは同じ]，$\theta = \pi$ のときには反 (逆) 平行 [$\vec{a}$ と $\vec{b}$ の向きが逆] である。

16. (ベクトルの計算規則)：
次の等式が成り立つことを示しなさい。
   (a) $(\vec{a} \times \vec{b}) \cdot \vec{c} = (\vec{b} \times \vec{c}) \cdot \vec{a} = (\vec{c} \times \vec{a}) \cdot \vec{b}$
   (b) $\vec{a} \times (\vec{b} \times \vec{c}) = (\vec{a} \cdot \vec{c})\vec{b} - (\vec{a} \cdot \vec{b})\vec{c}$
   (c) $\vec{a} \cdot \{\vec{b} \times (\vec{c} \times \vec{d})\} = (\vec{a} \times \vec{b}) \cdot (\vec{c} \times \vec{d})$
   (d) $(\vec{a} \times \vec{b}) \cdot (\vec{c} \times \vec{d}) + (\vec{b} \times \vec{c}) \cdot (\vec{a} \times \vec{d}) + (\vec{c} \times \vec{a}) \cdot (\vec{b} \times \vec{d}) = 0$

(解) $\vec{a} = (a_x, a_y, a_z),\ \vec{b} = (b_x, b_y, b_z),\ \vec{c} = (c_x, c_y, c_z),\ \vec{d} = (d_x, d_y, d_z)$ とおく。
(a) 各辺の成分をそれぞれ求め比較する。

$$(\vec{a} \times \vec{b}) \cdot \vec{c} = (a_y b_z - a_z b_y, a_z b_x - a_x b_z, a_x b_y - a_y b_x) \cdot (c_x, c_y, c_z)$$
$$= (a_y b_z c_x + a_z b_x c_y + a_x b_y c_z) - (a_z b_y c_x + a_x b_z c_y + a_y b_x c_z)$$
$$(\vec{b} \times \vec{c}) \cdot \vec{a} = (b_y c_z - b_z c_y, b_z c_x - b_x c_z, b_x c_y - b_y c_x) \cdot (a_x, a_y, a_z)$$
$$= (a_x b_y c_z + a_y b_z c_x + a_z b_x c_y) - (a_x b_z c_y + a_y b_x c_z + a_z b_y c_x)$$
$$(\vec{c} \times \vec{a}) \cdot \vec{b} = (c_y a_z - c_z a_y, c_z a_x - c_x a_z, c_x a_y - c_y a_x) \cdot (b_x, b_y, b_z)$$
$$= (a_z b_x c_y + a_x b_y c_z + a_y b_z c_x) - (a_y b_x c_z + a_z b_y c_x + a_x b_z c_y)$$

すべての辺の値が一致することから，与式は成立する。

(b) 両辺の成分をそれぞれ求め比較する。
$$\vec{a} \times (\vec{b} \times \vec{c}) = (a_x, a_y, a_z) \times (b_y c_z - b_z c_y, b_z c_x - b_x c_z, b_x c_y - b_y c_x)$$
$$= (a_y(b_x c_y - b_y c_x) - a_z(b_z c_x - b_x c_z),$$
$$a_z(b_y c_z - b_z c_y) - a_x(b_x c_y - b_y c_x),$$
$$a_x(b_z c_x - b_x c_z) - a_y(b_y c_z - b_z c_y))$$
$$= ((a_y b_x c_y + a_z b_x c_z) - (a_y b_y c_x + a_z b_z c_x),$$
$$(a_z b_y c_z + a_x b_y c_x) - (a_z b_z c_y + a_x b_x c_y),$$
$$(a_x b_z c_x + a_y b_z c_y) - (a_x b_x c_z + a_y b_y c_z))$$

$$(\vec{a} \cdot \vec{c})\vec{b} - (\vec{a} \cdot \vec{b})\vec{c}$$
$$= (a_x c_x + a_y c_y + a_z c_z)(b_x, b_y, b_z) - (a_x b_x + a_y b_y + a_z b_z)(c_x, c_y, c_z)$$
$$= ((a_x b_x c_x + a_y b_x c_y + a_z b_x c_z) - (a_x b_x c_x + a_y b_y c_x + a_z b_z c_x),$$
$$(a_z b_y c_z + a_y b_y c_y + a_x b_y c_x) - (a_z b_z c_y + a_y b_y c_y + a_x b_x c_y),$$
$$(a_x b_z c_x + a_y b_z c_y + a_z b_z c_z) - (a_x b_x c_z + a_y b_y c_z + a_z b_z c_z))$$
$$= ((a_y b_x c_y + a_z b_x c_z) - (a_y b_y c_x + a_z b_z c_x),$$
$$(a_z b_y c_z + a_x b_y c_x) - (a_z b_z c_y + a_x b_x c_y),$$
$$(a_x b_z c_x + a_y b_z c_y) - (a_x b_x c_z + a_y b_y c_z))$$

両辺の成分が一致することから，与式は成立する。

(c) ベクトルの内積及び外積の性質と (a) と (b) を用いて書き換え，その成分を計算すると
$$\vec{a} \cdot \{\vec{b} \times (\vec{c} \times \vec{d})\} = \vec{a} \cdot \{(\vec{b} \cdot \vec{d})\vec{c} - (\vec{b} \cdot \vec{c})\vec{d}\}$$
$$= (\vec{b} \cdot \vec{d})(\vec{a} \cdot \vec{c}) - (\vec{b} \cdot \vec{c})(\vec{a} \cdot \vec{d})$$
$$= (b_x d_x + b_y d_y + b_z d_z)(a_x c_x + a_y c_y + a_z c_z)$$
$$- (b_x c_x + b_y c_y + b_z c_z)(a_x d_x + a_y d_y + a_z d_z)$$
$$= (a_x b_y c_x d_y + a_x b_z c_x d_z + a_y b_x c_y d_x + a_y b_z c_y d_z + a_z b_x c_z d_x + a_z b_y c_z d_y)$$
$$- (a_x b_y c_y d_x + a_x b_z c_z d_x + a_y b_x c_x d_y + a_y b_z c_z d_y + a_z b_x c_x d_z + a_z b_y c_y d_z)$$
$$= (a_y b_z - a_z b_y)(c_y d_z - c_z d_y)$$
$$+ (a_z b_x - a_x b_z)(c_z d_x - c_x d_z)$$
$$+ (a_x b_y - a_y b_x)(c_x d_y - c_y d_x)$$
$$= (\vec{a} \times \vec{b}) \cdot (\vec{c} \times \vec{d})$$

(d) (b) と (c) を用いて各項を計算すると
$$(\vec{a} \times \vec{b}) \cdot (\vec{c} \times \vec{d}) = \vec{a} \cdot \{\vec{b} \times (\vec{c} \times \vec{d})\} = \vec{a} \cdot \{(\vec{b} \cdot \vec{d})\vec{c} - (\vec{b} \cdot \vec{c})\vec{d}\}$$
$$= (\vec{a} \times \vec{c}) \cdot (\vec{b} \times \vec{d}) - (\vec{a} \times \vec{d}) \cdot (\vec{b} \times \vec{c})$$
$$(\vec{b} \times \vec{c}) \cdot (\vec{a} \times \vec{d}) = \vec{b} \cdot \{\vec{c} \times (\vec{a} \times \vec{d})\} = \vec{b} \cdot \{(\vec{c} \cdot \vec{d})\vec{a} - (\vec{c} \cdot \vec{a})\vec{d}\}$$
$$= (\vec{a} \times \vec{b}) \cdot (\vec{c} \times \vec{d}) - (\vec{a} \times \vec{c}) \cdot (\vec{b} \times \vec{d})$$
$$(\vec{c} \times \vec{a}) \cdot (\vec{b} \times \vec{d}) = \vec{c} \cdot \{\vec{a} \times (\vec{b} \times \vec{d})\} = \vec{c} \cdot \{(\vec{a} \cdot \vec{d})\vec{b} - (\vec{a} \cdot \vec{b})\vec{d}\}$$
$$= (\vec{a} \times \vec{d}) \cdot (\vec{b} \times \vec{c}) - (\vec{a} \times \vec{b}) \cdot (\vec{c} \times \vec{d})$$

以上の結果から，辺々加えると
$$(\vec{a} \times \vec{b}) \cdot (\vec{c} \times \vec{d}) + (\vec{b} \times \vec{c}) \cdot (\vec{a} \times \vec{d}) + (\vec{c} \times \vec{a}) \cdot (\vec{b} \times \vec{d}) = 0$$

第2章

微分と積分

2.2 微分

2.2.1 基礎的事項

- (常微分) 関数 $y = f(x)$ について，変数 x が x から $x + \Delta x$ と変化するとき，y が $y = f(x)$ から $y + \Delta y = f(x + \Delta x)$ と変化するならば，x の増分 Δx に対する y の増分 Δy の比 $\dfrac{\Delta y}{\Delta x} = \dfrac{f(x + \Delta x) - f(x)}{(x + \Delta x) - x} = \dfrac{f(x + \Delta x) - f(x)}{\Delta x}$ を $[x, x + \Delta x]$ における y の平均変化率といい，$\Delta x \to 0$ の極限を次のように書く。

$$\frac{\mathrm{d}y}{\mathrm{d}x} = \lim_{\Delta x \to 0} \frac{\Delta y}{\Delta x} = \lim_{\Delta x \to 0} \frac{f(x + \Delta x) - f(x)}{\Delta x} \tag{2.1}$$

この $\dfrac{\mathrm{d}y}{\mathrm{d}x}$ $\left(\dfrac{\mathrm{d}y}{\mathrm{d}x}\ \text{を}\ \dfrac{\mathrm{d}f}{\mathrm{d}x},\ y',\ f'(x)\ \text{のように書くこともある}\right)$ を y の x に関する 1 階の導関数といい，導関数を求めることを y を x で (常) 微分するという。

2.2.2 基礎問題

1. (基本的な関数の導関数の定義からの導出) :

   以下の関数 $f(x)$ の導関数 $f'(x)$ を，定義 $f'(x) = \lim\limits_{\Delta x \to 0} \dfrac{f(x + \Delta x) - f(x)}{\Delta x}$ に従って求めなさい。

   (a) $f(x) = x$ (c) $f(x) = x^n$ (e) $f(x) = \cos x$
   (b) $f(x) = x^2$ (d) $f(x) = \sin x$ (f) $f(x) = \log x$

(解) 各関数の導関数を導出過程も含めて以下に示す。

(a) $f'(x) = \lim\limits_{\Delta x \to 0} \dfrac{(x + \Delta x) - x}{\Delta x} = \lim\limits_{\Delta x \to 0} \dfrac{\Delta x}{\Delta x} = 1$

(b) $f'(x) = \lim\limits_{\Delta x \to 0} \dfrac{(x + \Delta x)^2 - x^2}{\Delta x} = \lim\limits_{\Delta x \to 0} \dfrac{2x\Delta x + (\Delta x)^2}{\Delta x} = \lim\limits_{\Delta x \to 0} (2x + \Delta x) = 2x$

(c) $f'(x) = \lim\limits_{\Delta x \to 0} \dfrac{(x + \Delta x)^n - x^n}{\Delta x}$

$= \lim\limits_{\Delta x \to 0} \dfrac{1}{\Delta x} \left(nx^{n-1} \Delta x + \sum\limits_{k=2}^{n} \dfrac{n!}{k!(n-k)!} x^{n-k} (\Delta x)^k \right)$

$= \lim\limits_{\Delta x \to 0} \left(nx^{n-1} + \sum\limits_{k=2}^{n} \dfrac{n!}{k!(n-k)!} x^{n-k} (\Delta x)^{k-1} \right) = nx^{n-1}$

(d) $f'(x) = \lim_{\Delta x \to 0} \dfrac{\sin(x + \Delta x) - \sin x}{\Delta x} = \lim_{\Delta x \to 0} \dfrac{2}{\Delta x} \cos\left(x + \dfrac{\Delta x}{2}\right) \sin \dfrac{\Delta x}{2}$
$= \lim_{\Delta x \to 0} \cos\left(x + \dfrac{\Delta x}{2}\right) \dfrac{\sin \frac{\Delta x}{2}}{\frac{\Delta x}{2}} = \cos x$ (P.198 も参照)

(e) $f'(x) = \lim_{\Delta x \to 0} \dfrac{\cos(x + \Delta x) - \cos x}{\Delta x} = \lim_{\Delta x \to 0} \dfrac{-2 \sin\left(x + \frac{\Delta x}{2}\right) \sin \frac{\Delta x}{2}}{\Delta x}$
$= \lim_{\Delta x \to 0} \left(-\sin\left(x + \dfrac{\Delta x}{2}\right)\right) \dfrac{\sin \frac{\Delta x}{2}}{\frac{\Delta x}{2}} = -\sin x$ (P.198 も参照)

(f) $f'(x) = \lim_{\Delta x \to 0} \dfrac{\log(x + \Delta x) - \log x}{\Delta x} = \lim_{\Delta x \to 0} \dfrac{1}{\Delta x} \log\left(\dfrac{x + \Delta x}{x}\right)$
$= \lim_{\Delta x \to 0} \dfrac{1}{\Delta x} \log\left(1 + \dfrac{\Delta x}{x}\right) = \lim_{\Delta x \to 0} \dfrac{1}{x} \dfrac{x}{\Delta x} \log\left(1 + \dfrac{\Delta x}{x}\right)$
$= \lim_{\Delta x \to 0} \dfrac{1}{x} \log\left(1 + \dfrac{\Delta x}{x}\right)^{\frac{x}{\Delta x}} = \dfrac{1}{x} \log \lim_{\Delta x \to 0} \left(1 + \dfrac{\Delta x}{x}\right)^{\frac{x}{\Delta x}} = \dfrac{1}{x} \log e = \dfrac{1}{x}$

2. **(和関数, 積関数, 商関数, 合成関数の導関数)**:
以下の関数の導関数 $\dfrac{dy}{dx}$ を求めなさい。

(a) $y = f(x) \pm g(x)$
(b) $y = f(x) g(x)$
(c) $y = \dfrac{f(x)}{g(x)}$ $(g(x) \neq 0)$
(d) $y = f(t),\quad t = g(x)$

(解) 各関数の導関数の結果を以下に示す。

(a) $\dfrac{dy}{dx} = f'(x) \pm g'(x)$
(b) $\dfrac{dy}{dx} = f'(x)g(x) + f(x)g'(x)$
(c) $\dfrac{dy}{dx} = \dfrac{f'(x)g(x) - f(x)g'(x)}{g(x)^2}$
(d) $\dfrac{dy}{dx} = \dfrac{df}{dt}\dfrac{dt}{dx} = f'(t)g'(x)$

3. **(e^x の導関数の導出)**:
$y = e^x$ の導関数 $\dfrac{dy}{dx}$ を, 両辺の自然対数をとり, これを微分して求めなさい。

(解) 導出過程を以下に示す。

$\log y = x$ ($y = e^x$の両辺の対数をとる)
$\dfrac{d \log y}{dx} = \dfrac{dx}{dx}$ (両辺を x で微分する)
$\dfrac{d \log y}{dy} \dfrac{dy}{dx} = 1$ (左辺は合成関数の微分)
$\dfrac{1}{y} \dfrac{dy}{dx} = 1$ ($\log y$ を y で微分する)
$\dfrac{dy}{dx} = y$ (両辺を y をかける)
$\dfrac{dy}{dx} = e^x$

4. **(べき関数の導関数)**:
以下の関数 $f(x)$ の導関数 $f'(x)$ を求めなさい。ここで a, b, n は定数である。

(a) $f(x) = a + b$
(b) $f(x) = 3x - 5$
(c) $f(x) = ax + b$
(d) $f(x) = 5x^2 + 2x$
(e) $f(x) = 4x^3 - 3x^2 + x$
(f) $f(x) = ax^n$
(g) $f(x) = x^n + x^{n-1}$
(h) $f(x) = ax^n + bx^{n-1}$

2.2 微分

(解) 各関数の導関数の結果を以下に示す。

(a) $f'(x) = 0$
(b) $f'(x) = 3$
(c) $f'(x) = a$
(d) $f'(x) = 10x + 2$
(e) $f'(x) = 12x^2 - 6x + 1$
(f) $f'(x) = anx^{n-1}$
(g) $f'(x) = nx^{n-1} + (n-1)x^{n-2}$
(h) $f'(x) = anx^{n-1} + b(n-1)x^{n-2}$

5. **(三角関数の導関数)**：

    以下の関数 $f(x)$ の導関数 $f'(x)$ を求めなさい。ここで a, n は定数である。

    (a) $f(x) = -\sin x$
    (b) $f(x) = -\cos x$
    (c) $f(x) = \sin 2x$
    (d) $f(x) = \cos nx$
    (e) $f(x) = a \sin nx$
    (f) $f(x) = a \cos nx$
    (g) $f(x) = \tan x$
    (h) $f(x) = \dfrac{1}{\tan x}$

(解) 各関数の導関数の結果を以下に示す。

(a) $f'(x) = -\cos x$
(b) $f'(x) = \sin x$
(c) $f'(x) = 2\cos 2x$
(d) $f'(x) = -n \sin nx$
(e) $f'(x) = an \cos nx$
(f) $f'(x) = -an \sin nx$
(g) $f'(x) = \dfrac{1}{\cos^2 x}$
(h) $f'(x) = -\dfrac{1}{\sin^2 x}$

6. **(べき関数と指数関数の導関数)**：

    以下の関数 $f(x)$ の導関数 $f'(x)$ を求めなさい。ここで $a > 0$ は定数であり，e は自然対数の底である。

    (a) $f(x) = \sqrt{x}$
    (b) $f(x) = \dfrac{1}{x}$
    (c) $f(x) = \dfrac{1}{x^2}$
    (d) $f(x) = \dfrac{1}{\sqrt{x}}$
    (e) $f(x) = \mathrm{e}^x$
    (f) $f(x) = a^x$

(解) 各関数の導関数の結果を以下に示す。

(a) $f'(x) = \dfrac{1}{2\sqrt{x}}$
(b) $f'(x) = -\dfrac{1}{x^2}$
(c) $f'(x) = -\dfrac{2}{x^3}$
(d) $f'(x) = -\dfrac{1}{2x\sqrt{x}}$
(e) $f'(x) = \mathrm{e}^x$
(f) $f'(x) = a^x \log a$

7. **(対数関数の導関数)**：

    以下の関数 $f(x)$ の導関数 $f'(x)$ を求めなさい。ここで $a > 0$, n は定数であり，底を明示していない対数は自然対数とする。

    (a) $f(x) = \log 2x$
    (b) $f(x) = 2 \log x$
    (c) $f(x) = \log x^2$
    (d) $f(x) = \log ax$
    (e) $f(x) = \log x^n$
    (f) $f(x) = \log_{10} x$
    (g) $f(x) = \log_{10} ax^n$
    (h) $f(x) = \log_a x$

(解) 各関数の導関数の結果を以下に示す。

(a) $f'(x) = \dfrac{1}{x}$

(b) $f'(x) = \dfrac{2}{x}$

(c) $f'(x) = \dfrac{2}{x}$

(d) $f'(x) = \dfrac{1}{x}$

(e) $f'(x) = \dfrac{n}{x}$

(f) $f'(x) = \dfrac{1}{x \log 10}$

(g) $f'(x) = \dfrac{n}{x \log 10}$

(h) $f'(x) = \dfrac{1}{x \log a}$

8. (合成関数の導関数)：
以下の関数 $f(x)$ の導関数 $f'(x)$ を求めなさい．ここで a, b, m, n は定数であり，対数はすべて自然対数である．

(a) $f(x) = (ax+2)^2$

(b) $f(x) = (ax^2+5)^n$

(c) $f(x) = b(ax^m-4)^n$

(d) $f(x) = \cos(ax+b)$

(e) $f(x) = \sin^2 x$

(f) $f(x) = \sin^m ax$

(g) $f(x) = \sin x \cos x$

(h) $f(x) = \log(ax+b)$

(i) $f(x) = \log(ax+b)^n$

(j) $f(x) = \log(ax^2+b)^n$

(解) 各関数の導関数の結果を以下に示す．

(a) $f'(x) = 2a(ax+2)$

(b) $f'(x) = 2anx(ax^2+5)^{n-1}$

(c) $f'(x) = abmnx^{m-1}(ax^m-4)^{n-1}$

(d) $f'(x) = -a\sin(ax+b)$

(e) $f'(x) = 2\cos x \sin x$

(f) $f'(x) = am\cos ax \sin^{m-1} ax$

(g) $f'(x) = \cos^2 x - \sin^2 x$

(h) $f'(x) = \dfrac{a}{ax+b}$

(i) $f'(x) = \dfrac{an}{ax+b}$

(j) $f'(x) = \dfrac{2anx}{ax^2+b}$

9. (位置，速度，加速度と微分)：
質量 m [kg] の物体を原点 O から鉛直上向きに初速度 $20\,\text{m/s}$ で投げたとき，物体の高さ h [m] は時間 t [s] の関数として $h(t) = -4.9t^2 + 20t$ で与えられる．$2\,\text{s}$ と $4\,\text{s}$ 後の物体の高さ $h(2)$ と $h(4)$ 及び速度 $v(2)$ と $v(4)$ を求めなさい．この物体の加速度 a も求めなさい．

(解) 導出過程も含めて，結果を以下に示す．

$$2\,\text{s のとき}: h(2) = -4.9 \times 2^2 + 20 \times 2 = 20.4\,\text{m}$$

$$v(2) = \frac{\mathrm{d}}{\mathrm{d}t}(-4.9t^2 + 20t)\Big|_{t=2} = -9.8 \times 2 + 20 = 0.4\,\text{m/s}$$

$$4\,\text{s のとき}: h(4) = -4.9 \times 4^2 + 20 \times 4 = 1.6\,\text{m}$$

$$v(4) = \frac{\mathrm{d}}{\mathrm{d}t}(-4.9t^2 + 20t)\Big|_{t=4} = -9.8 \times 4 + 20 = -19.2\,\text{m/s}$$

$$\text{加速度}: a = \frac{\mathrm{d}^2 h(t)}{\mathrm{d}t^2} = \frac{\mathrm{d}v(t)}{\mathrm{d}t} = -9.8\,\text{m/s}^2$$

2.3 積分
2.3.1 基礎的事項
- **(区分求積，定積分，不定積分)** 関数 $y=f(x)$ が x の区間 $[a,b]$ で連続であるとき，$x_0=a, x_n=b$ としてこの区間を n 分割し，$\delta_k = x_k - x_{k-1}$ とする。$[a,b]$ で δ_k と $f(x_k)$ を2辺とする長方形の面積 $f(x_k)\delta_k$ の和をとり，$n\to\infty$ として面積を求める方法を区分求積法という。

$$I = \lim_{n\to\infty} I_n = \lim_{n\to\infty} \sum_{k=1}^{n} f(x_k)\delta_k = \int_a^b f(x)\,\mathrm{d}x \qquad (2.2)$$

I を式 (2.2) の右辺で表したものを関数 $y=f(x)$ の区間 $[a,b]$ における定積分という。また，定積分の上端 b を変数 x で置き換えたときに得られる関数

$$F_a(x) = \int_a^x f(x)\,\mathrm{d}x = \int f(x)\,\mathrm{d}x \qquad (2.3)$$

を関数 $y=f(x)$ の不定積分という。ある関数の不定積分を求めることをその関数を積分するという。不定積分には常にその下限 a に起因する付加定数がある。

2.3.2 基礎問題

1. **(関数の不定積分)** ：

以下の関数 $f(x)$ の不定積分 $\int f(x)\,\mathrm{d}x$ を求めなさい。ここで $a, n\,(\neq -1)$ は定数であり，e は自然対数の底である。

(a) $f(x) = x$

(b) $f(x) = x^n$

(c) $f(x) = \dfrac{1}{x^2}$

(d) $f(x) = \dfrac{1}{(x+a)^2}$

(e) $f(x) = \sin x$

(f) $f(x) = \cos x$

(g) $f(x) = \mathrm{e}^x$

(h) $f(x) = \mathrm{e}^{x+a}$

(i) $f(x) = \mathrm{e}^{ax}$

(j) $f(x) = \dfrac{1}{x}$

(k) $f(x) = \dfrac{1}{x+a}$

(l) $f(x) = \dfrac{1}{x^2 - a^2}$

(解) 以下で C は任意の定数 (積分定数) である。

(a) $\displaystyle\int x\,\mathrm{d}x = \dfrac{1}{2}x^2 + C$

(b) $\displaystyle\int x^n\,\mathrm{d}x = \dfrac{1}{n+1}x^{n+1} + C$

(c) $\displaystyle\int \dfrac{1}{x^2}\,\mathrm{d}x = -\dfrac{1}{x} + C$

(d) $\displaystyle\int \dfrac{1}{(x+a)^2}\,\mathrm{d}x = -\dfrac{1}{x+a} + C$

(e) $\displaystyle\int \sin x\,\mathrm{d}x = -\cos x + C$

(f) $\displaystyle\int \cos x\,\mathrm{d}x = \sin x + C$

(g) $\displaystyle\int \mathrm{e}^x\,\mathrm{d}x = \mathrm{e}^x + C$

(h) $\displaystyle\int \mathrm{e}^{x+a}\,\mathrm{d}x = \mathrm{e}^{x+a} + C$

(i) $\displaystyle\int \mathrm{e}^{ax}\,\mathrm{d}x = \dfrac{1}{a}\mathrm{e}^{ax} + C$

(j) $\displaystyle\int \dfrac{1}{x}\,\mathrm{d}x = \log|x| + C$

(k) $\displaystyle\int \dfrac{1}{x+a}\,\mathrm{d}x = \log|x+a| + C$

(l) $\displaystyle\int \dfrac{1}{x^2-a^2}\,\mathrm{d}x = \dfrac{1}{2a}\log\left|\dfrac{x-a}{x+a}\right| + C$

2. (関数の定積分)：

以下の関数 $f(x)$ の定積分 $\int_a^b f(x)\mathrm{d}x$ を求めなさい。ここで a, b, $n\,(>0)$ は定数である。

(a) $\int_0^1 x\,\mathrm{d}x$

(b) $\int_0^1 x^2\,\mathrm{d}x$

(c) $\int_a^b 2\,\mathrm{d}x$

(d) $\int_a^b x\,\mathrm{d}x$

(e) $\int_a^b x^2\,\mathrm{d}x$

(f) $\int_0^1 x^n\,\mathrm{d}x$

(g) $\int_a^b x^n\,\mathrm{d}x$

(h) $\int_0^{\frac{\pi}{2}} \sin x\,\mathrm{d}x$

(i) $\int_0^{\pi} \sin x\,\mathrm{d}x$

(j) $\int_0^{2\pi} \sin x\,\mathrm{d}x$

(解) 定積分の結果のみを以下に示す。

(a) $\int_0^1 x\,\mathrm{d}x = \dfrac{1}{2}$

(b) $\int_0^1 x^2\,\mathrm{d}x = \dfrac{1}{3}$

(c) $\int_a^b 2\,\mathrm{d}x = 2(b-a)$

(d) $\int_a^b x\,\mathrm{d}x = \dfrac{1}{2}(b^2-a^2)$

(e) $\int_a^b x^2\,\mathrm{d}x = \dfrac{1}{3}(b^3-a^3)$

(f) $\int_0^1 x^n\,\mathrm{d}x = \dfrac{1}{n+1}$

(g) $\int_a^b x^n\,\mathrm{d}x = \dfrac{1}{n+1}(b^{n+1}-a^{n+1})$

(h) $\int_0^{\frac{\pi}{2}} \sin x\,\mathrm{d}x = 1$

(i) $\int_0^{\pi} \sin x\,\mathrm{d}x = 2$

(j) $\int_0^{2\pi} \sin x\,\mathrm{d}x = 0$

3. (面積と定積分 1)：

関数 $y = x^3 - 3x^2 + x + 3$ がある。この関数と $x = 0$, $x = 4$ 及び $y = 0$ で囲まれる部分の面積を求めなさい。

(解) $0 \leq x \leq 4$ では $y > 0$ だから，求める面積は y を $x = 0$ と $x = 4$ で定積分すればよい。

$$\int_0^4 (x^3 - 3x^2 + x + 3)\,\mathrm{d}x = \left[\frac{1}{4}x^4 - x^3 + \frac{1}{2}x^2 + 3x\right]_0^4 = 20$$

4. (面積と定積分 2)：

関数 $y = \sin x$ について，この関数と $x = 0$, $x = \dfrac{\pi}{2}$ 及び $y = 0$ で囲まれる部分の面積を求めなさい。関数 $y = \cos x$ について，この関数と $x = 0$, $x = \pi$ 及び $y = 0$ で囲まれる部分の面積を求めなさい。

(解) $0 \leq x \leq \pi/2$ で $\sin x \geq 0$, $y = \cos x$ は $0 \leq x < \pi/2$ で正，$\pi/2 < x \leq \pi$ で負となるから

$$\int_0^{\frac{\pi}{2}} \sin x\,\mathrm{d}x = \left[-\cos x\right]_0^{\frac{\pi}{2}} = 1, \quad \int_0^{\pi} |\cos x|\,\mathrm{d}x = \int_0^{\frac{\pi}{2}} \cos x\,\mathrm{d}x - \int_{\frac{\pi}{2}}^{\pi} \cos x\,\mathrm{d}x = 2$$

5. (速さ，距離と定積分)：

質量 m [kg] の物体を原点 O から鉛直上向き（この方向を正にとる）に初速度 20

m/s で投げたとき，物体の速度 $v\,[\mathrm{m/s}]$ は時間 $t\,[\mathrm{s}]$ の関数として $v = -9.8t + 20$ で与えられる。2 s と 4 s 後の物体の速度 $v(2)$ と $v(4)$，及びこのときの高さ $h(2)$ と $h(4)$ を求めなさい。

(解) 導出過程も含めて，結果を以下に示す。導出過程の単位は一部省略している。

$$2\,\mathrm{s}\,\text{のとき}: v(2) = -9.8\,\mathrm{m/s^2} \times 2\,\mathrm{s} + 20\,\mathrm{m/s} = 0.4\,\mathrm{m/s}$$

$$h(2) = \int_0^2 (-9.8t + 20)\,\mathrm{d}t = \left[-4.9t^2 + 20t\right]_0^2 = 20.4\,\mathrm{m}$$

$$4\,\mathrm{s}\,\text{のとき}: v(4) = -9.8\,\mathrm{m/s^2} \times 4\,\mathrm{s} + 20\,\mathrm{m/s} = -19.2\,\mathrm{m/s}$$

$$h(4) = \int_0^4 (-9.8t + 20)\,\mathrm{d}t = \left[-4.9t^2 + 20t\right]_0^4 = 1.6\,\mathrm{m}$$

2.4 関数の展開

2.4.1 基礎的事項

- **(テイラー級数 (展開))** 関数 $y = f(x)$ が何回でも微分可能な関数であるとき，$f(x)$ の $x = a$ 近傍の値は $x - a$ のべき乗の和として以下のように表すことができる。

$$f(x) = f(a) + f'(a)(x-a) + \frac{f''(a)}{2!}(x-a)^2 + \cdots + \frac{f^{(n)}(a)}{n!}(x-a)^n + \cdots \quad (2.4)$$

このような和を関数 $f(x)$ の $x = a$ 近傍でのテイラー級数 (展開) という。ここで $f^{(n)}(a)$ は関数 $f(x)$ の $x = a$ での n 階の微分係数を示す。

- **(マクローリン級数 (展開))** テイラー級数で，特に $x = 0$ での級数をマクローリン級数 (展開) という。

$$f(x) = f(0) + f'(0)x + \frac{f''(0)}{2!}x^2 + \cdots + \frac{f^{(n)}(0)}{n!}x^n + \cdots \quad (2.5)$$

- **($|x| \ll 1$ のときによく使われる近似式)**

  $* (1+x)^n \approx 1 + nx$ （式 (2.5) で $f(x) = (1+x)^n$ (n: 実数)）

  $* \sin x \approx x$ （式 (2.5) で $f(x) = \sin x$）

  $* \cos x \approx 1 - \frac{1}{2}x^2$ （式 (2.5) で $f(x) = \cos x$）

  $* \mathrm{e}^x \approx 1 + x$ （式 (2.5) で $f(x) = \mathrm{e}^x$）

  $* \log(1+x) \approx x$ （式 (2.5) で $f(x) = \log(1+x)$ (自然対数)）

2.4.2 基礎問題

1. **(近似値)** :

   以下の式の値をそれぞれ指定の位まで求め，さらにカッコ内の値と比較しなさい。

   (a) $\dfrac{1}{1+0.01}$ （小数第 2 位, $1-0.01$）

   (b) $\dfrac{1}{1-0.01}$ （小数第 2 位, $1+0.01$）

   (c) $\sqrt{1+0.01}$ （小数第 3 位, $1+\frac{1}{2}\times 0.01$）

   (d) $\sqrt{1-0.01}$ （小数第 3 位, $1-\frac{1}{2}\times 0.01$）

(**解**) 結果のみを以下に示す。

(a) $\dfrac{1}{1+0.01} \approx 0.99 (= 1 - 0.01)$

(b) $\dfrac{1}{1-0.01} \approx 1.01 (= 1 + 0.01)$

(c) $\sqrt{1+0.01} \approx 1.005 \left(= 1 + \dfrac{1}{2}0.01\right)$

(d) $\sqrt{1-0.01} \approx 0.995 \left(= 1 - \dfrac{1}{2}0.01\right)$

2. (関数の近似式)：

前問の結果を参考にし，次の関数 $f(x)$ で $|x| \ll 1$ のときの近似式を書きなさい。

(a) $f(x) = \dfrac{1}{1+x}$

(b) $f(x) = \dfrac{1}{1-x}$

(c) $f(x) = \sqrt{1+x}$

(d) $f(x) = \sqrt{1-x}$

(**解**) 結果のみを以下に示す。

(a) $f(x) = 1 - x$

(b) $f(x) = 1 + x$

(c) $f(x) = 1 + \dfrac{1}{2}x$

(d) $f(x) = 1 - \dfrac{1}{2}x$

3. (関数の 1 次近似)：

関数 $y = f(x)$ の $x = a$ での微分係数は次式で定義されている。
$$f'(a) = \lim_{h \to 0} \frac{f(a+h) - f(a)}{h} \tag{2.6}$$
$x = a + h$ とおき，$h \ll 1$ として $f(x)$ を a と $f'(a)$ を用いて表しなさい。

(**解**) 結果のみを以下に示す。
$$f(x) = f(a) + f'(a)h = f(a) + f'(a)(x - a)$$

4. (マクローリン展開)：

以下の関数をマクローリン級数で表しなさい。

(a) $y = e^x$

(b) $y = \sin x$

(c) $y = \cos x$

(d) $y = \dfrac{1}{1+x}$

(e) $y = \sqrt{1+x}$

(**解**) 結果のみを以下に示す。

(a) $y = e^x = 1 + x + \dfrac{1}{2}x^2 + \cdots + \dfrac{x^n}{n!} + \cdots$

(b) $y = \sin x = x - \dfrac{1}{6}x^3 + \dfrac{1}{120}x^5 - \cdots + (-1)^{n-1}\dfrac{x^{2n-1}}{(2n-1)!} + \cdots$

(c) $y = \cos x = 1 - \dfrac{1}{2}x^2 + \dfrac{1}{24}x^4 - \cdots + (-1)^n \dfrac{x^{2n}}{(2n)!} + \cdots$

(d) $y = \dfrac{1}{1+x} = 1 - x + x^2 - \cdots + (-1)^n x^n + \cdots$

(e) $y = \sqrt{1+x} = 1 + \dfrac{1}{2}x - \dfrac{1}{8}x^2 + \dfrac{1}{16}x^3 - \dfrac{5}{128}x^4 + \cdots$

第3章

複素数と複素平面，極形式，オイラーの公式

3.1.1 基本的事項

- **(複素数と共役複素数)** i を虚数単位とする任意の複素数 $z = x + iy$ (x, y は任意の実数) に対して，$z^* = x - iy$ を z の**共役**(きょうやく)**複素数**という。
- **(複素平面と極形式)** O-xy 座標の y 座標に虚数単位 i をかけてできる平面を**複素平面**という (図 3.1 を参照)。このとき y 軸を**虚軸**，x 軸を**実軸**という。xy 平面の任意の点 P(x, y) は複素平面上の点 P($z = x + iy$) に対応する。また z は，OP 間の距離 $r = $ OP (**絶対値**という) と，線分 OP と実軸 (x 軸) とのなす角度 θ (**偏角**という) を用いて，$z = r(\cos\theta + i\sin\theta)$ を z の**極形式**という。
- **(オイラーの式)** $z = r(\cos\theta + i\sin\theta)$ で表される複素数は，指数関数を用いて $z = re^{i\theta}$ とも表すことができる。すなわち，両者には $e^{i\theta} = \cos\theta + i\sin\theta$ の関係がある。これを**オイラーの式**という。

3.1.2 基本問題

1. **(複素数の表し方)**：
   図 3.1(a) のような O-xy 座標に，原点 O を中心とする半径 2 の円を考える。また，図 3.1(a) の y 軸を虚軸とする複素平面を図 3.1(b) とする。この円周上に点

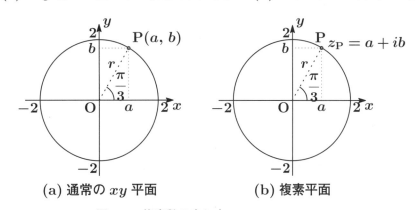

(a) 通常の xy 平面　　(b) 複素平面

図 3.1　複素数の表し方

P をとり，$\overrightarrow{\mathrm{OP}}$ と横軸 (x 軸) のなす角を $\dfrac{\pi}{3}$ とする。以下の問に答えなさい。ここで i は虚数単位 ($i^2 = -1$) である。

(a) 図 3.1(a) で，点 P から x 軸と y 軸への正射影をそれぞれ a と b とし，これらの値を求めなさい。

(b) 図 3.1(a) で，原点 O と点 P との距離 r を求めなさい。

(c) 図 3.1(b) の複素平面上の点 P が表す複素数 z_P を，問 (a) の a, b の値を用いて表しなさい。

(d) 図 3.1(b) の点 P を極形式で表しなさい。

(e) 図 3.1(b) の点 P を指数関数を用いて表しなさい。

(解) 結果のみを以下に示す。

(a) $a = 1$, $b = \sqrt{3}$
(b) $r = 2$
(c) $z_\mathrm{P} = 1 + \sqrt{3}i$
(d) $z_\mathrm{P} = 2\cos\dfrac{\pi}{3} + i2\sin\dfrac{\pi}{3}$
(e) $z_\mathrm{P} = 2\mathrm{e}^{\frac{\pi}{3}i}$

---

2. (絶対値と偏角):
複素数 $z = 1 + \sqrt{3}i$ の絶対値 r と偏角 θ を求めなさい。

(解) 結果のみを以下に示す。

$|z| = \sqrt{zz^*} = \sqrt{1^2 + (\sqrt{3})^2} = 2$

$\tan\theta = \dfrac{\sqrt{3}}{1}$ より $\theta = \dfrac{\pi}{3}$

---

3. (極形式とオイラーの式):
指数関数を用いた極形式で表された複素数 $z = 2\mathrm{e}^{\frac{\pi}{4}i}$ の絶対値 r と偏角 θ を求めなさい。また，$z = a + ib$ の形で書きなさい。

(解) 結果のみを以下に示す。

$|z| = r = 2$, $\theta = \dfrac{\pi}{4}$

$z = 2\mathrm{e}^{\frac{\pi}{4}i} = 2\cos\dfrac{\pi}{4} + 2i\sin\dfrac{\pi}{4} = \sqrt{2} + i\sqrt{2}$

---

4. (共役複素数):
以下の複素数の共役複素数を書きなさい。

(a) $z = 3 + 5i$
(b) $z = 5 - 2i$
(c) $z = -4 + 3i$
(d) $z = a - ib$
(e) $z = 4\mathrm{e}^{3i}$
(f) $z = 2\mathrm{e}^{-\frac{\sqrt{2}}{2}i}$
(g) $z = r\mathrm{e}^{i\theta}$
(h) $z = r\mathrm{e}^{-i\theta}$

(解) 結果のみを以下に示す。

(a) $z^* = 3 - 5i$
(b) $z^* = 5 + 2i$
(c) $z^* = -4 - 3i$
(d) $z^* = a + ib$
(e) $z^* = 4\mathrm{e}^{-3i}$
(f) $z^* = 2\mathrm{e}^{\frac{\sqrt{2}}{2}i}$
(g) $z^* = r\mathrm{e}^{-i\theta}$
(h) $z^* = r\mathrm{e}^{i\theta}$

5. (複素数の四則算)：

複素数 $z_1 = a + ib$ と $z_2 = c + id\,(\neq 0)$ のとき，以下を計算しなさい。

(a) 和： $z_1 + z_2$
(b) 差： $z_1 - z_2$
(c) 積： $z_1 z_2$
(d) 商： $\dfrac{z_1}{z_2}$

(解) 結果のみを以下に示す。

(a) 和： $z_1 + z_2 = (a+c) + i(b+d)$
(b) 差： $z_1 - z_2 = (a-c) + i(b-d)$
(c) 積： $z_1 z_2 = (ac - bd) + i(bc + ad)$
(d) 商： $\dfrac{z_1}{z_2} = \dfrac{ac+bd}{c^2+d^2} + i\dfrac{bc-ad}{c^2+d^2}$

6. (複素平面と極形式)：

複素平面上の点 P が $z = x + iy$ であるとする。ここで，OP$= r$，$\overrightarrow{\text{OP}}$ と実軸 (x 軸) のなす角度を θ とするとき，x と y を r と θ で表しなさい。

(解) 結果のみを以下に示す。

$$x = r\cos\theta, \quad y = r\sin\theta$$
$$z = r\cos\theta + ir\sin\theta = r(\cos\theta + i\sin\theta) = r\mathrm{e}^{i\theta}$$

7. (極形式と複素数の積，商)：

2 つの複素数 $z_1 = r_1(\cos\theta_1 + i\sin\theta_1)$ と $z_2 = r_2(\cos\theta_2 + i\sin\theta_2)$ について，$z_1 z_2$ と $\dfrac{z_1}{z_2}$ を求めなさい。

(解) オイラーの式を用いて z_1 と z_2 を表して計算すると

$$\begin{aligned}z_1 z_2 &= (r_1 \mathrm{e}^{i\theta_1})(r_2 \mathrm{e}^{i\theta_2}) \\ &= r_1 r_2 \mathrm{e}^{i(\theta_1 + \theta_2)} \\ &= r_1 r_2 (\cos(\theta_1 + \theta_2) + i\sin(\theta_1 + \theta_2))\end{aligned}$$

$$\begin{aligned}\dfrac{z_1}{z_2} &= \dfrac{r_1 \mathrm{e}^{i\theta_1}}{r_2 \mathrm{e}^{i\theta_2}} \\ &= \dfrac{r_1}{r_2} \mathrm{e}^{i(\theta_1 - \theta_2)} \\ &= \dfrac{r_1}{r_2}(\cos(\theta_1 - \theta_2) + i\sin(\theta_1 - \theta_2))\end{aligned}$$

8. (ド・モアブルの定理)：

正の整数 n と任意の実数 θ に対して

$$(\cos\theta + i\sin\theta)^n = \cos n\theta + i\sin n\theta \tag{3.1}$$

が成り立つことを示しなさい。

(解) オイラーの式と指数関数の性質を用いると

$$(\cos\theta + i\sin\theta)^n = (\mathrm{e}^{i\theta})^n = \mathrm{e}^{in\theta} = \cos n\theta + i\sin n\theta$$

9. **(加法定理)** :
   複素数に関するオイラーの式を用いて三角関数の加法定理

   $$\sin(\alpha \pm \beta) = \sin\alpha \cos\beta \pm \cos\alpha \sin\beta \quad \text{(複号同順)} \tag{3.2}$$
   $$\cos(\alpha \pm \beta) = \cos\alpha \cos\beta \mp \sin\alpha \sin\beta \quad \text{(複号同順)} \tag{3.3}$$

   が成り立つことを示しなさい。

   (解) 指数関数の性質とオイラーの式を用いると

   $$\mathrm{e}^{\pm i(\alpha+\beta)} = \mathrm{e}^{\pm i\alpha}\mathrm{e}^{\pm i\beta}$$
   $$\cos(\alpha+\beta) \pm i\sin(\alpha+\beta) = (\cos\alpha \pm i\sin\alpha)(\cos\beta \pm i\sin\beta)$$
   $$= (\cos\alpha\cos\beta \mp \sin\alpha\sin\beta) \pm i(\sin\alpha\cos\beta \pm \cos\alpha\sin\beta)$$

   両辺の実部と虚部がそれぞれ等しくなければならないから，式 (3.2) と式 (3.3) が得られる。

   ---

10. **(実数となる条件)** :
    複素数 $A = a + ib$ と $B = c + id$ について，$A + B$ は実数で，かつ $A - B$ が純虚数となる条件を求めなさい。

    (解) $A + B$ と $A - B$ をそれぞれ a, b, c, d を用いて表すと

    $$A + B = (a+c) + i(b+d) \tag{3.4}$$
    $$A - B = (a-c) + i(b-d) \tag{3.5}$$

    となる。$A + B$ が実数であるためには式 (3.4) の虚部 $b+d$ が 0 でなければならない。また，$A - B$ が純虚数であるためには式 (3.5) の実部 $a-c$ が 0 でなければならない。これらの条件を満たすと a, b, c, d には

    $$a = c$$
    $$b = -d$$

    の関係があり，A と B を a と b で表すと，それぞれ

    $$A = a + ib$$
    $$B = a - ib$$

    となる。すなわち A と B は互いに複素共役 ($A = B^*$) でなければならない。

第4章

偏微分

4.1.1 基本的事項

- **(偏微分)** 関数 f が x や y のような2つ以上の変数の関数で表されるとき, すなわち $f(x,y)$ のとき, f の x に関する導関数を考えるときには, x 以外の独立変数 (この場合には y) を定数と考え, f を x に関する1変数関数のように考えて微分を行い, 次のように表す.

$$\frac{\partial f}{\partial x} = \lim_{\Delta x \to 0} \frac{\Delta f}{\Delta x} = \lim_{\Delta x \to 0} \frac{f(x+\Delta x, y) - f(x,y)}{\Delta x} \tag{4.1}$$

このような多変数関数 $f(x,y)$ の導関数 $\dfrac{\partial f}{\partial x}$ を f の x に関する偏導関数といい, f の x に関する偏導関数を求めることを f を x で偏微分するという. 変数 y の場合にも同様に考えることができる.

- **(高階の偏導関数の表記)** 関数 $f(x,y)$ の x に関する2階の偏導関数は $\dfrac{\partial^2 f}{\partial x^2}$ と表す. f の x に関する偏導関数 $\dfrac{\partial f}{\partial x}$ を y で偏微分した場合の偏導関数は $\dfrac{\partial^2 f}{\partial y \partial x}$ のように表す.

- **(全微分)** 関数 $f(x,y)$ について x と y がそれぞれ $[x, x+dx]$ と $[y, y+dy]$ のように変化するとき

$$df = \frac{\partial f}{\partial x}dx + \frac{\partial f}{\partial y}dy \tag{4.2}$$

を f の全微分という. 関数 f が3つの変数 x, y, z の関数 $f(x,y,z)$ であるとき, f の全微分は

$$df = \frac{\partial f}{\partial x}dx + \frac{\partial f}{\partial y}dy + \frac{\partial f}{\partial z}dz \tag{4.3}$$

4.1.2 基本問題

1. **(偏導関数)** :
   次の関数の x, y に関する1階と2階の偏導関数を求めなさい.

   (a) $f(x,y) = x^2 + y^3$
   (b) $f(x,y) = xy^2$
   (c) $f(x,y) = \dfrac{x}{y}$
   (d) $f(x,y) = e^{x+y^2}$
   (e) $f(x,y) = \log(x^2 + y^2)$
   (f) $f(x,y) = \sin(x+y^2)$

(解) 結果のみを以下に示す。

(a) $f(x, y) = x^2 + y^3$

- $\dfrac{\partial f}{\partial x} = 2x$
- $\dfrac{\partial f}{\partial y} = 3y^2$
- $\dfrac{\partial^2 f}{\partial x^2} = 2$
- $\dfrac{\partial^2 f}{\partial y^2} = 6y$
- $\dfrac{\partial^2 f}{\partial y \partial x} = 0$
- $\dfrac{\partial^2 f}{\partial x \partial y} = 0$

(b) $f(x, y) = xy^2$

- $\dfrac{\partial f}{\partial x} = y^2$
- $\dfrac{\partial f}{\partial y} = 2xy$
- $\dfrac{\partial^2 f}{\partial x^2} = 0$
- $\dfrac{\partial^2 f}{\partial y^2} = 2x$
- $\dfrac{\partial^2 f}{\partial y \partial x} = 2y$
- $\dfrac{\partial^2 f}{\partial x \partial y} = 2y$

(c) $f(x, y) = \dfrac{x}{y}$

- $\dfrac{\partial f}{\partial x} = \dfrac{1}{y}$
- $\dfrac{\partial f}{\partial y} = -\dfrac{x}{y^2}$
- $\dfrac{\partial^2 f}{\partial x^2} = 0$
- $\dfrac{\partial^2 f}{\partial y^2} = \dfrac{2x}{y^3}$
- $\dfrac{\partial^2 f}{\partial y \partial x} = -\dfrac{1}{y^2}$
- $\dfrac{\partial^2 f}{\partial x \partial y} = -\dfrac{1}{y^2}$

(d) $f(x, y) = e^{x+y^2}$

- $\dfrac{\partial f}{\partial x} = e^{x+y^2}$
- $\dfrac{\partial f}{\partial y} = 2y e^{x+y^2}$
- $\dfrac{\partial^2 f}{\partial y \partial x} = 2y e^{x+y^2}$
- $\dfrac{\partial^2 f}{\partial x^2} = e^{x+y^2}$
- $\dfrac{\partial^2 f}{\partial y^2} = 2(1+2y^2) e^{x+y^2}$
- $\dfrac{\partial^2 f}{\partial x \partial y} = 2y e^{x+y^2}$

(e) $f(x, y) = \log(x^2 + y^2)$

- $\dfrac{\partial f}{\partial x} = \dfrac{2x}{x^2 + y^2}$
- $\dfrac{\partial^2 f}{\partial x^2} = \dfrac{2(y^2 - x^2)}{(x^2 + y^2)^2}$
- $\dfrac{\partial f}{\partial y} = \dfrac{2y}{x^2 + y^2}$
- $\dfrac{\partial^2 f}{\partial y \partial x} = -\dfrac{4xy}{(x^2 + y^2)^2}$
- $\dfrac{\partial^2 f}{\partial y^2} = \dfrac{2(x^2 - y^2)}{(x^2 + y^2)^2}$
- $\dfrac{\partial^2 f}{\partial x \partial y} = -\dfrac{4xy}{(x^2 + y^2)^2}$

(f) $f(x, y) = \sin(x + y^2)$

- $\dfrac{\partial f}{\partial x} = \cos(x + y^2)$
- $\dfrac{\partial f}{\partial y} = 2y \cos(x + y^2)$
- $\dfrac{\partial^2 f}{\partial x^2} = -\sin(x + y^2)$
- $\dfrac{\partial^2 f}{\partial y^2} = 2\cos(x + y^2) - 4y^2 \sin(x + y^2)$
- $\dfrac{\partial^2 f}{\partial y \partial x} = -2y \sin(x + y^2)$
- $\dfrac{\partial^2 f}{\partial x \partial y} = -2y \sin(x + y^2)$

2. (偏微分方程式)：

   2変数関数 $u(x, y) = f(x + ay) + g(x - ay)$ が満たす偏微分方程式を求めなさい。ここで a は定数である。

   (解) $X = x + ay$ 及び $Y = x - ay$ とおくと

   $$\frac{\partial X}{\partial x} = 1 \qquad \frac{\partial X}{\partial y} = 1$$
   $$\frac{\partial Y}{\partial x} = a \qquad \frac{\partial Y}{\partial y} = -a$$

   である。これらを用いて u を x 及び y で偏微分する。

   $$\frac{\partial u}{\partial x} = \frac{\partial f(X)}{\partial X}\frac{\partial X}{\partial x} + \frac{\partial g(Y)}{\partial Y}\frac{\partial Y}{\partial x} = f'(X) + g'(Y)$$
   $$\frac{\partial u}{\partial y} = \frac{\partial f(X)}{\partial X}\frac{\partial X}{\partial y} + \frac{\partial g(Y)}{\partial Y}\frac{\partial Y}{\partial y} = af'(X) - ag'(Y) = a(f'(X) - g'(Y))$$
   $$\frac{\partial^2 u}{\partial x^2} = \frac{\partial f'(X)}{\partial X}\frac{\partial X}{\partial x} + \frac{\partial g'(Y)}{\partial Y}\frac{\partial Y}{\partial x} = f''(X) + g''(Y)$$
   $$\frac{\partial^2 u}{\partial y^2} = a\left(\frac{\partial f'(X)}{\partial X}\frac{\partial X}{\partial y} - \frac{\partial g'(Y)}{\partial Y}\frac{\partial Y}{\partial y}\right) = a^2(f''(X) + g''(Y))$$

   以上より

   $$\frac{\partial^2 u}{\partial y^2} = a^2 \frac{\partial^2 u}{\partial x^2}$$

3. (全微分)：

   関数 $z = f(x, y)$ の全微分は

   $$\mathrm{d}z = \frac{\partial f}{\partial x}\mathrm{d}x + \frac{\partial f}{\partial y}\mathrm{d}y \tag{4.4}$$

   で与えられる。これを利用して

   $$z = 2.02^2 (16.08)^{\frac{1}{4}} \tag{4.5}$$

   の近似値を求めなさい。

   (解) いま関数として
   $$z = f(x, y) = x^2 y^{\frac{1}{4}}$$
   を考えると
   $$\frac{\partial f}{\partial x} = 2xy^{\frac{1}{4}}, \quad \frac{\partial f}{\partial y} = \frac{1}{4}x^2 y^{-\frac{3}{4}}$$

   である。ここで $x = 2$, $y = 16 = 2^4$, $\mathrm{d}x = 0.02$, $\mathrm{d}y = 0.08$ とおくと、$z = 2^2 \times (2^4)^{\frac{1}{4}} = 8$,
   $\mathrm{d}z = 2 \times 2 \times 16^{\frac{1}{4}} \times 0.02 + \frac{1}{4} \times 2^2 \times 16^{-\frac{3}{4}} \times 0.08 = 0.17$ となるから

   $$z + \mathrm{d}z = 8.17$$

第5章

ベクトル解析序論

5.1.1 基本的事項

- **(スカラー関数とスカラー場)** 関数 ϕ が空間のある領域に分布し，その値が位置 $\vec{r} = (x, y, z)$ の関数として

$$\phi = \phi(\vec{r}) = \phi(x, y, z) \tag{5.1}$$

のように与えられるとき，ϕ をスカラー関数といい，ϕ が定められている領域をスカラー場という。

例：気温 T はスカラーであるが，各地の気温は場所 $\vec{r}$ によって異なる。したがってスカラー関数 $T = T(\vec{r}) = T(x, y, z)$ と考えることができる。

- **(ベクトル関数とベクトル場)** ベクトル $\vec{A} = (A_x, A_y, A_z)$ が空間のある領域に分布し，スカラーであるその成分 A_x, A_y, A_z が位置 $\vec{r} = (x, y, z)$ の関数として

$$\begin{cases} A_x = A_x(\vec{r}) = A_x(x, y, z) \\ A_y = A_y(\vec{r}) = A_y(x, y, z) \\ A_z = A_z(\vec{r}) = A_z(x, y, z) \end{cases}$$

のように与えられるとき，すなわちベクトル $\vec{A}$ が

$$\vec{A} = \vec{A}(\vec{r}) \quad = (A_x(\vec{r}), A_y(\vec{r}), A_z(\vec{r})) \tag{5.2}$$

$$= \vec{A}(x, y, z) = (A_x(x, y, z), A_y(x, y, z), A_z(x, y, z)) \tag{5.3}$$

のように与えられるとき，$\vec{A}$ をベクトル関数といい，$\vec{A}$ が定められている領域をベクトル場という。

例：風速 $\vec{v} = (v_x\, v_y\, v_z)$ はベクトルであるが，各地の風速は場所 $\vec{r}$ によって異なる。したがってベクトル関数 $\vec{v} = \vec{v}(\vec{r}) = \vec{v}(x, y, z)$ と考えることができる。

- **(時間依存するスカラー関数とベクトル関数)** スカラー関数 $\phi(x, y, z)$ やベクトル関数 $\vec{A}(x, y, z)$ が時間変化する場合，時刻 t に依存することをあらわに記すために

$$\phi = \phi(\vec{r}, t) \quad = \phi(x, y, z, t) \tag{5.4}$$

$$\vec{A} = \vec{A}(\vec{r}, t) \quad = (A_x(\vec{r}, t), A_y(\vec{r}, t), A_z(\vec{r}, t)) \tag{5.5}$$

$$= \vec{A}(x, y, z, t) = (A_x(x, y, z, t), A_y(x, y, z, t), A_z(x, y, z, t)) \tag{5.6}$$

と書かれることもある。

例：各地の気温 $T = T(\vec{r})$ や各地の風速 $\vec{v} = \vec{v}(\vec{r})$ は一般に時間変化するので，時刻 t の関数でもある：気温 $T = T(\vec{r}, t)$，風速 $\vec{v} = \vec{v}(\vec{r}, t)$。

- (ベクトル微分演算子 ∇ (ナブラ)) 3 変数 x, y, z の微分をまとめた微分演算子で
$$\nabla = \left(\frac{\partial}{\partial x}, \frac{\partial}{\partial y}, \frac{\partial}{\partial z}\right) = \vec{e}_x \frac{\partial}{\partial x} + \vec{e}_y \frac{\partial}{\partial y} + \vec{e}_z \frac{\partial}{\partial z} \tag{5.7}$$
$\vec{e}_x$, $\vec{e}_y$, $\vec{e}_z$ はそれぞれ x, y, z 軸方向の単位ベクトル

- (ラプラシアン Δ) $\Delta = \nabla^2 = \nabla \cdot \nabla$ (∇ と ∇ の内積 (スカラー積)) で定義される微分演算子で
$$\Delta = \nabla^2 = \frac{\partial^2}{\partial x^2} + \frac{\partial^2}{\partial y^2} + \frac{\partial^2}{\partial z^2} \tag{5.8}$$

- (勾配 (gradient；グラディエント)) スカラー関数 ϕ に ∇ を作用させたもので，$\nabla \phi = \mathrm{grad}\, \phi$ と表す。
$$\nabla \phi = \left(\vec{e}_x \frac{\partial}{\partial x} + \vec{e}_y \frac{\partial}{\partial y} + \vec{e}_z \frac{\partial}{\partial z}\right)\phi = \vec{e}_x \frac{\partial \phi}{\partial x} + \vec{e}_y \frac{\partial \phi}{\partial y} + \vec{e}_z \frac{\partial \phi}{\partial z} \tag{5.9}$$
$$= \left(\frac{\partial}{\partial x}, \frac{\partial}{\partial y}, \frac{\partial}{\partial z}\right)\phi \qquad = \left(\frac{\partial \phi}{\partial x}, \frac{\partial \phi}{\partial y}, \frac{\partial \phi}{\partial z}\right) \tag{5.10}$$

- (発散 (divergence；ダイバージェンス)) ベクトル関数 $\vec{A}$ に ∇ を内積として作用させたもので，$\nabla \cdot \vec{A} = \mathrm{div}\, \vec{A}$ のように表す。
$$\nabla \cdot \vec{A} = \left(\vec{e}_x \frac{\partial}{\partial x} + \vec{e}_y \frac{\partial}{\partial y} + \vec{e}_z \frac{\partial}{\partial z}\right) \cdot (A_x \vec{e}_x + A_y \vec{e}_y + A_z \vec{e}_z) \tag{5.11}$$
$$= \left(\frac{\partial}{\partial x}, \frac{\partial}{\partial y}, \frac{\partial}{\partial z}\right) \cdot (A_x, A_y, A_z) \tag{5.12}$$
$$= \frac{\partial A_x}{\partial x} + \frac{\partial A_y}{\partial y} + \frac{\partial A_z}{\partial z} \tag{5.13}$$

- (回転 (rotation；ローテーション)) ベクトル関数 $\vec{A}$ に ∇ を外積として作用させたもので，$\nabla \times \vec{A} = \mathrm{rot}\, \vec{A}$ のように表す。
$$\nabla \times \vec{A} = \left(\vec{e}_x \frac{\partial}{\partial x} + \vec{e}_y \frac{\partial}{\partial y} + \vec{e}_z \frac{\partial}{\partial z}\right) \times (A_x \vec{e}_x + A_y \vec{e}_y + A_z \vec{e}_z) \tag{5.14}$$
$$= \vec{e}_x\left(\frac{\partial A_z}{\partial y} - \frac{\partial A_y}{\partial z}\right) + \vec{e}_y\left(\frac{\partial A_x}{\partial z} - \frac{\partial A_z}{\partial x}\right) + \vec{e}_z\left(\frac{\partial A_y}{\partial x} - \frac{\partial A_x}{\partial y}\right) \tag{5.15}$$
$$= \left(\frac{\partial}{\partial x}, \frac{\partial}{\partial y}, \frac{\partial}{\partial z}\right) \times (A_x, A_y, A_z) \tag{5.16}$$
$$= \left(\frac{\partial A_z}{\partial y} - \frac{\partial A_y}{\partial z}, \frac{\partial A_x}{\partial z} - \frac{\partial A_z}{\partial x}, \frac{\partial A_y}{\partial x} - \frac{\partial A_x}{\partial y}\right) \tag{5.17}$$

- (∇ を含む諸公式)
    1. $\nabla \cdot (\nabla \phi) = \nabla^2 \phi = \dfrac{\partial^2 \phi}{\partial x^2} + \dfrac{\partial^2 \phi}{\partial y^2} + \dfrac{\partial^2 \phi}{\partial z^2}$
    2. $\nabla^2 \vec{A} = \dfrac{\partial^2 \vec{A}}{\partial x^2} + \dfrac{\partial^2 \vec{A}}{\partial y^2} + \dfrac{\partial^2 \vec{A}}{\partial z^2} = \displaystyle\sum_{i=x,y,z} \vec{e}_i\left(\dfrac{\partial^2 A_i}{\partial x^2} + \dfrac{\partial^2 A_i}{\partial y^2} + \dfrac{\partial^2 A_i}{\partial z^2}\right)$

3. $\nabla(\phi + \psi) = \nabla\phi + \nabla\psi$
4. $\nabla(\phi\psi) = \psi\nabla\phi + \phi\nabla\psi$
5. $\nabla f(\phi) = \dfrac{\mathrm{d}f}{\mathrm{d}\phi}\nabla\phi$
6. $\nabla \cdot (\vec{A} + \vec{B}) = \nabla \cdot \vec{A} + \nabla \cdot \vec{B}$
7. $\nabla \times (\vec{A} + \vec{B}) = \nabla \times \vec{A} + \nabla \times \vec{B}$

5.1.2 基本問題

1. **(ベクトル関数の描画)**：
   以下のベクトル関数について考える。

$$\vec{A} = \vec{A}(x, y, z) = \left(\frac{x}{\sqrt{x^2+y^2}}, \frac{y}{\sqrt{x^2+y^2}}, 0\right)$$

$$\vec{B} = \vec{B}(x, y, z) = \left(-\frac{y}{\sqrt{x^2+y^2}}, \frac{x}{\sqrt{x^2+y^2}}, 0\right)$$

   (a) $\vec{A}(2, -1, 0)$, $\vec{B}(-1, 3, 0)$ をそれぞれ描きなさい。どのような平面上に描けば良いのか明らかにしなさい。
   (b) $\vec{A}(x, y, 0)$, $\vec{B}(x, y, 0)$ を描くとどのようなベクトルとなるか答えなさい。
   (c) $\vec{A}(x, y, z)$ と $\vec{A}(x, y, 0)$, $\vec{B}(x, y, z)$ と $\vec{B}(x, y, 0)$ との関係を考察し，$\vec{A}(x, y, z)$, $\vec{B}(x, y, z)$ を描くとどのようなベクトルとなるか答えなさい。

(解)
(a) $\vec{A}(2, -1, 0)$ は

$$\vec{A}(2, -1, 0) = \left(\frac{2}{\sqrt{2^2+(-1)^2}}, \frac{-1}{\sqrt{2^2+(-1)^2}}, 0\right)$$

$$= \left(\frac{2}{\sqrt{5}}, -\frac{1}{\sqrt{5}}, 0\right) \parallel (2, -1, 0)$$

$$|\vec{A}(2, -1, 0)| = \sqrt{\left(\frac{2}{\sqrt{5}}\right)^2 + \left(-\frac{1}{\sqrt{5}}\right)^2 + 0^2} = 1$$

なので，$\vec{A}(2, -1, 0)$ は $(2, -1, 0)$ 方向を向く長さが 1 のベクトルである。
$\vec{B}(-1, 3, 0)$ は

$$\vec{B}(-1, 3, 0) = \left(-\frac{3}{\sqrt{(-1)^2+3^2}}, \frac{-1}{\sqrt{(-1)^2+3^2}}, 0\right)$$

$$= \left(-\frac{3}{\sqrt{10}}, -\frac{1}{\sqrt{10}}, 0\right) \parallel (-3, -1, 0)$$

$$|\vec{B}(-1, 3, 0)| = \sqrt{\left(-\frac{3}{\sqrt{10}}\right)^2 + \left(-\frac{1}{\sqrt{10}}\right)^2 + 0^2} = 1$$

したがって $\vec{B}(-1, 3, 0)$ は，$(-3, -1, 0)$ 方向を向いた長さが 1 のベクトルである。
$\vec{A}(2, -1, 0)$, $\vec{B}(-1, 3, 0)$ いずれも z 成分が 0 なので $z = 0$ 平面 (xy 平面) に平行

である。また，$\vec{A}(2, -1, 0)$, $\vec{B}(-1, 3, 0)$ の始点はそれぞれ $(2, -1, 0)$, $(-1, 3, 0)$ であり，いずれも $z = 0$ 平面上の点である。したがって O-xy 座標を用意し，そこに $\vec{A}(2, -1, 0)$, $\vec{B}(-1, 3, 0)$ を描けば良い。これをそれぞれ図 5.1, 5.2 に示す。

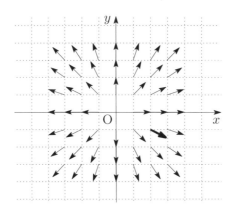 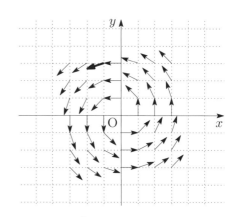

図 5.1 $\vec{A}(x, y, 0)$ の描画（点線の間隔は x, y 方向ともに 1）。太い矢印で示したベクトルが $\vec{A}(2, -1, 0)$。

図 5.2 $\vec{B}(x, y, 0)$ の描画（点線の間隔は x, y 方向ともに 1）。太い矢印で示したベクトルが $\vec{B}(-1, 3, 0)$。

(b) $\vec{A}(x, y, 0)$, $\vec{B}(x, y, 0)$ はそれぞれ

$$\vec{A}(x, y, 0) = \left(\frac{x}{\sqrt{x^2 + y^2}}, \frac{y}{\sqrt{x^2 + y^2}}, 0 \right) = \frac{1}{\sqrt{x^2 + y^2}} (x, y, 0) \parallel (x, y, 0)$$

$$|\vec{A}(x, y, 0)| = \sqrt{\left(\frac{x}{\sqrt{x^2 + y^2}} \right)^2 + \left(\frac{y}{\sqrt{x^2 + y^2}} \right)^2 + 0^2} = 1$$

$$\vec{B}(x, y, 0) = \left(-\frac{y}{\sqrt{x^2 + y^2}}, \frac{x}{\sqrt{x^2 + y^2}}, 0 \right) = \frac{x}{\sqrt{x^2 + y^2}} (-y, x, 0) \parallel (-y, x, 0)$$

$$|\vec{B}(x, y, 0)| = \sqrt{\left(-\frac{y}{\sqrt{x^2 + y^2}} \right)^2 + \left(\frac{x}{\sqrt{x^2 + y^2}} \right)^2 + 0^2} = 1$$

したがって，$\vec{A}(x, y, 0)$ は始点が $(x, y, 0)$ で $(x, y, 0)$ 方向を向いた大きさが 1 のベクトル，$\vec{B}(x, y, 0)$ は始点が $(x, y, 0)$ で $(-y, x, 0)$ 方向を向いた大きさが 1 のベクトルとなる。これらを O-xy 座標上に描画するとそれぞれ図 5.1, 5.2 のようになる。

(c) $\vec{A}$, $\vec{B}$ ともに z 成分が 0 なので，$z = 0$ 平面に平行なベクトルである。また，ともに z を含んでいないので $\vec{A}$ も $\vec{B}$ も z 座標にはよらない。したがって，任意の実数 z に対し $\vec{A}(x, y, z) = \vec{A}(x, y, 0)$, $\vec{B}(x, y, z) = \vec{B}(x, y, 0)$ となる。$\vec{A}(x, y, z)$, $\vec{A}(x, y, z)$ の始点は (x, y, z) なので，$z = 0$ 平面に描いたベクトル $\vec{A}(x, y, 0)$, $\vec{B}(x, y, 0)$ を，z 軸方向に z だけ平行移動したものがそれぞれ，$\vec{A}(x, y, z)$, $\vec{A}(x, y, z)$ となる。

2. (∇ を含む関係式の導出) :
  $\phi = \phi(x, y, z)$ とベクトル関数 $\vec{A} = (A_x, A_y, A_z)$, $\vec{B} = (B_x, B_y, B_z)$ に

ついて，以下の式が成り立つことを示しなさい。ここで $\vec{e}_x$, $\vec{e}_y$, $\vec{e}_z$ をそれぞれ x, y, z 方向の単位ベクトルとする。

(a) $\nabla \cdot (\phi \vec{A}) = (\nabla \phi) \cdot \vec{A} + \phi (\nabla \cdot \vec{A})$

(b) $\nabla \times (\phi \vec{A}) = (\nabla \phi) \times \vec{A} + \phi (\nabla \times \vec{A})$

(c) $\nabla \times (\nabla \times \vec{A}) = \nabla (\nabla \cdot \vec{A}) - \nabla^2 \vec{A}$

(d) $\nabla \times (\nabla \phi) = \vec{0}$

(e) $\nabla \cdot (\nabla \times \vec{A}) = 0$

(f) $\nabla (\vec{A} \cdot \vec{B}) = (\vec{B} \cdot \nabla) \vec{A} + (\vec{A} \cdot \nabla) \vec{B} + \vec{B} \times (\nabla \times \vec{A}) + \vec{A} \times (\nabla \times \vec{B})$

(g) $\nabla \cdot (\vec{A} \times \vec{B}) = \vec{B} \cdot (\nabla \times \vec{A}) - \vec{A} \cdot (\nabla \times \vec{B})$

(h) $\nabla \times (\vec{A} \times \vec{B}) = (\vec{B} \cdot \nabla) \vec{A} - (\vec{A} \cdot \nabla) \vec{B} + \vec{A} (\nabla \cdot \vec{B}) - \vec{B} (\nabla \cdot \vec{A})$

(解)

(a) $\phi \vec{A} = (\phi A_x, \phi A_y, \phi A_z)$ であるから，これの発散をとると

$$\nabla \cdot (\phi \vec{A}) = \frac{\partial \phi A_x}{\partial x} + \frac{\partial \phi A_y}{\partial y} + \frac{\partial \phi A_z}{\partial z}$$

$$= A_x \frac{\partial \phi}{\partial x} + \phi \frac{\partial A_x}{\partial x} + A_y \frac{\partial \phi}{\partial y} + \phi \frac{\partial A_y}{\partial y} + A_z \frac{\partial \phi}{\partial z} + \phi \frac{\partial A_z}{\partial z}$$

$$= \left(A_x \frac{\partial \phi}{\partial x} + A_y \frac{\partial \phi}{\partial y} + A_z \frac{\partial \phi}{\partial z} \right) + \phi \left(\frac{\partial A_x}{\partial x} + \frac{\partial A_y}{\partial y} + \frac{\partial A_z}{\partial z} \right)$$

$$= (\nabla \phi) \cdot \vec{A} + \phi (\nabla \cdot \vec{A})$$

(b) $\phi \vec{A} = (\phi A_x, \phi A_y, \phi A_z)$ である。これの回転の x 成分は

$$\left(\nabla \times (\phi \vec{A}) \right)_x = \frac{\partial \phi A_z}{\partial y} - \frac{\partial \phi A_y}{\partial z}$$

$$= A_z \frac{\partial \phi}{\partial y} + \phi \frac{\partial A_z}{\partial y} - A_y \frac{\partial \phi}{\partial z} - \phi \frac{\partial A_y}{\partial z}$$

$$= \left(A_z \frac{\partial \phi}{\partial y} - A_y \frac{\partial \phi}{\partial z} \right) + \phi \left(\frac{\partial A_z}{\partial y} - \frac{\partial A_y}{\partial z} \right)$$

$$= \left((\nabla \phi) \times \vec{A} \right)_x + \left(\phi (\nabla \times \vec{A}) \right)_x$$

y 成分と z 成分についても同様の関係が得られるから，$\nabla \times (\phi \vec{A}) = (\nabla \phi) \times \vec{A} + \phi (\nabla \times \vec{A})$ が成り立つ。

(c) $\nabla \times (\nabla \times \vec{A})$ の x 成分について考える。

$$\left(\nabla \times (\nabla \times \vec{A}) \right)_x = \frac{\partial}{\partial y} \left(\nabla \times \vec{A} \right)_z - \frac{\partial}{\partial z} \left(\nabla \times \vec{A} \right)_y$$

$$= \frac{\partial}{\partial y} \left(\frac{\partial A_y}{\partial x} - \frac{\partial A_x}{\partial y} \right) - \frac{\partial}{\partial z} \left(\frac{\partial A_x}{\partial z} - \frac{\partial A_z}{\partial x} \right)$$

$$= \left(\frac{\partial^2 A_y}{\partial y \partial x} - \frac{\partial^2 A_x}{\partial y^2} \right) - \left(\frac{\partial^2 A_x}{\partial z^2} - \frac{\partial^2 A_z}{\partial z \partial x} \right)$$

$$= \left(\frac{\partial^2 A_x}{\partial x^2} + \frac{\partial^2 A_y}{\partial y \partial x} + \frac{\partial^2 A_z}{\partial z \partial x} \right) - \left(\frac{\partial^2 A_x}{\partial x^2} + \frac{\partial^2 A_x}{\partial y^2} + \frac{\partial^2 A_x}{\partial z^2} \right)$$

$$= \frac{\partial}{\partial x}\left(\frac{\partial A_x}{\partial x} + \frac{\partial A_y}{\partial y} + \frac{\partial A_z}{\partial z}\right) - \left(\frac{\partial^2}{\partial x^2} + \frac{\partial^2}{\partial y^2} + \frac{\partial^2}{\partial z^2}\right)A_x$$

$$= \left(\nabla(\nabla \cdot \vec{A})\right)_x - \nabla^2 A_x$$

y 成分と z 成分についても同様の関係が得られるから,$\nabla \times (\nabla \times \vec{A}) = \nabla(\nabla \cdot \vec{A}) - \nabla^2 \vec{A}$ が成り立つ.

(d) $\nabla \times (\nabla \phi)$ の x 成分について考える.

$$(\nabla \times (\nabla \phi))_x = \frac{\partial}{\partial y}(\nabla \phi)_z - \frac{\partial}{\partial z}(\nabla \phi)_y$$

$$= \frac{\partial}{\partial y}\frac{\partial \phi}{\partial z} - \frac{\partial}{\partial z}\frac{\partial \phi}{\partial y} = 0$$

y 成分と z 成分についても同様に 0 となるから,$\nabla \times (\nabla \phi) = \vec{0}$ が成り立つ.

(e) 直角座標の成分で計算する.

$$\nabla \cdot (\nabla \times \vec{A}) = \frac{\partial}{\partial x}\left(\frac{\partial A_z}{\partial y} - \frac{\partial A_y}{\partial z}\right) + \frac{\partial}{\partial y}\left(\frac{\partial A_x}{\partial z} - \frac{\partial A_z}{\partial x}\right) + \frac{\partial}{\partial z}\left(\frac{\partial A_y}{\partial x} - \frac{\partial A_x}{\partial y}\right)$$

$$= \left(\frac{\partial^2 A_z}{\partial x \partial y} - \frac{\partial^2 A_y}{\partial x \partial z}\right) + \left(\frac{\partial^2 A_x}{\partial y \partial z} - \frac{\partial^2 A_z}{\partial y \partial x}\right) + \left(\frac{\partial^2 A_y}{\partial z \partial x} - \frac{\partial^2 A_x}{\partial z \partial y}\right) = 0$$

(f) 題意の式の左辺と右辺に分けて,x 成分をそれぞれ計算する.

$$\left(\nabla(\vec{A} \cdot \vec{B})\right)_x = \frac{\partial}{\partial x}(A_x B_x + A_y B_y + A_z B_z)$$

$$= B_x\frac{\partial A_x}{\partial x} + A_x\frac{\partial B_x}{\partial x} + B_y\frac{\partial A_y}{\partial x} + A_y\frac{\partial B_y}{\partial x} + B_z\frac{\partial A_z}{\partial x} + A_z\frac{\partial B_z}{\partial x}$$

$$\left((\vec{B} \cdot \nabla)\vec{A} + (\vec{A} \cdot \nabla)\vec{B} + \vec{B} \times (\nabla \times \vec{A}) + \vec{A} \times (\nabla \times \vec{B})\right)_x$$

$$= \left(B_x\frac{\partial}{\partial x} + B_y\frac{\partial}{\partial y} + B_z\frac{\partial}{\partial z}\right)A_x + \left(A_x\frac{\partial}{\partial x} + A_y\frac{\partial}{\partial y} + A_z\frac{\partial}{\partial z}\right)B_x$$

$$+ B_y\left(\frac{\partial A_y}{\partial x} - \frac{\partial A_x}{\partial y}\right) - B_z\left(\frac{\partial A_x}{\partial z} - \frac{\partial A_z}{\partial x}\right)$$

$$+ A_y\left(\frac{\partial B_y}{\partial x} - \frac{\partial B_x}{\partial y}\right) - A_z\left(\frac{\partial B_x}{\partial z} - \frac{\partial B_z}{\partial x}\right)$$

$$= \left(B_x\frac{\partial A_x}{\partial x} + B_y\frac{\partial A_x}{\partial y} + B_z\frac{\partial A_x}{\partial z}\right) + \left(A_x\frac{\partial B_x}{\partial x} + A_y\frac{\partial B_x}{\partial y} + A_z\frac{\partial B_x}{\partial z}\right)$$

$$+ \left(B_y\frac{\partial A_y}{\partial x} - B_y\frac{\partial A_x}{\partial y}\right) - \left(B_z\frac{\partial A_x}{\partial z} - B_z\frac{\partial A_z}{\partial x}\right)$$

$$+ \left(A_y\frac{\partial B_y}{\partial x} - A_y\frac{\partial B_x}{\partial y}\right) - \left(A_z\frac{\partial B_x}{\partial z} - A_z\frac{\partial B_z}{\partial x}\right)$$

$$= B_x\frac{\partial A_x}{\partial x} + A_x\frac{\partial B_x}{\partial x} + B_y\frac{\partial A_y}{\partial x} + A_y\frac{\partial B_y}{\partial x} + B_z\frac{\partial A_z}{\partial x} + A_z\frac{\partial B_z}{\partial x}$$

両辺の x 成分は等しく,y 成分と z 成分でも同様の関係が得られるから成り立つ.

(g) 直角座標の成分で計算する.

$$\nabla \cdot (\vec{A} \times \vec{B}) = \frac{\partial}{\partial x}(A_y B_z - A_z B_y) + \frac{\partial}{\partial y}(A_z B_x - A_x B_z) + \frac{\partial}{\partial z}(A_x B_y - A_y B_x)$$

$$= \left(B_z\frac{\partial A_y}{\partial x} + A_y\frac{\partial B_z}{\partial x} - B_y\frac{\partial A_z}{\partial x} - A_z\frac{\partial B_y}{\partial x}\right)$$

$$+\left(B_x\frac{\partial A_z}{\partial y}+A_z\frac{\partial B_x}{\partial y}-B_z\frac{\partial A_x}{\partial y}-A_x\frac{\partial B_z}{\partial y}\right)$$
$$+\left(B_y\frac{\partial A_x}{\partial z}+A_x\frac{\partial B_y}{\partial z}-B_x\frac{\partial A_y}{\partial z}-A_y\frac{\partial B_x}{\partial z}\right)$$
$$=B_x\left(\frac{\partial A_z}{\partial y}-\frac{\partial A_y}{\partial z}\right)+B_y\left(\frac{\partial A_x}{\partial z}-\frac{\partial A_z}{\partial x}\right)+B_z\left(\frac{\partial A_y}{\partial x}-\frac{\partial A_x}{\partial y}\right)$$
$$-A_x\left(\frac{\partial B_z}{\partial y}-\frac{\partial B_y}{\partial z}\right)-A_y\left(\frac{\partial B_x}{\partial z}-\frac{\partial B_z}{\partial x}\right)-A_z\left(\frac{\partial B_y}{\partial x}-\frac{\partial B_x}{\partial y}\right)$$
$$=\vec{B}\cdot(\nabla\times\vec{A})-\vec{A}\cdot(\nabla\times\vec{B})$$

(h) 題意の式の左辺と右辺に分けて，x 成分をそれぞれ計算する。

$$\left(\nabla\times(\vec{A}\times\vec{B})\right)_x=\frac{\partial}{\partial y}(A_xB_y-A_yB_x)-\frac{\partial}{\partial z}(A_zB_x-A_xB_z)$$
$$=\left(B_y\frac{\partial A_x}{\partial y}+A_x\frac{\partial B_y}{\partial y}-B_x\frac{\partial A_y}{\partial y}-A_y\frac{\partial B_x}{\partial y}\right)$$
$$-\left(B_x\frac{\partial A_z}{\partial z}+A_z\frac{\partial B_x}{\partial z}-B_z\frac{\partial A_x}{\partial z}-A_x\frac{\partial B_z}{\partial z}\right)$$

$$\left((\vec{B}\cdot\nabla)\vec{A}-(\vec{A}\cdot\nabla)\vec{B}+\vec{A}(\nabla\cdot\vec{B})-\vec{B}(\nabla\cdot\vec{A})\right)_x$$
$$=\left(B_x\frac{\partial}{\partial x}+B_y\frac{\partial}{\partial y}+B_z\frac{\partial}{\partial z}\right)A_x-\left(A_x\frac{\partial}{\partial x}+A_y\frac{\partial}{\partial y}+A_z\frac{\partial}{\partial z}\right)B_x$$
$$+A_x\left(\frac{\partial B_x}{\partial x}+\frac{\partial B_y}{\partial y}+\frac{\partial B_z}{\partial z}\right)-B_x\left(\frac{\partial A_x}{\partial x}+\frac{\partial A_y}{\partial y}+\frac{\partial A_z}{\partial z}\right)$$
$$=\left(B_y\frac{\partial A_x}{\partial y}+A_x\frac{\partial B_y}{\partial y}-B_x\frac{\partial A_y}{\partial y}-A_y\frac{\partial B_x}{\partial y}\right)$$
$$-\left(B_x\frac{\partial A_z}{\partial z}+A_z\frac{\partial B_x}{\partial z}-B_z\frac{\partial A_x}{\partial z}-A_x\frac{\partial B_z}{\partial z}\right)$$

両辺の x 成分は等しく，y 成分と z 成分でも同様の関係が得られるから成り立つ。

第II部

力学分野

第6章

物理量と単位，次元と次元解析

この章では，2019年に再定義された国際単位系と，物理量の次元を学ぶ。
(「国際単位系 (SI) と主な物理定数」(P.208) を参照)

6.1.1 この章の学習目標
1. 国際単位系 (SI) を理解し，これを用いて物理量の単位を表すことができる。
2. 物理量の単位と次元を区別して理解できる。
3. 次元解析を用いて物理量間の関係を導くことができる。

6.1.2 基礎的事項

物理量 ：
数に単位を付したものが物理量である。

国際単位系 (SI) ：
基本量として時間，長さ，質量，電流，温度，物質量，光度の7つをとり，それぞれの単位を s，m，kg，A，K，mol，cd としてすべての物理量の単位を表す単位系が国際単位系 (SI) である。
(基本量の具体的な定義は「国際単位系 (SI) の基本単位」(P.209) を参照)

組立単位 ：
7つの物理量の単位 (基本単位) のべき乗の積で表された物理量の単位を組立単位という。例えば，質量 1 kg の物体に 1 m/s^2 の加速度を生じさせるような「力」の組立単位は 1 kg m/s^2 であり，この力の組立単位を 1 N (ニュートン) という特別名称で表している。
(固有の単位記号を持つ物理量については「固有の名称と記号を持つ物理量と組立単位」(P.210) を参照)
【基本問題 P.33 問 1】

次元 ：
物理量を基本量に関係付ける式に従って，基本量のべき乗の積で表したものをその物理量の次元という。SI で使われている基本量と次元の記号は以下の通りである。

基本量	次元の記号	基本量	次元の記号
時間	T	熱力学的温度	Θ
長さ	L	物質量	N
質量	M	光度	J
電流	I		

任意の量 Q の次元 $\dim Q$ は，次のような基本量の次元の積で表される．
$$\dim Q = \mathsf{T}^\alpha \mathsf{L}^\beta \mathsf{M}^\gamma \mathsf{I}^\delta \Theta^\epsilon \mathsf{N}^\zeta \mathsf{J}^\eta \tag{6.1}$$
例えば，面積は長さの 2 乗 (L^2) の次元を持ち，平面角は長さ / 長さで定義されるので無次元 (零次元) である．

「単位」は基本的な物理量の単位を具体的に定義する必要がある．「次元」は基本的な物理量が決まれば決まる．この点が両者の違いである．

次元解析 ：
ある物理量が与えられた物理量の組によりどのように表されるかを考察するとき，その両者の次元を基に調べる方法をいう．

【発展問題 P.34 問 1】

次元解析の際の注意事項 ：
1. 異なる次元の物理量同士を加えたり引いたりすることはできない．
2. 無次元の量は単位に無関係な絶対的な数値で表される．

6.1.3 自己学習問題

1. (基本物理量と基本単位) ：
国際単位系の 7 つの基本物理量とその基本単位を示しなさい．

(解) 国際単位系の 7 つの基本物理量とその単位は，(1) 長さ： m (メートル)，(2) 質量： kg (キログラム)，(3) 時間： s (秒)，(4) 電流： A (アンペア)，(5) 温度： K (ケルビン)，(6) 物質量： mol (モル)，(7) 光度： cd (カンデラ) である．

6.1.4 基本問題

1. (組立単位と特別名称) ：
力，エネルギー (仕事)，運動量，角運動量，力のモーメント及び慣性モーメントの単位を国際単位の基本単位で表し，特別名称のある物理量についてはそれも示しなさい．また，物理量の次元を示しなさい．

(解) 結果を表 6.1 に示す．

表 6.1　種々の物理量の単位と次元

物理量	力	エネルギー (仕事)	運動量	角運動量
組立単位	$\mathrm{kg\,m\,s^{-2}}$	$\mathrm{kg\,m^2 s^{-2}}$	$\mathrm{kg\,m\,s^{-1}}$	$\mathrm{kg\,m^2 s^{-1}}$
特別名称	N(ニュートン)	J(ジュール)	-	-
次元	$\mathsf{MLT^{-2}}$	$\mathsf{ML^2T^{-2}}$	$\mathsf{MLT^{-1}}$	$\mathsf{ML^2T^{-1}}$
物理量	力のモーメント	慣性モーメント	電荷	電圧
組立単位	$\mathrm{kg\,m^2 s^{-2}}$	$\mathrm{kg\,m^2}$	$\mathrm{A\,s}$	$\mathrm{kg\,m^2 s^{-1} A^{-1}}$
特別名称	-	-	C(クーロン)	V(ボルト)
次元	$\mathsf{ML^2T^{-2}}$	$\mathsf{ML^2}$	TI	$\mathsf{ML^2T^{-1}I^{-1}}$

6.1.5　発展問題

1. (次元解析):

振り子の周期 T [s] が振り子の質量 m [kg],振り子の長さ l [m] 及び重力加速度の大きさ g [m/s²] に依存すると考え,これらの次元を比較することで T が m, l, g にどのように依存するか示しなさい.

(解) 振り子の周期に関係する物理量として,振り子で振られる物体の質量,振り子の糸の長さ,重力加速度の大きさを考える.振り子の振れる角度も関係すると思われるが,角度は無次元なので考慮しない.

[振り子の周期の次元]
= [振り子の質量の次元]$^\alpha$ [振り子の長さの次元]$^\beta$ [重力加速度の大きさの次元]$^\gamma$

のようにおくと

$$\mathsf{T} = [\mathsf{M}]^\alpha\,[\mathsf{L}]^\beta\,[\mathsf{LT^{-2}}]^\gamma$$
$$= \mathsf{M}^\alpha\,\mathsf{L}^{\beta+\gamma}\,\mathsf{T}^{-2\gamma}$$

が得られる.両辺の M, L, T の次数を比較すると,

$$\begin{cases} \alpha = 0 \\ \beta + \gamma = 0 \\ -2\gamma = 1 \end{cases}$$

であるから,$\beta = 1/2$,$\gamma = -1/2$ となる.これより

$$T \propto \sqrt{\frac{l}{g}}$$

となり,単振り子の周期は振り子につけた質点の質量に関係せず,支点から質点までの距離に依存する.

第7章

質点

この章では，質量という属性のみを持つ物体である質点と，その位置を表すための座標系を学ぶ。

7.1.1 この章の学習目標
1. 質点とはどのようなものかを知る。
2. 質点の位置を表す種々の座標系のそれぞれの関係を互いに導くことができる。

7.1.2 基礎的事項

質点 ：
物体を一つの点で代表させ，質量だけを持つ点という形で抽象化した物体をいう。物体の運動で，物体自体の変形や回転運動を考えず，その並進運動だけに注目するときに物体を質点と考えて扱う。
【基本問題 P.36 問 1, 問 2】

座標系 ：
質点の位置を表すためには座標系が必要である。代表的な空間座標系としては，直交直線座標 (直角座標) 系，極座標 (球座標) 系，円筒座標系などがある。

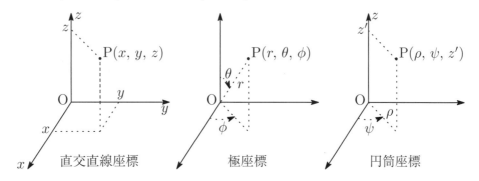

【基本問題 P.36 問 3】【発展問題 P.36 問 1】

質点の力学の目的 ：
運動する質点の運動状態 (位置ばかりでなく運動する方向や向き及びその速さ) を明らかにすることや，どのような運動をするかを予言すること。

7.1.3　基本問題

1. **(質点)：**
質点は現実の物体のどのような性質を表すと考えられるか答えなさい。

   (解) 物体が空間内で占める代表的位置 (重心の位置) とその物体の質量を表す。

2. **(質点と地球)：**
地球はどのような場合 (運動) を考えると質点と考えることができるか。その例を挙げなさい。

   (解) 太陽のまわりの地球の公転運動と考えると，地球の赤道半径は約 6.4×10^6 m($= r_e$)，地球の公転半径は約 1.5×10^{11} m($= r_r$) である。両者の比は $r_e/r_r \approx 4.3 \times 10^{-5}$ であり，r_r に対して r_e は無視してよいくらい小さい。このときには地球は質点とみなしてよい。

3. **(座標系の関係)：**
直角座標 (x, y, z) と極座標 (r, θ, ϕ)，円筒座標 (ρ, ψ, z') の関係を示しなさい。

   (解) 直角座標 (直角) と極座標 (極)，直角座標と円筒座標 (円筒) 間の関係は以下の通り。

極 → 直角	直角 → 極	円筒 → 直角	直角 → 円筒
$x = r\sin\theta\cos\phi$	$r = \sqrt{x^2+y^2+z^2}$	$x = \rho\cos\psi$	$\rho = \sqrt{x^2+y^2}$
$y = r\sin\theta\sin\phi$	$\tan\theta = \dfrac{\sqrt{x^2+y^2}}{z}$	$y = \rho\sin\psi$	$\tan\psi = \dfrac{y}{x}$
$z = r\cos\theta$	$\tan\phi = \dfrac{y}{x}$	$z = z'$	$z' = z$

7.1.4　発展問題

1. **(極座標と円筒座標の関係)：**
極座標 (r, θ, ϕ) と円筒座標 (ρ, ψ, z') の関係を示しなさい。

   (解) 極座標 (極) と円筒座標 (円筒) 間の関係は以下の通り。

   極座標の r, θ, ϕ を円筒座標の ρ, ψ, z' を用いて表すとそれぞれ

   $$\begin{cases} r = \sqrt{\rho^2 + z'^2} \\ \tan\theta = \dfrac{\rho}{z'} \\ \phi = \psi \end{cases}$$

   円筒座標の ρ, ψ, z' を極座標の r, θ, ϕ を用いて表すとそれぞれ

   $$\begin{cases} \rho = r\sin\theta \\ \psi = \phi \\ z' = r\cos\theta \end{cases}$$

第 8 章

位置と変位，速度，加速度

この章では，物体の運動を数学で表す道具立てについて学ぶ。

8.1.1 この章の学習目標
1. 質点の位置，速度，加速度を互いに微積分を用いて表すことができる。
2. 適切な数学的量 (スカラー，ベクトル) を用いて，物理量を表すことができる。
3. ベクトルの微分では，大きさばかりでなく，方向と向きが重要であることを理解する。

8.1.2 基礎的事項

位置と変位　：

質点の位置は適当な座標系を設定し，座標 (x, y, z) や位置ベクトル $\vec{r}$ で表すことができる。運動する質点のある時刻 t での位置 $\vec{r}$ と，時刻 $t + \Delta t$ での位置 $\vec{r}'$ の差のベクトルを変位 (ベクトル) $\Delta \vec{r}$ という。

$$\vec{r} = (x, y, z) \tag{8.1}$$
$$= x\,\vec{e}_x + y\,\vec{e}_y + z\,\vec{e}_z \tag{8.2}$$
$$\Delta \vec{r} = \vec{r}' - \vec{r} \tag{8.3}$$

$\vec{e}_x$, $\vec{e}_y$, $\vec{e}_z$ はそれぞれ x, y, z 方向の単位ベクトルである。

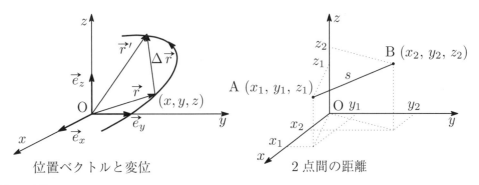

位置ベクトルと変位　　　　2 点間の距離

2 点間の距離　：

2 点を結ぶ線分の長さで定義され，平面上の 2 点 $A(x_1, y_1)$ と $B(x_2, y_2)$ 間の距離 s

は
$$s = \sqrt{(x_2-x_1)^2 + (y_2-y_1)^2} \tag{8.4}$$

また，空間内の 2 点 $A(x_1, y_1, z_1)$ と $B(x_2, y_2, z_2)$ 間の距離 s は
$$s = \sqrt{(x_2-x_1)^2 + (y_2-y_1)^2 + (z_2-z_1)^2} \tag{8.5}$$

速さと速度 ：

時間 $[t, t+\Delta t]$ での質点の移動距離 Δs をそれに要した時間 Δt で割った値を質点の (平均の) 速さ $\overline{v}$ といい，移動時間 $\Delta t \to 0$ の極限の速さを瞬間の速さ v という。時刻 t から時刻 $t+\Delta t$ の間に，質点の位置が $\vec{r}$ から $\vec{r}+\Delta\vec{r}$ と変化するとき，変位 $\Delta\vec{r}$ の経過時間 $\Delta t \to 0$ の極限を時刻 t での速度 $\vec{v}$ という。

$$\text{平均の速さ} \quad : \overline{v} = \frac{\Delta s}{\Delta t} \tag{8.6}$$

$$\text{時刻 } t \text{ での瞬間の速さ} : v = \lim_{\Delta t \to 0} \frac{\Delta s}{\Delta t} = \frac{ds}{dt} \tag{8.7}$$

$$\text{時刻 } t \text{ での瞬間の速度} : \vec{v} = \lim_{\Delta t \to 0} \frac{\Delta\vec{r}}{\Delta t} = \frac{d\vec{r}}{dt} \tag{8.8}$$

数学的には速さはスカラー，速度はベクトルを用いて表す。

加速度 ：

速度変化 $\Delta\vec{v}$ の経過時間 $\Delta t \to 0$ の極限 (速度の時間微分) を加速度 $\vec{a}$ という。加速度はベクトルを用いて表す。

$$\vec{a} = \lim_{\Delta t \to 0} \frac{\Delta\vec{v}}{\Delta t} = \frac{d\vec{v}}{dt} = \frac{d}{dt}\frac{d\vec{r}}{dt} = \frac{d^2\vec{r}}{dt^2} \tag{8.9}$$

【基本問題 P.41 問 1, P.42 問 2】

直角座標での速度と加速度 ：

時刻 t での位置ベクトルが $\vec{r}(t) = x(t)\vec{e}_x + y(t)\vec{e}_y + z(t)\vec{e}_z$ のように直角座標で表されるときの，時刻 t での速度 $\Delta\vec{v}$ と加速度 $\vec{a}$ はそれぞれ

$$\vec{v} = (v_x, v_y, v_z)$$
$$= \frac{d\vec{r}}{dt} = \frac{dx}{dt}\vec{e}_x + \frac{dy}{dt}\vec{e}_y + \frac{dz}{dt}\vec{e}_z = \left(\frac{dx}{dt}, \frac{dy}{dt}, \frac{dz}{dt}\right) \tag{8.10}$$

$$\vec{a} = (a_x, a_y, a_z)$$
$$= \frac{d\vec{v}}{dt} = \frac{dv_x}{dt}\vec{e}_x + \frac{dv_y}{dt}\vec{e}_y + \frac{dv_z}{dt}\vec{e}_z = \left(\frac{dv_x}{dt}, \frac{dv_y}{dt}, \frac{dv_z}{dt}\right) \tag{8.11}$$

$$= \frac{d^2\vec{r}}{dt^2} = \frac{d^2x}{dt^2}\vec{e}_x + \frac{d^2y}{dt^2}\vec{e}_y + \frac{d^2z}{dt^2}\vec{e}_z = \left(\frac{d^2x}{dt^2}, \frac{d^2y}{dt^2}, \frac{d^2z}{dt^2}\right) \tag{8.12}$$

【発展問題 P.42 問 1, P.43 問 2】

8.1.3 自己学習問題

1. (質点の位置の表し方) ：

O-xyz 座標で，点 $(3, -4, 2)$ の位置ベクトル $\vec{r}$ を単位ベクトルの和として表し

なさい。x, y, z 方向の単位ベクトルをそれぞれ $\vec{e}_x, \vec{e}_y, \vec{e}_z$ とする。

(解) $\vec{r} = 3\vec{e}_x - 4\vec{e}_y + 2\vec{e}_z$

2. (2点間の距離):

   O-xy 座標で，質点が O から点 A(2, 3) を通り点 B(5, -4) に達した。2点間の距離 OA, OB 及び AB を求めなさい。また，質点がそれぞれ 2 点を結ぶ線分上を移動したとすると，このときの移動距離を求めなさい。

   (解)
   $$OA = \sqrt{2^2 + 3^2} = \sqrt{13}$$
   $$OB = \sqrt{5^2 + (-4)^2} = \sqrt{41}$$
   $$AB = \sqrt{(5-2)^2 + (-4-3)^2} = \sqrt{58}$$
   移動距離 $s = OA + AB = \sqrt{13} + \sqrt{58}$

3. (変位と距離):

   O-xy 座標で，質点が O を中心とする半径 1 の円周上の最短距離を点 A(1, 0) から点 B(0, 1) まで移動した。このときの変位ベクトルの大きさと移動距離を求めなさい。

   (解) 質点の変位は $\overrightarrow{AB}$ であり，A から B に最短距離で移動しているので，移動距離は円周の 1/4 である。
   $$AB = |\overrightarrow{AB}| = \sqrt{(0-1)^2 + (1-0)^2} = \sqrt{2}$$
   移動距離 $s = \dfrac{1}{4} \times 2\pi = \dfrac{\pi}{2}$

4. (速さ 1):

   時速 54 km (54 km/h) で直線上を走っている車がある。以下の問に答えなさい。

   (a) この自動車は 1 時間で何 km 走るか。
   (b) この自動車は 1 秒間で何 m 走るか。
   (c) この自動車の速さは何 m/s か。

   (解) 時速 54 km (54 km/h) は 1 時間で (a) 54 km の距離を進むことであるから，1 秒間では $54 \times 10^3 / 3600 =$ (b) 15 m だけ進む。したがって 54 km/h = (c) 15 m/s である。

5. (速さ 2):

   120 km の距離を自動車で 1 時間半で移動した。自動車の平均の速さを求めなさい。

   (解) 平均の速さ $\bar{v}$ は移動距離 Δx をそれに要した時間 Δt で割ったものであるから
   $$\bar{v} = \frac{\Delta x}{\Delta t} = \frac{120\,\text{km}}{1.5\,\text{h}} = 80\,\text{km/h}$$

6. (平均の速さ):

   xy 平面上で，質点が原点 O から点 A(2, 3) を通り点 B(5, -4) まで，各 2 点を

結ぶ線分上を移動した。OA 間の移動に要した時間は $2\,\mathrm{s}$, AB 間は $5\,\mathrm{s}$ であった。OA 間と AB 間及び OB 間の平均の速さを求めなさい。ここで原点 O と x 軸上の点 $(1,\,0)$ との距離は $1\,\mathrm{m}$ であり, y 座標についても同様とする。

(解) 2 点間の移動距離をその所要時間で割ると

$$\overline{v}_{\mathrm{OA}} = \frac{\sqrt{2^2+3^2}}{2} = \sqrt{\frac{13}{4}}\,\mathrm{m/s}$$

$$\overline{v}_{\mathrm{AB}} = \frac{\sqrt{(5-2)^2+(-4-3)^2}}{5} = \sqrt{\frac{58}{25}}\,\mathrm{m/s}$$

$$\overline{v}_{\mathrm{OB}} = \frac{\sqrt{13}+\sqrt{58}}{7}\,\mathrm{m/s}$$

7. (直線上の位置と速度):
直線上を運動する質点の位置が時間 $t\,[\mathrm{s}]$ の関数として $x(t) = t^2 - 2t + 5\,[\mathrm{m}]$ で与えられるとき, 時刻 $t = 5\,\mathrm{s}$ における質点の速度を求めなさい。

(解) 速度 $v(t)$ は位置 x の時間 t に関する 1 階微分であるから

$$v(t) = \frac{\mathrm{d}x(t)}{\mathrm{d}t} = 2t - 2$$

より $v(5) = 8\,\mathrm{m/s}$ である。

8. (速度と速さ):
xy 平面上を運動する質点の速度が時間 $t\,[\mathrm{s}]$ の関数として $(3,\,2t+1)\,[\mathrm{m/s}]$ で与えられている。時刻 $t = 2\,\mathrm{s}$ と $t = 4\,\mathrm{s}$ での質点の速度と速さを求めなさい。

(解) 質点の速度が時間 t の関数として与えられている。速度はベクトルとして表し, 速さはその大きさであるから, 時刻 $t = 2\,\mathrm{s}$ と $t = 4\,\mathrm{s}$ での質点の速度と速さはそれぞれ

$$t = 2\,\mathrm{s}\,\text{での速度}: \vec{v}(2) = (3,\,5)\,\mathrm{m/s}$$

$$\text{速さ}: v(2) = \sqrt{3^2+5^2} = \sqrt{34}\,\mathrm{m/s}$$

$$t = 4\,\mathrm{s}\,\text{での速度}: \vec{v}(4) = (3,\,9)\,\mathrm{m/s}$$

$$\text{速さ}: v(4) = \sqrt{3^2+9^2} = 3\sqrt{10}\,\mathrm{m/s}$$

9. (位置と速度・速さ):
xy 平面上を運動する質点の位置が時間 $t\,[\mathrm{s}]$ の関数として $(2t,\,3t^2-2)\,[\mathrm{m}]$ で与えられている。時刻 $t = 2\,\mathrm{s}$ と $t = 4\,\mathrm{s}$ での質点の速度と速さを求めなさい。

(解) 位置ベクトル $\vec{r} = (2t,\,3t^2-2)\,[\mathrm{m}]$ を時間 t で微分すると, 速度 $\vec{v}$ は t の関数として

$$\vec{v} = (2,\,6t)\,[\mathrm{m/s}]$$

で与えられる。したがって, 時刻 $t = 2\,\mathrm{s}$ と $t = 4\,\mathrm{s}$ での質点の速度と速さはそれぞれ

$$t = 2\,\mathrm{s}\,\text{での速度}: \vec{v}(2) = (2,\,12)\,\mathrm{m/s}$$

$$\text{速さ}: v(2) = \sqrt{2^2+12^2} = 2\sqrt{37}\,\mathrm{m/s}$$

$$t = 4\,\mathrm{s}\,\text{での速度}: \vec{v}(4) = (2,\,24)\,\mathrm{m/s}$$

$$\text{速さ}: v(4) = \sqrt{2^2+24^2} = 2\sqrt{145}\,\mathrm{m/s}$$

10. (平均の加速度):

静止している自動車が直線上を運動し，5.0 秒後の速度が $36\,\mathrm{km/h}$ となった。この間の自動車の平均の加速度は何 $\mathrm{m/s^2}$ か求めなさい。

(解) 直線上での運動で，時間 $[t, t+\Delta t]$ に速度が $[v, v+\Delta v]$ と変化するとき，平均の加速度 $\bar{a}$ は $\bar{a} = \dfrac{\Delta v}{\Delta t}$ で与えられる。いま，自動車は止まっている状態から 5.0 秒間で $36\,\mathrm{km/h} = \dfrac{36 \times 10^3\,\mathrm{m}}{3600\,\mathrm{s}} = 10\,\mathrm{m/s}$ の速度になったから

$$\bar{a} = \frac{\Delta v}{\Delta t} = \frac{10-0}{5.0-0} = 2.0\,\mathrm{m/s^2}$$

11. (直線上の位置と加速度):

直線上を運動する質点の位置が時間 $t\,[\mathrm{s}]$ の関数として $x(t) = 2.4t^3 - 4.8t^2 + 9.6t\,[\mathrm{m}]$ で与えられるとき，時刻 $t = 4\,\mathrm{s}$ における質点の加速度を求めなさい。

(解) 直線上を運動する質点の加速度 $a(t)$ は直線上での変位 (位置の時間変化) の時間に関する 2 階微分である。

$$v(t) = \frac{\mathrm{d}x(t)}{\mathrm{d}t} = 7.2t^2 - 9.6t + 9.6$$
$$a(t) = \frac{\mathrm{d}v(t)}{\mathrm{d}t} = \frac{\mathrm{d}^2 x(t)}{\mathrm{d}t^2} = 14.4t - 9.6$$

より $a(4) = 48\,\mathrm{m/s^2}$ である。

8.1.4 基本問題

1. (位置，速度，加速度 1):

ある質点の位置が以下のような時間 t の関数で与えられるとき，その質点の速度及び加速度を求めなさい。ただし A, ω, δ は定数とする。

(a) x 軸上の位置が $x = A\sin(\omega t + \delta)$ で表される場合
(b) x 軸上の位置が $x = A\cos(\omega t + \delta)$ で表される場合
(c) xy 平面上の位置が $(x, y) = (A\cos(\omega t + \delta), A\sin(\omega t + \delta))$ で表される場合

(解) 速度 $v = \dfrac{\mathrm{d}x}{\mathrm{d}t}$ と加速度 $a = \dfrac{\mathrm{d}v}{\mathrm{d}t}$ は，それぞれ x と v の t に関する 1 階の導関数であるから

(a) $x = A\sin(\omega t + \delta)$ で表される場合：

$$v = \frac{\mathrm{d}x}{\mathrm{d}t} = \omega A\cos(\omega t + \delta) \qquad a = \frac{\mathrm{d}v}{\mathrm{d}t} = -\omega^2 A\sin(\omega t + \delta) = -\omega^2 x$$

(b) $x = A\cos(\omega t + \delta)$ で表される場合：

$$v = \frac{\mathrm{d}x}{\mathrm{d}t} = -\omega A\sin(\omega t + \delta) \qquad a = \frac{\mathrm{d}v}{\mathrm{d}t} = -\omega^2 A\cos(\omega t + \delta) = -\omega^2 x$$

(c) $(x, y) = (A\cos(\omega t + \delta), A\sin(\omega t + \delta))$ で表される場合：
$\vec{r} = (x, y)$ とおく。速度 $\vec{v}$ と加速度 $\vec{a}$ はそれぞれ

$$\vec{v} = \frac{d\vec{r}}{dt}$$
$$= (v_x, v_y)$$
$$= \left(\frac{dx}{dt}, \frac{dy}{dt}\right)$$
$$= (-\omega A \sin(\omega t + \delta), \omega A \cos(\omega t + \delta))$$
$$= \omega(-y, x)$$

$$\vec{a} = \frac{d\vec{v}}{dt}$$
$$= (a_x, a_y)$$
$$= \left(\frac{dv_x}{dt}, \frac{dv_y}{dt}\right)$$
$$= (-\omega^2 A \cos(\omega t + \delta),$$
$$\qquad -\omega^2 A \sin(\omega t + \delta))$$
$$= -\omega^2(x, y) = -\omega^2 \vec{r}$$

2. (位置, 速度, 加速度 2):
x 軸上を単振動している質点の変位が時間 t の関数として $x = x_0 \sin \omega t$ (x_0 と ω はともに正の定数) で与えられるとき, この質点の速度 v と加速度 a を求め, これらを時間 t の関数として図示しなさい.

(解) 速度 v と加速度 a はそれぞれ次式で与えられる.
$$v = \frac{dx}{dt} = \omega x_0 \cos \omega t$$

$$a = \frac{dv}{dt} = -\omega^2 x_0 \sin \omega t (= -\omega^2 x)$$

これらの図は図 8.1 の通り.

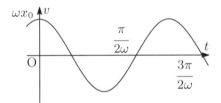
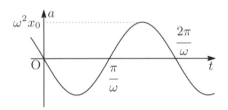

図 8.1 位置, 速度, 加速度 2 の解答

8.1.5 発展問題

1. (回転座標系の速度ベクトル):
運動する質点の点 A での位置を, 原点 O を始点とする位置ベクトル $\vec{r} = r\vec{e}_r$ で表す. ここで $r = |\vec{r}|$ で, $\vec{e}_r$ は $\vec{r}$ 方向の単位ベクトルである. $\vec{e}_\theta$ を $\vec{e}_r$ に垂直な方向の単位ベクトルとして, この質点の速度 $\vec{v} = \dfrac{d\vec{r}}{dt}$ を求めなさい.

(解) $\vec{r} = r\vec{e}_r$ の右辺を r と $\vec{e}_r$ の積関数と考えて時間 t で微分すると
$$\vec{v} = \frac{d\vec{r}}{dt} = \frac{d}{dt}(r\vec{e}_r)$$
$$= \left(\frac{d}{dt}r\right)\vec{e}_r + r\left(\frac{d}{dt}\vec{e}_r\right)$$
$$= \frac{dr}{dt}\vec{e}_r + r\frac{d\vec{e}_r}{dt}$$

となる. ここで $[t, t+\Delta t]$ で位置ベクトルが $[\vec{r}, \vec{r}'(=\vec{r}+\Delta\vec{r})]$ に変化するとき, 2 つの位置ベクトルの単位ベクトルはそれぞれ $[\vec{e}_r, \vec{e}_r'(=\vec{e}_r+\Delta\vec{e}_r)]$ のように変化する (図 8.2). それぞれの単位ベクトルの終点 E と E' は単位円 (図 8.2 中の点線) 上にある. $\Delta t \to 0$ では $\Delta \vec{e}_r$ は単位円に点 E で接することになるので, $\vec{e}_r \perp \Delta \vec{e}_r$ とな

る。ここで $\vec{e}_r$ に垂直な ($\Delta \vec{e}_r$ に平行な) 向きの単位ベクトルが $\vec{e}_\theta$ である。$\Delta \vec{e}_r$ の大きさ $|\Delta \vec{e}_r|$ は $\vec{r}$ と $\vec{r}'$ の回転角 $\Delta \theta$ を用いると $|\Delta \vec{e}_r| = |\vec{e}_r|\Delta \theta = \Delta \theta$ となるので、$\Delta \vec{e}_r = \Delta \theta \vec{e}_\theta$ となり、両辺を Δt で割って $\Delta t \to 0$ の極限をとれば

$$\lim_{\Delta t \to 0} \frac{\Delta \vec{e}_r}{\Delta t} = \lim_{\Delta t \to 0} \frac{\Delta \theta}{\Delta t} \vec{e}_\theta$$

$$\frac{d\vec{e}_r}{dt} = \frac{d\theta}{dt} \vec{e}_\theta \qquad (8.13)$$

となる。したがって速度 $\vec{v}$ は

$$\vec{v} = \frac{dr}{dt}\vec{e}_r + r\frac{d\theta}{dt}\vec{e}_\theta$$

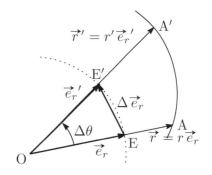

図 8.2　回転座標系の速度ベクトルの考え方 (点線は半径 1 の単位円)

2. (回転座標系の加速度ベクトル)：
運動する質点の点 A での位置を、原点 O を始点とする位置ベクトル $\vec{r} = r\vec{e}_r$ で表す。ここで $r = |\vec{r}|$、$\vec{e}_r$ は $\vec{r}$ 方向の単位ベクトルである。$\vec{e}_\theta$ を $\vec{e}_r$ に垂直な方向の単位ベクトルとすると、回転座標系の速度は $\vec{v} = \frac{dr}{dt}\vec{e}_r + r\frac{d\theta}{dt}\vec{e}_\theta$ で与えられる (発展問題 (回転座標系の速度ベクトル) を参照)。この質点の回転座標系での加速度 $\vec{a} = \frac{d\vec{v}}{dt}$ を求めなさい。

(解) 回転座標系で表された速度を t で微分する。

$$\begin{aligned}\vec{a} = \frac{d\vec{v}}{dt} &= \frac{d}{dt}\left(\frac{dr}{dt}\vec{e}_r + r\frac{d\theta}{dt}\vec{e}_\theta\right) \\ &= \frac{d}{dt}\left(\frac{dr}{dt}\vec{e}_r\right) + \frac{d}{dt}\left(r\frac{d\theta}{dt}\vec{e}_\theta\right) \\ &= \frac{d^2r}{dt^2}\vec{e}_r + \frac{dr}{dt}\frac{d\vec{e}_r}{dt} + \frac{dr}{dt}\frac{d\theta}{dt}\vec{e}_\theta + r\frac{d^2\theta}{dt^2}\vec{e}_\theta + r\frac{d\theta}{dt}\frac{d\vec{e}_\theta}{dt} \end{aligned} \qquad (8.14)$$

ここで $[t, t+\Delta t]$ で位置ベクトルが $[\vec{r}, \vec{r}'(=\vec{r}+\Delta \vec{r})]$ に変化するとき、2 つの位置ベクトルの単位ベクトルも $[\vec{e}_r, \vec{e}_r'(=\vec{e}_r+\Delta \vec{e}_r)]$ のように変化し (図 8.3(a))、$\Delta t \to 0$ では $\vec{e}_r \perp \Delta \vec{e}_r (= \Delta \theta \vec{e}_\theta)$ となる。一方、$\vec{e}_r$ から $\vec{e}_r'$ の変化と同様に、$\vec{e}_r$ に垂直な単位ベクトル $\vec{e}_\theta$ は $\vec{e}_r'$ に垂直な単位ベクトル $\vec{e}_\theta'$ へ $\Delta \theta$ だけ回転する。$\vec{e}_\theta$ の $[t, t+\Delta t]$ の間の変化は $[\vec{e}_\theta, \vec{e}_\theta'(=\vec{e}_\theta+\Delta \vec{e}_\theta)]$ のように表すことができる (図 8.3(b))。$\Delta t \to 0$ の極限では、$\Delta \vec{e}_\theta$ の大きさは $|\Delta \vec{e}_\theta| = \Delta \theta$ であり、

$\Delta \vec{e}_\theta$ の向きは図 8.3(b) からわかるように、$\vec{e}_\theta$ に垂直となることから $\vec{e}_r$ とは反平行の $-\vec{e}_r$ となるので、$\Delta \vec{e}_\theta = \Delta \theta (-\vec{e}_r)$ である。したがって

$$\lim_{\Delta t \to 0} \frac{\Delta \vec{e}_\theta}{\Delta t} = \lim_{\Delta t \to 0} \frac{\Delta \theta}{\Delta t}(-\vec{e}_r)$$

$$\frac{d\vec{e}_\theta}{dt} = -\frac{d\theta}{dt}\vec{e}_r$$

となる。式 (8.13) より $\frac{d\vec{e}_r}{dt} = \frac{d\theta}{dt}\vec{e}_\theta$ であるから、式 (8.14) は

$$\begin{aligned}\vec{a} &= \frac{\mathrm{d}^2 r}{\mathrm{d}t^2}\vec{e}_r + \frac{\mathrm{d}r}{\mathrm{d}t}\frac{\mathrm{d}\theta}{\mathrm{d}t}\vec{e}_\theta + \frac{\mathrm{d}r}{\mathrm{d}t}\frac{\mathrm{d}\theta}{\mathrm{d}t}\vec{e}_\theta + r\frac{\mathrm{d}^2\theta}{\mathrm{d}t^2}\vec{e}_\theta - r\left(\frac{\mathrm{d}\theta}{\mathrm{d}t}\right)^2\vec{e}_r \\ &= \left(\frac{\mathrm{d}^2 r}{\mathrm{d}t^2} - r\left(\frac{\mathrm{d}\theta}{\mathrm{d}t}\right)^2\right)\vec{e}_r + \left(2\frac{\mathrm{d}r}{\mathrm{d}t}\frac{\mathrm{d}\theta}{\mathrm{d}t} + r\frac{\mathrm{d}^2\theta}{\mathrm{d}t^2}\right)\vec{e}_\theta \\ &= \left(\frac{\mathrm{d}^2 r}{\mathrm{d}t^2} - r\left(\frac{\mathrm{d}\theta}{\mathrm{d}t}\right)^2\right)\vec{e}_r + \frac{1}{r}\frac{\mathrm{d}}{\mathrm{d}t}\left(r^2\frac{\mathrm{d}\theta}{\mathrm{d}t}\right)\vec{e}_\theta \end{aligned} \quad (8.15)$$

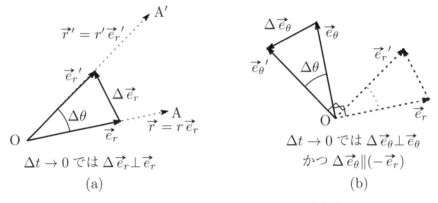

図 8.3 回転座標系の加速度ベクトルの考え方

第9章

基本的な運動状態

この章では，1次元と2次元の基本的運動の微積分を用いた数学的表現を学ぶ。

9.1.1 この章の学習目標
1. 静止を含めた基本的な1次元運動，2次元運動の特徴をとらえ，その位置，速度，加速度を微積分を用いて互いに導出できる。
2. これらの運動の位置，速度，加速度を時間の関数として図示できる。

9.1.2 基礎的事項

静止 ：

空間中の1点を継続的に占有している状態。この位置を数直線 (x 軸) 上の点 x_0 とすると

$$位置：x = x_0 \,(= 一定) \tag{9.1}$$

$$速度：v = \frac{dx}{dt} = 0 \tag{9.2}$$

$$加速度：a = \frac{dv}{dt} = 0 \tag{9.3}$$

等速直線運動 (等速度運動) ：

一本の直線 (x 軸) 上を一定の速度 v_0 (正または負の符号が質点の進む向きを表す) で進む質点の運動

$$速度：v = v_0 \,(= 一定) \tag{9.4}$$

$$位置：x = \int v \, dt = v_0 \int dt = v_0 t + x_0 \tag{9.5}$$

$$加速度：a = \frac{dv}{dt} = 0 \tag{9.6}$$

x_0 (初期位置) は運動の初期条件などで決まる定数である。

【基本問題 P.47 問 1】

等加速度直線運動 ：

一本の直線 (x 軸) 上を一定の加速度 a_0 で進む質点の運動

$$加速度：a = a_0 \,(= 一定) \tag{9.7}$$

$$速さ：v = \int a \, dt = a_0 \int dt = a_0 t + v_0 \tag{9.8}$$

$$位置: x = \int v\,dt = \int (a_0 t + v_0)\,dt = \frac{1}{2}a_0 t^2 + v_0 t + x_0 \tag{9.9}$$

v_0 (初速度), x_0 (初期位置) は運動の初期条件などで決まる定数である。

【基本問題 P.47 問 2】

単振動 (調和振動):

原点 O からの変位 x が, 時間 t の正弦関数 (あるいは余弦関数) で表される質点の運動。

$$位置: x = x_0 \sin(\omega t + \alpha) \tag{9.10}$$

$$速さ: v = \frac{dx}{dt} = \omega x_0 \cos(\omega t + \alpha) \tag{9.11}$$

$$加速度: a = \frac{dv}{dt} = -\omega^2 x_0 \sin(\omega t + \alpha) = -\omega^2 x \tag{9.12}$$

x_0 は振幅, ω は角振動数 (角周波数), α は初期位相といい, すべて定数である。

【基本問題 P.48 問 3, P.48 問 4】

等速円運動:

半径 r の円周上を一定の角振動数 (角速度) ω で進む質点の運動。初期位相を 0 とする。

$$位置: \vec{r} = (x, y) = r(\cos\omega t, \sin\omega t) \tag{9.13}$$

$$速度: \vec{v} = \frac{d\vec{r}}{dt} = (v_x, v_y) = \omega r(-\sin\omega t, \cos\omega t) \tag{9.14}$$

$$加速度: \vec{a} = \frac{d\vec{v}}{dt} = (a_x, a_y) = -\omega^2 r(\cos\omega t, \sin\omega t) = -\omega^2 \vec{r} \tag{9.15}$$

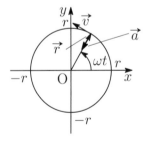

$\vec{v}$ は O-$v_x v_y$ 座標上に, $\vec{a}$ は O-$a_x a_y$ 座標上に描かなければならないが, 直交直線座標系では O-xy 座標, O-$v_x v_y$ 座標, O-$a_x a_y$ 座標のいずれにおいても各軸方向の単位ベクトル $\vec{e}_x$, $\vec{e}_y$, $\vec{e}_z$ は時間変化せず一定なので, O-$v_x v_y$ 座標や O-$a_x a_y$ 座標を O-xy 座標に重ねて描くことができる。左図の $\vec{r}$ の始点は原点 O であるが, $\vec{v}$ と $\vec{a}$ の始点は質点とした。

図 9.1 等速円運動での各ベクトルの関係

【基本問題 P.48 問 5】【発展問題 P.49 問 1】

9.1.3 自己学習問題

1. **(等速直線運動の速さ, 運動の相対性):**
   まっすぐな線路を時速 90 km で走っている列車に乗っている人の, 列車外で止まっている人から見た速さを求めなさい。また, 列車内で座っている人から見た速さも求めなさい。

   (解) 列車外にいて止まっている人から見て, 列車に乗っている人は列車とともに 90 km/h で運動している。一方, 列車に乗って座っている人が列車内の他の人を見た場合には, 列車

に座っている人も列車とともに 90 km/h で運動しているので，速さは 0 km/h である。

2. (速さと速度，加速度の関係)：
速度と加速度はベクトル量であることを踏まえて，次の内容は正しいか。正しくないならその理由 (あるいは正しくないことを示す例) を挙げなさい。
 (a) ある瞬間に速度が 0 ならば加速度も 0 である。
 (b) 速度が一定ならば速さも一定である。
 (c) 速さが一定なら速度も一定である。
 (d) 速度の方向と加速度の方向は同じである。

(解)
 (a) 正しくない。等加速度直線運動での速度は $v = a_0 t + v_0$ のように表される。a_0 や v_0 がとりうる値で $a_0 \neq 0$ であって $v = 0$ となる場合がある。
 (b) 正しい。速度が一定とは，その大きさ (速さ)，方向 (向き) が変化しないことだから。
 (c) 正しくない。等速円運動では，速さ (速度の大きさ) は一定であるが，方向 (速度の向き) が常に変化している。
 (d) 正しくない。等加速度直線運動のひとつである物体の鉛直投げ上げ運動では，加速度の方向は常に下向きであるが，速度は上向きから下向きに変化する。

9.1.4 基本問題

1. (等速直線運動の位置, 速度, 加速度)：
一定な速度 v_0 で x 軸上を直線運動している質点の位置 x，速度 v 及び加速度 a を微積分を用いて時間 t の関数として表し，それぞれを t の関数として図示しなさい。また，微積分の際に導入した定数の意味を明らかにしなさい。

(解) 題意から質点は速度 $v = v_0$ の等速直線運動をしている。位置 x と加速度 a は v を t でそれぞれ積分と微分して

$$x = \int v\,dt = v_0 \int dt = v_0 t + x_0$$
(x_0 は積分定数)

$$a = \frac{dv}{dt} = 0$$

定数 x_0 は $t = 0$ での質点の位置を表す。x_0 と v_0 が正の場合の図は図 9.2 の通りとなる。

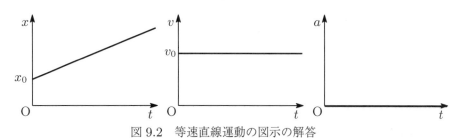

図 9.2 等速直線運動の図示の解答

2. (等加速度直線運動の位置, 速度, 加速度)：
大きさ一定の加速度 a_0 で x 軸上を直線運動している質点の位置 x，速度 v 及び加

速度 a を微積分を用いて時間 t の関数として表し、それぞれを t の関数として図示しなさい。また、微積分の際に導入した定数の意味を明らかにしなさい。

(解) 題意から質点は加速度 $a = a_0$ の等加速度直線運動をしている。速度 v は a を t で積分、位置 x は v を t で積分して

$$v = \int a\, dt = a_0 \int dt = a_0 t + v_0$$

(v_0 は積分定数)

$$x = \int v\, dt$$

$$= \int (a_0 t + v_0)\, dt = \frac{1}{2} a_0 t^2 + v_0 t + x_0$$

(x_0 は積分定数)

定数 x_0 と v_0 はそれぞれ $t = 0$ での質点の位置と速度である。x_0, v_0, a_0 が正の場合の図は図 9.3 の通りとなる。

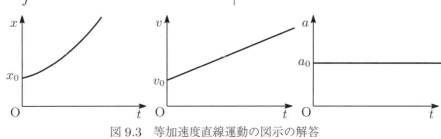

図 9.3 等加速度直線運動の図示の解答

3. **(単振動)**:
x 軸上を運動している質点の位置が時間 t の関数として $x = A\sin\omega t$ で与えられている。ここで A と ω は正の定数である。この質点の速度 v と加速度 a を時間 t の関数として表しなさい。さらに、a は位置 x を使って表しなさい。

(解) 速度 v は位置 x の時間 t に関する 1 階の導関数、加速度 a は 2 階の導関数であるから

$$v = \frac{dx}{dt} = \omega A\cos\omega t, \qquad a = \frac{d^2 x}{dt^2} = \frac{dv}{dt} = -\omega^2 A\sin\omega t = -\omega^2 x$$

4. **(単振動の周期)**:
質点が x 軸上で振幅 A、角振動数 ω の単振動 $x = A\sin\omega t$ をしている。正弦関数 $\sin x$ は x が 2π だけ変化すると元の値に戻る (周期が 2π である) ことを利用して、この単振動の周期 T を ω を用いて表しなさい。$\nu = \dfrac{1}{T}$ を振動数 (周波数) といい、SI での単位の固有名称は Hz (ヘルツ) である。

(解) 題意から質点は $[t, t+T]$ (これは時刻 t から時刻 $t+T$ の経過時間を表す) で 1 周期である。ここで題意の単振動を表す式の正弦関数の引数は ωt であるから

$$\omega(t + T) - \omega t = 2\pi \qquad \therefore\ T = \frac{2\pi}{\omega}$$

5. **(等速円運動)**:
質点の位置ベクトル $\vec{r}(t)$ が次式によって与えられるとする。

$$\vec{r}(t) = R\cos\omega t\, \vec{e}_x + R\sin\omega t\, \vec{e}_y$$
$$(= (R\cos\omega t)\vec{e}_x + (R\sin\omega t)\vec{e}_y) \tag{9.16}$$

以下の問に答えなさい。ここで R と ω は正の定数であり，ベクトル $\vec{e}_x$ と $\vec{e}_y$ はそれぞれ x と y 方向の単位ベクトルである。

(a) 質点の速度 $\vec{v}$ と加速度 $\vec{a}$ を求めなさい。

(b) 質点の速さ $v = |\vec{v}|$ と加速度の大きさ $a = |\vec{a}|$ を求めなさい。

(c) $\vec{v}$ と $\vec{r}$ のなす角度 θ 及び $\vec{a}$ と $\vec{r}$ のなす角度 ϕ を求めなさい。

(解)

(a) 質点の速度 $\vec{v}$ は位置ベクトル $\vec{r}(t)$ の時間 t に関する 1 階の導関数，加速度 $\vec{a}$ は 2 階の導関数である。式 (9.16) には x と y 方向の単位ベクトル $\vec{e}_x$ と $\vec{e}_y$ を含んでいるが，これらは時間変化しないベクトルであるから

$$\vec{v} = \frac{d\vec{r}}{dt} = -\omega R \sin\omega t\, \vec{e}_x + \omega R \cos\omega t\, \vec{e}_y \tag{9.17}$$

$$\vec{a} = \frac{d\vec{v}}{dt} = -\omega^2 R \cos\omega t\, \vec{e}_x - \omega^2 R \sin\omega t\, \vec{e}_y \tag{9.18}$$

(b) 質点の速さ (速度の大きさ) $v = |\vec{v}|$ と加速度の大きさ $a = |\vec{a}|$ はそれぞれ式 (9.17) と式 (9.18) の x 方向と y 方向の成分の 2 乗和の平方根となるから

$$\begin{aligned} v &= |\vec{v}| \\ &= \sqrt{(-\omega R\sin\omega t)^2 + (\omega R\cos\omega t)^2} \\ &= \omega R\sqrt{\sin^2\omega t + \cos^2\omega t} \\ &= \omega R \end{aligned} \qquad \begin{aligned} a &= |\vec{a}| \\ &= \sqrt{(-\omega^2 R\cos\omega t)^2 + (-\omega^2 R\sin\omega t)^2} \\ &= \omega^2 R\sqrt{\sin^2\omega t + \cos^2\omega t} \\ &= \omega^2 R \end{aligned}$$

以上から，等速円運動の加速度の大きさと速さの間には $a = \dfrac{v^2}{R}$ の関係がある。

(c) ベクトル $\vec{b}$ と $\vec{c}$ のなす角度 ψ はベクトルの内積を利用して $\cos\psi = \dfrac{\vec{b}\cdot\vec{c}}{|\vec{b}||\vec{c}|}$ で与えられる。この関係を利用すると

$$\cos\theta = \frac{\vec{r}\cdot\vec{v}}{|\vec{r}||\vec{v}|} = 0$$

$$\cos\phi = \frac{\vec{r}\cdot\vec{a}}{|\vec{r}||\vec{a}|} = -1$$

となる。$0 \leqq \theta \leqq \pi$, $0 \leqq \phi \leqq \pi$ の範囲で上記の値を持つ角度はそれぞれ

$$\theta = \frac{\pi}{2}$$

$$\phi = \pi$$

9.1.5 発展問題

1. (等速円運動の導入)：

    質量 m の質点が，O-xy 座標の原点 O を中心とする半径 R の円周上を一定な速さで運動している。以下の問に答えなさい。

    (a) 時刻 t での質点の位置 P を $\vec{r} = (x, y)$ とする。$\vec{r} = \overrightarrow{\mathrm{OP}}$ と x 軸のなす角度を θ として，質点の位置を θ を用いて表しなさい。

    (b) 角度 θ の時間微分を $\dot\theta = \dfrac{d\theta}{dt}$ と表し，時刻 t での質点の速度 $\vec{v} = (v_x, v_y)$ を $\dot\theta$ を用いて表しなさい。

    (c) 時刻 t での質点の速さを $\dot\theta$ を用いて表しなさい。

    (d) 質点の速さが一定であるとき，$\dot\theta$ は時間でどのように変化するか示しなさい。

(e) $\dot{\theta} = \dfrac{d\theta}{dt} = \omega$ とおいてこれを t で積分し，θ を ω と t で表しなさい．なお，時刻 $t = 0$ で $\theta = 0$ とする．

(f) 質点の位置を t を用いて表しなさい．

(解)
(a) 直角座標と極座標の関係から $\vec{r} = (x, y) = (R\cos\theta, R\sin\theta)$

(b) $\vec{r}$ で時間変化するのは θ だけだから
$$\vec{v} = (v_x, v_y) = \left(R\frac{d\cos\theta}{dt}, R\frac{d\sin\theta}{dt}\right) = \left(-R\sin\theta\frac{d\theta}{dt}, R\cos\theta\frac{d\theta}{dt}\right)$$
$$= (-R\dot{\theta}\sin\theta, R\dot{\theta}\cos\theta)$$

(c) 速度（ベクトル）$\vec{v}$ の大きさが速さ v であるから
$$v = \sqrt{v_x^2 + v_y^2} = \sqrt{\left(-R\dot{\theta}\sin\theta\right)^2 + \left(R\dot{\theta}\cos\theta\right)^2} = R\dot{\theta}$$

(d) 題意から質点の速さ v は一定であるから，$\dot{\theta}$ は時間で変化せず，一定な値である．

(e) 定数の積分であり，初期条件を考慮して
$$\theta = \int_0^t \frac{d\theta}{dt}\,dt = \int_0^t \omega\,dt = \omega t$$

(f) 上式を位置ベクトル $\vec{r}$ に代入して $\vec{r} = (x, y) = (R\cos\omega t, R\sin\omega t)$

2. (楕円軌道)：

xy 面上の直交する 2 つの単振動

$$x = A\cos\omega t \tag{9.19}$$
$$y = B\sin\omega t \tag{9.20}$$

の xy 面上での軌道は楕円となることを示しなさい．ここで $A > B > 0$ とする．

(解) 式 (9.19) と式 (9.20) からパラメータである時間変数 t を消去して得られる x と y の直接の関係を表す式が，軌道を表す式である．$\cos^2\theta + \sin^2\theta = 1$ の関係に注目し

$$\begin{cases} \dfrac{x}{A} = \cos\omega t \\ \dfrac{y}{B} = \sin\omega t \end{cases}$$

$$\therefore \left(\frac{x}{A}\right)^2 + \left(\frac{y}{B}\right)^2 = 1$$

$$\therefore \frac{x^2}{A^2} + \frac{y^2}{B^2} = 1$$

$A > B > 0$ なので，式 (2) は中心が原点 O で，長軸が x 軸に一致した長さ A，端軸が y 軸に一致した長さ B の楕円を表す．

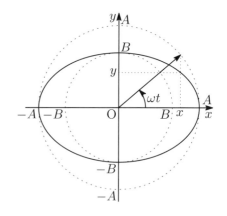

図 9.4 楕円軌道 (実線) における角速度と各座標の関係

第10章

運動の法則と運動方程式

この章では，運動方程式をたてて，これを解くことで運動を理解する方法を学ぶ。

10.1.1 この章の学習目標
1. 物体に働く力をすべて図示し，その運動を解析可能で適切な座標系を選択できる。
2. ニュートンの運動の3法則を理解し，各座標軸方向の運動方程式を微分方程式として書くことができる。
3. 運動方程式を解き，初期条件を用いて運動状態を明らかにできる。
4. 得られた結果からどのようなことがいえるについて考察することができる。

10.1.2 基礎的事項

ニュートンの運動の第一法則 (慣性の法則) ：
　他の物体からの影響を無視できるような空間においては，物体は静止あるいは等速直線運動を行う。

慣性と力 ：
　物体に働く正味の力が 0 の時，物体がその運動状態を保とうとする性質を**慣性**という。物体の運動状態に変化を生じさせる作用を**力**という。

ニュートンの運動の第二法則 (運動の法則) ：
　物体が力 $\vec{F}$ を受けるとその方向に加速度 $\vec{a} = \dfrac{d^2 \vec{r}}{dt^2}$ を生じ，その加速度の大きさは力に比例し，物体の質量 m に反比例する。式 (10.1) を**運動方程式**という。

$$m\frac{d^2 \vec{r}}{dt^2} = \vec{F} \tag{10.1}$$

【基本問題 P.56 問 1】

ニュートンの運動方程式のたて方 ：
1. 座標系を設定し，物体に働く力をすべて図示する。
2. 運動の初期条件，境界条件を整理する。
3. 最初に設定した座標系が運動を表すのに適切なものかを吟味する。
4. 物体に働く力を決まった座標軸方向の成分で表す。
5. 各座標軸方向の加速度を数式で表して質量をかけ，運動方程式の左辺とする。
6. 図をもとに各方向の力をすべて運動方程式の右辺に書く。

【基本問題 P.58 問 4, P.61 問 5, P.62 問 6, P.66 問 9】【発展問題 P.68 問 1】

ニュートンの運動の第三法則 (作用・反作用の法則) ：

物体 A と物体 B が互いに及ぼしあう力 (作用) はそれらを結ぶ線上にあり，同じ大きさで反対向きの力 (反作用) である。

ニュートンの万有引力の法則 ：

質量 M の質点が質量 m の質点に及ぼす万有引力 $\vec{F}$ は，M を始点，m を終点とするベクトルを $\vec{r}(r=|\vec{r}|)$ とすると，次式で与えられる。

$$\vec{F} = -G\frac{Mm}{r^2}\frac{\vec{r}}{r} \quad \left(大きさ：F = G\frac{Mm}{r^2}\right) \tag{10.2}$$

の引力が働く。ここで $G = 6.67 \times 10^{-11}\,\mathrm{N\,m^2/kg^2}$ を**万有引力定数**という。

【発展問題 P.72 問 4】

重力 ：

地球上で質量 m の物体は，鉛直下向きにその質量に比例する大きさの引力 $m\vec{g}$ を受ける。比例定数 $\vec{g}$ を重力加速度といい，鉛直下向きを正とするベクトルで，その大きさ $g = |\vec{g}|$ は約 $9.8\,\mathrm{m/s^2}$ である。

慣性質量と重力質量 ：

ニュートンの運動方程式 (10.1) で定義される質量を慣性質量，重力 mg で定義される質量を重力質量という。両者が一致することは実験的に確かめられている。

等速直線運動の運動方程式 ：

質量 m の質点が外部から力を受けず ($F=0$) に直線 (x 軸) 上を運動する場合には

$$m\frac{\mathrm{d}^2 x}{\mathrm{d}t^2} = 0 \quad \left(あるいは\ m\frac{\mathrm{d}v}{\mathrm{d}t} = 0\right) \tag{10.3}$$

解：(x_0 は $t=0$ での物体の位置，v_0 は初速度であり，ともに定数)

$$位置：x = v_0 t + x_0 \tag{10.4}$$

$$速度：v = v_0 \tag{10.5}$$

$$加速度：a = 0 \tag{10.6}$$

特に，$v_0 = 0$ の場合は等速直線運動とはならず，質点は $x = x_0$ に静止し続ける。

【基本問題 P.56 問 2】

等加速度直線運動の運動方程式 ：

質量 m の質点が大きさ一定な加速度 a_0 で直線 (x 軸) 上を運動する場合には，質点に働く力は ma_0 であるから

$$m\frac{\mathrm{d}^2 x}{\mathrm{d}t^2} = ma_0 \quad \left(あるいは\ m\frac{\mathrm{d}v}{\mathrm{d}t} = ma_0\right) \tag{10.7}$$

解：(x_0 は $t=0$ での物体の位置，v_0 は初速度であり，ともに定数)

$$位置：x = \frac{1}{2}a_0 t^2 + v_0 t + x_0 \tag{10.8}$$

$$速度：v = a_0 t + v_0 \tag{10.9}$$
$$加速度：a = a_0 \tag{10.10}$$

【基本問題 P.57 問 3】

単振動の運動方程式 ：

質量 m の質点が一定な角振動数 (角周波数) ω で原点 O を中心に x 軸上を単振動する場合に質点に働く力は，O からの変位 x に比例する引力である。これを $-m\omega^2 x$ とおくと
$$m\frac{\mathrm{d}^2 x}{\mathrm{d} t^2} = -m\omega^2 x \tag{10.11}$$
解：(x_0 は振幅，α は初期位相で，ともに定数)
$$位置：x = x_0 \sin(\omega t + \alpha) \tag{10.12}$$
$$速度：v = \omega x_0 \cos(\omega t + \alpha) \tag{10.13}$$
$$加速度：a = -\omega^2 x_0 \sin(\omega t + \alpha) = -\omega^2 x \tag{10.14}$$

【基本問題 P.65 問 7，P.66 問 8】

【発展問題 P.70 問 2，P.71 問 3，P.72 問 4，P.73 問 5，P.74 問 6】

等速円運動の運動方程式 ：

質量 m の質点が一定な角振動数 (角速度) ω で等速円運動する場合に質点に働く力は，大きさが常に一定で円の中心 O に向かう向きである。O を始点とする質点の位置ベクトルを $\vec{r}$ として，この力を $-m\omega^2 \vec{r}$ とおくと
$$m\frac{\mathrm{d}^2 \vec{r}}{\mathrm{d} t^2} = -m\omega^2 \vec{r} \tag{10.15}$$
解：($r = |\vec{r}|$ は円の半径，α は初期位相で，ともに定数)
$$位置：\vec{r} = (r\cos(\omega t + \alpha), r\sin(\omega t + \alpha)) \tag{10.16}$$
$$速度：\vec{v} = (-\omega r\sin(\omega t + \alpha), \omega r\cos(\omega t + \alpha)) \tag{10.17}$$
$$加速度：\vec{a} = (-\omega^2 r\cos(\omega t + \alpha), -\omega^2 r\sin(\omega t + \alpha)) = -\omega^2 \vec{r} \tag{10.18}$$

10.1.3　自己学習問題

1. **(慣性)** ：

物体の慣性と関係する現象を日常の中から見出しなさい。

(解) ① 自動車が急停車したときなどに進行方向に前のめりになる。② 平坦な道を自転車で進むとき，ある程度スピードがついていればペダルをこがなくても自転車は動き続ける。

---

2. **(データと慣性)** ：

x 軸上を質点が運動している。ある時間にわたってその質点の位置を調べたところ，以下のような結果を得た。

t [s]	0.0	1.0	2.0	3.0	4.0	5.0	6.0
x [m]	1.1	2.2	3.4	4.8	6.0	7.0	8.1

このデータからこの質点が全時間にわたって正味で力を受けているか考察し，その理由も記しなさい．

(解) 上記のデータを図 10.1 に示す．図 10.1 から，時間と位置は相関係数 0.9991 で
$$x = 1.1 + 1.19\,t$$
の式の関係にあることがわかった．このことは質点の位置の変化が時間の 1 次関数で表されることを意味しており，この質点の運動は等速直線運動であるといえる．したがって，質点には運動方向に正味で力は働いていないと考えることができる．

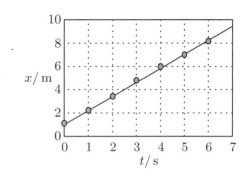

図 10.1　データと慣性の解説図

3. (慣性と等速直線運動)：
質量 5 kg の物体が滑らかな平面上に静止している．$t = 0$ でこの物体を x 方向に 5 m/s の速さで発射した．5 s 後の速さを求め，その理由も明らかにしなさい．

(解) 5 m/s．この物体の運動する面は滑らかな平面であり，その運動を妨げる影響はない．したがって慣性の法則より，この物体の運動は x 方向の等速直線運動となるから．

4. (運動状態の推測)：
x 軸上を運動する質点の運動状態を調べた．

(a) 図 10.2 のような位置 x と時間 t の関係を得た．このうち質点に力が働いていない運動はどれか．A，B，C それぞれの運動状態を明らかにして説明しなさい．

(b) 図 10.3 のような速度 v と時間 t の関係を得た．このうち質点に力が働いていない運動はどれか．A，B，C それぞれの運動状態を明らかにして説明しなさい．

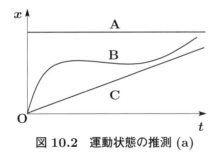

図 10.2　運動状態の推測 (a)

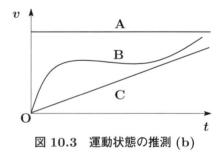

図 10.3　運動状態の推測 (b)

(解) ニュートンの運動の第二法則 (運動の法則) より，力が働いていないことと質点が加速度が 0 であることは同値となる．
(a) A と C の運動の質点には力は働いていない．

A 時間が経過しても位置が変化しないから，x軸上の一点に静止している。

B x軸上の位置の変化率 (速度) が時間とともに変化している。すなわち，速度の時間変化率 (加速度) が変化している。したがって，加速度が変化する加速度運動である。

C x軸上の位置が時間とともに変化しているが，位置の変化率 (速度) は一定である。したがって速度の変化率 (加速度) は 0 である。速度が一定な等速直線運動である。

(b) A の運動の質点には力は働いていない。

A 時間が経過しても速度が変化していないから，速度の変化率 (加速度) は 0 である。速度が一定なので等速直線運動である。

B 速度が時間とともに変化しているので，速度の変化率 (加速度) は 0 ではない。またその変化率も時間とともに変化している。したがって，加速度が変化する加速度運動である。

C 速度が時間とともに変化しているので，速度の変化率 (加速度) は 0 ではない。その変化率は一定なので，等加速度直線運動である。

5. (等速円運動する質点と慣性)：
質量 m の質点が半径 r の円周上を速さ v で等速円運動している。あるとき突然に向心力が 0 となるならば，この質点はその後どのような運動をするか簡単に説明しなさい。

(解) 向心力が 0 となった点で半径 r の円に接する接線上を速度 v で等速直線運動する。

6. (万有引力と重力加速度)：
地球を半径 $r = 6.378 \times 10^6$ m の球と考え，ニュートンの万有引力の法則を用いて重力加速度の大きさ g を求めなさい。ここで地球の質量を $M = 5.974 \times 10^{24}$ kg，万有引力定数を $G = 6.673 \times 10^{-11}$ N m^2/kg^2 とする。なお，地球の自転による影響は無視し，重力は万有引力のみにより生じるとする。

(解) 地球の自転による影響は無視するので，地上に静止している質量 m の物体が地球から受ける力は地球からの万有引力のみである。式中の単位を省略して g を求めると

$$mg = G\frac{Mm}{r^2}$$

$$g = \frac{GM}{r^2}$$
$$= \frac{6.673 \times 10^{-11} \times 5.974 \times 10^{24}}{(6.378 \times 10^6)^2}$$
$$\approx 9.800 \text{ m/s}^2$$

7. (運動方程式の形)：
質量 m の質点に力 $\vec{F} = (F_x, F_y, F_z)$ が働いて加速度 $\dfrac{d^2\vec{r}}{dt^2}$ が生じるときのニュートンの運動方程式をベクトルを用いて書きなさい。また $\vec{r} = (x, y, z)$ として，x, y, z 方向それぞれの運動方程式の成分を書きなさい。

(解) ニュートンの運動の第二法則より
$$m\frac{\mathrm{d}^2\vec{r}}{\mathrm{d}t^2} = \vec{F}$$
となる。$\vec{r} = (x, y, z)$, $\vec{F} = (F_x, F_y, F_z)$ を上式に代入して計算すると
$$m\frac{\mathrm{d}^2}{\mathrm{d}t^2}(x, y, z) = (F_x, F_y, F_z)$$
$$m\left(\frac{\mathrm{d}^2}{\mathrm{d}t^2}x, \frac{\mathrm{d}^2}{\mathrm{d}t^2}y, \frac{\mathrm{d}^2}{\mathrm{d}t^2}z\right) = (F_x, F_y, F_z)$$
$$\left(m\frac{\mathrm{d}^2x}{\mathrm{d}t^2}, m\frac{\mathrm{d}^2y}{\mathrm{d}t^2}, m\frac{\mathrm{d}^2z}{\mathrm{d}t^2}\right) = (F_x, F_y, F_z)$$

2 つのベクトルが等しいためには,成分同士が等しくなければならないから,O-xyz 座標における x, y, z 方向のそれぞれの成分は

$$\begin{cases} m\dfrac{\mathrm{d}^2x}{\mathrm{d}t^2} = F_x \\ m\dfrac{\mathrm{d}^2y}{\mathrm{d}t^2} = F_y \\ m\dfrac{\mathrm{d}^2z}{\mathrm{d}t^2} = F_z \end{cases}$$

8. (単振動の力):
質量 m の質点が原点 O を中心として x 軸上を単振動しているとき,質点にはどのような力が働いているか述べなさい。

(解) ある時刻での質点の位置を点 P とすると,質点に働く力の大きさは OP 間の距離に比例し,その向きは常に O に向く力となっている。

10.1.4 基本問題

1. (速度を用いた運動方程式の表し方):
運動方程式 $m\vec{a} = \vec{F}$ を次のベクトルの微分形を用いて表しなさい。
(a) 速度 $\vec{v}$ を用いなさい。
(b) 位置 $\vec{r}$ を用いなさい。

(解) 加速度 $\vec{a}$ は速度 $\vec{v}$ あるいは位置 $\vec{r}$ を用いて $\vec{a} = \dfrac{\mathrm{d}\vec{v}}{\mathrm{d}t} = \dfrac{\mathrm{d}^2\vec{r}}{\mathrm{d}t^2}$ のようになるから

(a) 速度 $\vec{v}$ を用いると $m\dfrac{\mathrm{d}\vec{v}}{\mathrm{d}t} = \vec{F}$ 　　(b) 位置 $\vec{r}$ を用いると $m\dfrac{\mathrm{d}^2\vec{r}}{\mathrm{d}t^2} = \vec{F}$

2. (等速直線運動の運動方程式):
ニュートンの運動の第一法則では物体に正味で力が働いていないときには,物体は静止するか等速直線運動をする。今 x 軸上を運動する質量 m の質点に働く力が 0 であるとき,運動方程式を解いてこのことを示しなさい。質点は $t = 0$ のときに $x = x_0$ におり,このときの速度を $v_0 (= 一定)$ とする。

(解) 運動方程式は位置 x の時間 t に関する 2 階の導関数 $\dfrac{\mathrm{d}^2x}{\mathrm{d}t^2}$ を含む形で表されているが,速度 $\dfrac{\mathrm{d}v}{\mathrm{d}t}$ を用いて書き換えた後で積分し,運動方程式を解くことにする。

$$m\frac{\mathrm{d}^2x}{\mathrm{d}t^2} = F = 0 \qquad (力 F は 0 である。両辺を m で割る)$$
$$\frac{\mathrm{d}}{\mathrm{d}t}\frac{\mathrm{d}x}{\mathrm{d}t} = 0 \qquad (左辺の 2 階微分を分けて書く)$$

$$\frac{\mathrm{d}v}{\mathrm{d}t} = 0 \qquad \left(\frac{\mathrm{d}x}{\mathrm{d}t}をvと書き換える\right)$$

$$\int \frac{\mathrm{d}v}{\mathrm{d}t}\,\mathrm{d}t = 0 \qquad (両辺をtで積分する。右辺は0なので0のまま)$$

$$\int \mathrm{d}v = 0 \qquad (左辺の積分変数をtからvに変える[置換積分])$$

$$v = C \qquad (積分を実行する。積分定数をCとする) \tag{10.19}$$

$$\frac{\mathrm{d}x}{\mathrm{d}t} = C \qquad \left(vを\frac{\mathrm{d}x}{\mathrm{d}t}で書き換える\right)$$

$$\int \frac{\mathrm{d}x}{\mathrm{d}t}\,\mathrm{d}t = \int C\,\mathrm{d}t \qquad (両辺をtで積分する)$$

$$\int \mathrm{d}x = C \int \mathrm{d}t \qquad \left(\begin{array}{l}左辺は積分変数をtからxに変える[置換積分]\\ 右辺は定数Cを積分の外に出す\end{array}\right)$$

$$x = Ct + D \qquad (不定積分を実行する。積分定数をDとする) \tag{10.20}$$

初期条件 ($t=0$ で $x=x_0$, $v=v_0$) から式 (10.19) と式 (10.20) に $t=0$ を代入して定数 C と D を決めると $C=v_0$, $D=x_0$ となる。したがって

$$v = v_0$$
$$x = v_0 t + x_0$$

であり、質点に働く力が 0 のときには質点は等速直線運動をする。また最初 ($t=0$ で) 静止している ($v_0 = 0$) 場合には質点は静止し続ける。

3. **(等加速度直線運動の運動方程式)：**

質量 5.00 kg の物体が滑らかな平面上に静止している (ここを原点 O とする)。この物体に 5.00 N の大きさの力を x 方向に向かって加える。5.00 秒後のこの物体の位置と速度を求めなさい。

(**解**) 運動方程式 $ma = F$ から、この質点では $m = 5.00$ kg, $F = 5.00$ N であるから、質点は一定の大きさの加速度 $a = 1.00$ m/s^2 で等加速度直線運動を行うことがわかる。運動方程式の加速度を速度の 1 階微分の形に変形し、これを以下のように積分する。

$$ma = F$$
$$m\frac{\mathrm{d}^2 x}{\mathrm{d}t^2} = ma = F$$
$$\frac{\mathrm{d}}{\mathrm{d}t}\frac{\mathrm{d}x}{\mathrm{d}t} = a$$
$$\frac{\mathrm{d}v}{\mathrm{d}t} = a \quad \left(v = \frac{\mathrm{d}x}{\mathrm{d}t}\right)$$
$$\int \frac{\mathrm{d}v}{\mathrm{d}t}\,\mathrm{d}t = \int a\,\mathrm{d}t$$

$$\int \mathrm{d}v = a \int \mathrm{d}t$$
$$v = at + v_0$$

v は x の t に関する 1 階微分であるから

$$v = \frac{\mathrm{d}x}{\mathrm{d}t} = at + v_0$$
$$\int \frac{\mathrm{d}x}{\mathrm{d}t}\,\mathrm{d}t = \int (at + v_0)\,\mathrm{d}t$$
$$\int \mathrm{d}x = a \int t\,\mathrm{d}t + v_0 \int \mathrm{d}t$$
$$x = \frac{1}{2}at^2 + v_0 t + x_0$$

となる。ここで v_0 と x_0 は初期条件から決まる積分定数である。この問題の初期条件は $x_0 = 0$ m (質点は最初原点 O にいる)、$v_0 = 0$ m/s (物体は静止している) である。

加速度は $a = 1.00\,\mathrm{m/s^2}$ であるから，5.00 秒後の位置 x と速度 v はそれぞれ次のようになる。

位置：$x = \dfrac{1}{2}at^2$ より $x = 12.5\,\mathrm{m}$

速度：$v = at$ より $v = 5.00\,\mathrm{m/s}$

4. (放物運動 [斜方投射])：
一様な重力のみが作用する鉛直平面内に水平方向を x 軸，鉛直上向きを y 軸とする O-xy 座標をとる。時刻 $t = 0$ で質量 m の質点を原点 O から x 軸に対して角度 θ の方向に速さ V_0 で投げ上げる。重力加速度の大きさを g として，以下の問に答えなさい。質点の運動は xy 平面内に限るとする。

(a) O-xy 座標を描き，時刻 t での質点に働く力を矢印で表しなさい。
(b) 質点の運動方程式を書きなさい。
(c) 運動方程式を解き，質点の軌道を求めなさい。
(d) この質点の最高点の高さ $h_{\max}$ と到達距離 $x_{\max}$ を求め，さらにそれぞれの点に達するまでの時間 $t_{h_{\max}}$ と $t_{x_{\max}}$ も求めなさい。
(e) この場合の質点の到達距離 $x_{\max}$ を θ の関数と考えたとき，$x_{\max}$ が最大となる θ を求めなさい。

(解)
(a) 図 10.4 の O-xy 座標で，点線は質点の予想される軌道を示しており，その軌道上の時刻 t での質点に働く力は図中の矢印の通りである。

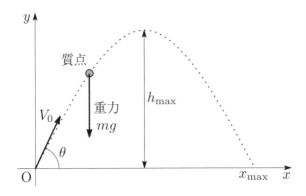

図 10.4　放物運動の解説図

(b) 図 10.4 から，質点の働く力は y 方向に $-mg$ のみであるから，x 方向と y 方向，それぞれの運動方程式は

x 方向：$m\dfrac{\mathrm{d}^2 x}{\mathrm{d}t^2} = 0$

y 方向：$m\dfrac{\mathrm{d}^2 y}{\mathrm{d}t^2} = -mg$

(c) (b) の運動方程式から，x 方向に力は働いていないので等速直線運動となり P.56 問 2 の解法を，y 方向は一定の大きさの重力のみが働いているので等加速度直線運動となることから P.57 問 3 の解法を参考に積分すると

x 方向：
$$\frac{d^2 x}{dt^2} = 0$$
$$\therefore \frac{dx}{dt} = v_x = v_{0x}$$
$$\therefore x = x_0 + v_{0x} t$$

y 方向：
$$\frac{d^2 y}{dt^2} = -g$$
$$\therefore \frac{dy}{dt} = v_y = v_{0y} - gt$$
$$\therefore y = y_0 + v_{0y} t - \frac{1}{2} g t^2$$

ここで x_0, v_{0x}, y_0, v_{0y} はそれぞれ積分定数である。これらの定数は初期条件

$$\begin{cases} x = x_0 = 0 \\ v_x = v_{0x} = V_0 \cos\theta \end{cases}$$

$$\begin{cases} y = y_0 = 0 \\ v_y = v_{0y} = V_0 \sin\theta \end{cases}$$

を用いて
$$v_x = V_0 \cos\theta$$
$$v_y = V_0 \sin\theta - gt \quad (10.21)$$
$$x = V_0 \cos\theta\, t \quad (10.22)$$
$$y = V_0 \sin\theta\, t - \frac{1}{2} g t^2 \quad (10.23)$$

となる。この質点の軌道は式 (10.22) と式 (10.23) から時間変数 t (このような変数を媒介変数という) を消去すると

$$y = (\tan\theta) x - \frac{g}{2 V_0^2 \cos^2\theta} x^2 \quad (10.24)$$

この式は x に関する 2 次式であり，この質点の軌道は放物線であることがわかる。

(d) 軌道の方程式 (10.24) を次のように変形すると

$$y = -\frac{g}{2 V_0^2 \cos^2\theta} \left(x - \frac{V_0^2 \sin\theta \cos\theta}{g} \right)^2 + \frac{V_0^2 \sin^2\theta}{2g}$$

より，最高点の高さ $h_{\max}$ は

$$h_{\max} = \frac{V_0^2}{2g} \sin^2\theta$$

であり，最高点では質点の速度の y 成分が 0 であることから，式 (10.21) より最高点までの到達時間 $t_{h_{\max}}$ は

$$t_{h_{\max}} = \frac{V_0 \sin\theta}{g}$$

となる。一方，$x_{\max}$ は $y = 0$ の点である

から，式 (10.24) より最大到達距離 $x_{\max}$ は

$$x_{\max} = \frac{2 V_0^2 \sin\theta \cos\theta}{g} = \frac{V_0^2}{g} \sin 2\theta \quad (10.25)$$

であり，式 (10.22) と式 (10.25) より最大到達距離までの到達時間 $t_{x_{\max}}$ は

$$t_{x_{\max}} = \frac{2 V_0 \sin\theta}{g}$$

(e) 式 (10.25) が最大になるのは $\sin 2\theta = 1$ のときである。したがって $0 < \theta < \frac{\pi}{2}$ で最大となる θ は

$$\theta = \frac{\pi}{4}$$

(別解)

(a) 図 10.4 の通り。

(b) 質点が運動している間，質点に働く力は重力 $\vec{F}_{重力}$ のみである。したがって質点に働く力の合力 $\vec{F}_{合力}$ は

$$\vec{F}_{合力} = \vec{F}_{重力}$$

となる。重力加速度ベクトルを $\vec{g}$ とおくと，$\vec{F}_{重力} = m\vec{g}$ である。時刻 t における質点の位置を $\vec{r}(t)$ とおくと，運動方程

式は
$$m\frac{\mathrm{d}^2}{\mathrm{d}t^2}\vec{r}(t) = \vec{F}_{合力}$$
$$\therefore\ m\frac{\mathrm{d}^2}{\mathrm{d}t^2}\vec{r}(t) = \vec{F}_{重力}$$
$$\therefore\ m\frac{\mathrm{d}^2}{\mathrm{d}t^2}\vec{r}(t) = m\vec{g} \quad (10.26)$$

となる。ここで、質点の位置が時間変化する (時間に依存する) ことをあらわにするために、$\vec{r} = \vec{r}(t)$ とおいた。

$\vec{r}(t)$ を O-xy 座標で $\vec{r}(t) = (x(t), y(t))$ と成分表記する。重力加速度ベクトル $\vec{g}$ は

- 題意よりその大きさが g : $|\vec{g}| = g$
- 図 10.4 より y 軸と平行で $-y$ 方向のベクトルなので、成分表記は

$$\vec{g} = (0, -g)$$

となる。これらを運動方程式 (10.26) に代入すると、運動方程式を成分表記することができ

$$m\frac{\mathrm{d}^2}{\mathrm{d}t^2}(x(t), y(t)) = m(0, -g) \quad (10.27)$$

となる。

(c) 運動方程式 (10.26) の両辺を m で割ると
$$\frac{\mathrm{d}^2}{\mathrm{d}t^2}\vec{r}(t) = \vec{g}$$
この両辺を時刻 t で 1 回不定積分する。
$$\int\left(\frac{\mathrm{d}^2}{\mathrm{d}t^2}\vec{r}(t)\right)\mathrm{d}t = \int \vec{g}\,\mathrm{d}t$$

$\frac{\mathrm{d}^2}{\mathrm{d}t^2}\vec{r}(t) = \frac{\mathrm{d}}{\mathrm{d}t}\left(\frac{\mathrm{d}}{\mathrm{d}t}\vec{r}(t)\right) = \frac{\mathrm{d}}{\mathrm{d}t}\vec{v}(t)$ である。ここで $\vec{v}(t)$ は時刻 t における質点の速度である。したがって、左辺は $\frac{\mathrm{d}}{\mathrm{d}t}\vec{v}(t)$ を時刻 t で 1 回積分しているので、$\vec{v}(t)$ となる。右辺の $\vec{g}$ は時間に対し一定 (大きさも向きも時間変化しない) であることに気をつけ計算すると

$$\vec{v}(t) = \frac{\mathrm{d}}{\mathrm{d}t}\vec{r}(t) = \int \vec{g}\,\mathrm{d}t$$
$$= \vec{g}\int \mathrm{d}t$$
$$= \vec{g}\,t + \vec{v}_0 \quad (10.28)$$

ここで $\vec{v}_0$ は不定積分により現れた任意定ベクトル (積分定数に相当) である。式 (10.28) を時刻 t でもう 1 回不定積分する。$\frac{\mathrm{d}}{\mathrm{d}t}\vec{r}(t)$ を時刻 t で積分したものは $\vec{r}(t)$ である。$\vec{v}_0$ が定ベクトル (時間変化しないベクトル) であることに気をつけ右辺を計算すると

$$\vec{r}(t) = \int (\vec{g}\,t + \vec{v}_0)\,\mathrm{d}t$$
$$= \int \vec{g}\,t\,\mathrm{d}t + \int \vec{v}_0\,\mathrm{d}t$$
$$= \vec{g}\int t\,\mathrm{d}t + \vec{v}_0\int \mathrm{d}t$$
$$= \frac{1}{2}\vec{g}\,t^2 + \vec{v}_0\,t + \vec{r}_0 \quad (10.29)$$

ここで $\vec{r}_0$ は不定積分により現れた任意定ベクトルである。

問題の初期条件を用い、不定積分で現れた 2 つの任意定ベクトル $\vec{v}_0$, $\vec{r}_0$ を定める。初期条件は

- $t = 0$ で原点から質点を投げ上げた。すなわち $t = 0$ での質点の位置は $\vec{0}$: $\vec{r}(t = 0) = \vec{0}$
- $t = 0$ で x 軸に対して角度 θ の方向に速さ V_0 で投げ上げた。この速度を $\vec{V}_0$ とおくと、$\vec{v}(t = 0) = \vec{V}_0$

式 (10.29), (10.28) に $t = 0$ を代入した結果がこれらの初期条件に一致しなければならないから、

$$\vec{r}(t = 0) = \frac{1}{2}\vec{g}\cdot 0^2 + \vec{v}_0 \cdot 0 + \vec{r}_0$$
$$= \vec{r}_0$$
$$\vec{v}(t = 0) = \vec{g}\cdot 0 + \vec{v}_0$$
$$= \vec{v}_0$$

がそれぞれ $\vec{0}$, $\vec{V}_0$ に等しくならなければ

ならない:
$$\begin{cases} \vec{r}_0 = \vec{0} \\ \vec{v}_0 = \vec{V}_0 \end{cases}$$

これらを式 (10.29) に代入し

$$\vec{r}(t) = \frac{1}{2}\vec{g}\,t^2 + \vec{V}_0\,t \qquad (10.30)$$

となり,これで運動方程式を解くことができた.

式 (10.30) を成分で書き直す. $\vec{V}_0$ は図 10.4 から

$$\vec{V}_0 = (V_0 \cos\theta,\ V_0 \sin\theta)$$

なので,式 (10.30) は

$(x(t), y(t))$

$$= \frac{1}{2}(0, -g)\,t^2 + (V_0\cos\theta, V_0\sin\theta)\,t$$
$$= \left(0, -\frac{1}{2}gt^2\right) + ((V_0\cos\theta)t, (V_0\sin\theta)t)$$
$$= \left((V_0\cos\theta)t,\ -\frac{1}{2}gt^2 + (V_0\sin\theta)t\right)$$

を得る.ベクトル同士が等しいということは,各成分が等しいということだから

$$\begin{cases} x(t) = (V_0\cos\theta)\,t \\ y(t) = -\frac{1}{2}gt^2 + (V_0\sin\theta)\,t \end{cases} \qquad (10.31)$$

であり,**(解)** (c) の式 (10.22), (10.23) と同じ結論が得られる.

(以下,(d), (e) は **(解)** と同じ)

---

5. (放物運動 [水平投射]):
   一様な重力のみが作用する鉛直平面内に水平方向を x 軸,鉛直上向きを y 軸とする O-xy 座標をとる.質量 m の質点を y 軸上の高さ h の点から x 軸に平行で正の方向に速さ V_0 で投げる.重力加速度の大きさを g として,以下の問に答えなさい.質点の運動は xy 平面内に限るとする.

   (a) O-xy 座標を描き,時刻 t での質点に働く力を矢印で表しなさい.
   (b) 質点の運動方程式を書きなさい.
   (c) 運動方程式を解き,質点の軌道を表す式を求めなさい.
   (d) この質点が x 軸に到達する点を P($x_{\max}$, 0) とする.$x_{\max}$ と点 P に達するまでの時間を求めなさい.
   (e) 点 P での質点の速度と速さを求めなさい.

(解)
(a) 図 10.5 の O-xy 座標で,点線は質点の予想される軌道を示しており,黒丸は時刻 t での軌道上の質点を表している.質点に働く力は図中の黒丸から鉛直下向き ($-y$ 方向) の矢印で表される重力 (大きさ mg) のみである.y 軸上の点 $(0, h)$ から水平方向 (x 方向) に伸びる大きさ V_0 の矢印は,時刻 $t = 0$ にこの点から放出された質点の速度ベクトルを表しており,力ではないことに注意する.

(b) 図 10.5 から,質点の働く力は y 軸方向に $-mg$ のみであるから,x 方向と y 方向のそれぞれの運動方程式は

x 方向: $m\dfrac{\mathrm{d}^2 x}{\mathrm{d}t^2} = 0$

y 方向: $m\dfrac{\mathrm{d}^2 y}{\mathrm{d}t^2} = -mg$

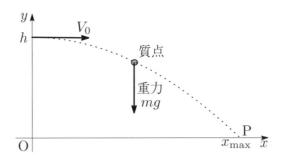

図 10.5 放物運動 [水平投射] の解説図

(c) x 方向は等速直線運動, y 方向は等加速度直線運動の解法を参考に積分すると

x 方向 : $\dfrac{d^2 x}{dt^2} = 0$

$\therefore \dfrac{dx}{dt} = v_x = v_{0x}$

$\therefore x = x_0 + v_{0x} t$

y 方向 : $\dfrac{d^2 y}{dt^2} = -g$

$\therefore \dfrac{dy}{dt} = v_y = v_{0y} - gt$

$\therefore y = y_0 + v_{0y} t - \dfrac{1}{2} g t^2$

ここで x_0, v_{0x}, y_0, v_{0y} はそれぞれ積分定数である。これらの定数は初期条件

$x = x_0 = 0$

$v_x = v_{0x} = V_0$
$y = y_0 = h$
$v_y = v_{0y} = 0$

を用いて

$$v_x = V_0 \tag{10.32}$$
$$v_y = -gt \tag{10.33}$$
$$x = V_0 t \tag{10.34}$$
$$y = h - \dfrac{1}{2} g t^2 \tag{10.35}$$

となる。この質点の軌道は式 (10.34) と式 (10.35) から時間変数 t を消去すると

$$y = h - \dfrac{g}{2 V_0^2} x^2 \tag{10.36}$$

この式は x に関する 2 次式であり, この質点の軌道は放物線であることがわかる。

(d) 点 P は $y = 0$ の点であるから, 式 (10.36) より最大到達距離 $x_{\max}$ は

$$x_{\max} = \sqrt{\dfrac{2h}{g}} V_0 \tag{10.37}$$

であり, 式 (10.34) と式 (10.37) より最大到達距離までの到達時間 $t_{x_{\max}}$ は

$$t_{x_{\max}} = \sqrt{\dfrac{2h}{g}} \tag{10.38}$$

(e) 点 P での速度は式 (10.32) と式 (10.33), 式 (10.38) から

$$\vec{v}_{x_{\max}} = (V_0, -\sqrt{2gh})$$

このときの速さ $v_{x_{\max}}$ は

$$v_{x_{\max}} = |\vec{v}_{x_{\max}}| = \sqrt{V_0^2 + 2gh}$$

6. (斜面を滑る物体の運動):

水平面に対して ϕ の角度を持つ斜面上に質量 m の物体があり, 物体が斜面を滑り落ちるときには垂直抗力に比例する一定な摩擦係数 μ をもつ摩擦力が働く。斜面は物体の運動による変形はなく, 物体には重力加速度の大きさを g とする一様な重力が働く。斜面方向の運動方程式を求め, $t = 0$ で物体は原点 O にあり, 初速度を 0 として運動方程式を解きなさい。物体は質点と考えてよい。

(解)

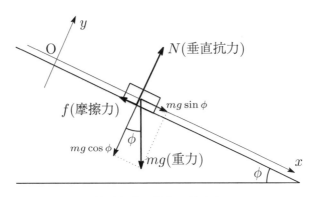

図 10.6 斜面を滑る物体に働く力

斜面を滑る物体の運動に働く力は図 10.6 のようになる。ここで N と f はそれぞれ (斜面が物体を垂直に押し上げる) 垂直抗力と摩擦力の大きさである。なお，図 10.6 では重力 mg の作用点をずらしているが，物体は質点と考えてよいので，3 力の作用点は斜面上の 1 点である。斜面に平行下向きを x 軸，斜面に垂直上向きを y 軸とする O-xy 座標をとると，それぞれの方向の運動方程式は，各方向の力の向きを考慮して

$$x 方向 : m\frac{\mathrm{d}^2 x}{\mathrm{d}t^2} = mg\sin\phi - f$$

$$y 方向 : m\frac{\mathrm{d}^2 y}{\mathrm{d}t^2} = N - mg\cos\phi$$

となる。題意から

$$N = mg\cos\phi$$
$$f = \mu N = \mu mg\cos\phi$$

である。x 方向の運動方程式から，加速度は

$$g\sin\phi - \frac{f}{m} = g(\sin\phi - \mu\cos\phi) = 一定$$

であり，これを解いて，x 方向の初期条件 ($t = 0$ で $v_x = 0$) を用いると

x 方向の速度：$v_x = g(\sin\phi - \mu\cos\phi)t$

である。また x 方向の位置は上式を t で積分し，初期条件 ($t = 0$ のとき $x = 0$) から

x 方向の位置：$x = \frac{1}{2}g(\sin\phi - \mu\cos\phi)t^2$

(別解)：物体の運動が座標系の取り方 (座標軸の取り方) に依らないことの確認

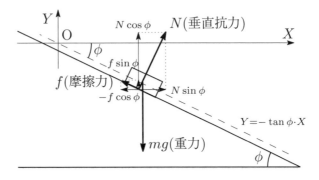

図 10.7 斜面を滑る物体に働く力と O-XY 座標

(解) では，$t = 0$ での物体の位置を原点 O とし斜面に平行下向きを x 軸，斜面に垂直上向きを y 軸とする O-xy 座標を用いて問題を解いたが，この **(別解)** では，図 10.7 のような $t = 0$ での質点の位置を原点 O とし，水平面で図の向きを X 軸，鉛直上向き

を Y 軸とする O-XY 座標を用いて問題を解いてみる。物体に働く力は座標系の取り方には依らず，重力 (大きさ mg)，垂直抗力 (N)，摩擦力 (f) の 3 つである。重力は Y 軸に平行で $-Y$ 方向を向くが，垂直抗力と摩擦力は X 軸にも Y 軸にも平行ではない。これらの力を X 方向と Y 方向に分解すると，それぞれの成分は

垂直抗力の $\begin{cases} X \text{ 方向成分}: N\sin\phi \\ Y \text{ 方向成分}: N\cos\phi \end{cases}$

摩擦力の $\begin{cases} X \text{ 方向成分}: -f\cos\phi \\ Y \text{ 方向成分}: f\sin\phi \end{cases}$

となるので，X と Y 方向の運動方程式はそれぞれ

X 方向：
$$m\frac{d^2 X}{dt^2} = N\sin\phi - f\cos\phi \quad (10.39)$$
Y 方向：
$$m\frac{d^2 Y}{dt^2} = -mg + N\cos\phi + f\sin\phi \quad (10.40)$$

となる。
この問題では物体は変形しない平らな斜面を滑り落ちており，O-XY 座標では図 10.7 に破線で示す直線上を運動していることになる。物体は質点と考えてよいので，図 10.7 の斜面と破線は同一であることに注意する。したがって斜面は原点を通り傾き $-\tan\phi$ の直線で表すことができ，物体の X 座標と Y 座標との間には常に

$$Y = -\tan\phi \cdot X = -\frac{\sin\phi}{\cos\phi}X \quad (10.41)$$

の関係が成り立つ。これがこの運動の拘束条件となる。ϕ が定数であることに気をつけ式 (10.41) の両辺を t で 2 回微分すると

$$\frac{d^2 Y}{dt^2} = -\frac{\sin\phi}{\cos\phi} \cdot \frac{d^2 X}{dt^2} \quad (10.42)$$

となる。この関係に運動方程式 (10.39) と (10.40) を代入すると

$-mg + N\cos\phi + f\sin\phi$
$\qquad = -\frac{\sin\phi}{\cos\phi}(N\sin\phi - f\cos\phi)$

$\therefore -mg\cos\phi + N\cos^2\phi + f\sin\phi\cos\phi$

$\qquad = -N\sin^2\phi + f\sin\phi\cos\phi$

したがって，垂直抗力の大きさ N，摩擦力の大きさ $f = \mu N$ はそれぞれ
$$N = mg\cos\phi \quad (10.43)$$
$$f = \mu mg\cos\phi \quad (10.44)$$

であることがわかる。図 10.6 (O-xy 座標) と 10.7 (O-XY 座標) とで座標系の取り方が異なるが，N, f は座標系に依らない結論が得られたことに注意せよ。式 (10.43) と式 (10.44) を運動方程式 (10.39) と (10.40) に代入すると

$m\dfrac{d^2 X}{dt^2} = mg\sin\phi\cos\phi - \mu mg\cos^2\phi$
$\qquad = mg\cos\phi(\sin\phi - \mu\cos\phi)$

$m\dfrac{d^2 Y}{dt^2} = -mg + mg\cos^2\phi$
$\qquad\qquad + \mu mg\sin\phi\cos\phi$
$\qquad = -mg(\sin^2\phi - \mu\sin\phi\cos\phi)$
$\qquad = -mg\sin\phi(\sin\phi - \mu\cos\phi)$

を得る。両式とも右辺は時刻 t に依らない定数であり，$t = 0$ で速度，位置ともに $\vec{0}$ という初期条件を考慮して両式を t で 2 回積分すると

$$X = \frac{1}{2}g\cos\phi(\sin\phi - \mu\cos\phi)t^2 \quad (10.45)$$

$$Y = -\frac{1}{2}g\sin\phi(\sin\phi - \mu\cos\phi)t^2 \quad (10.46)$$

であることがわかる。式 (10.45) と式 (10.46) から t を消去すると物体の軌道が得られるが，これは O-XY 座標での題意の斜面を表す式 (10.41) と一致する。
図 10.8 に (解) の O-xy 座標と (別解) の O-XY 座標を重ねて描いた。この図より，x と X との関係について考察する。斜面上のある点は O-xy 座標で $(x, 0)$ と表せる。この点は O-XY 座標では $(X, Y) = (x\cos\phi, -x\sin\phi)$ と表せる。すなわち

$$x = \frac{1}{\cos\phi}X \quad (10.47)$$

の関係が成り立つ。これに式 (10.45) を代入すると

$$x = \frac{1}{2}\frac{1}{\cos\phi}g\cos\phi(\sin\phi - \mu\cos\phi)t^2$$

$$= \frac{1}{2}g(\sin\phi - \mu\cos\phi)t^2$$

となり，(解) と同じ結果が得られる。
この問題では (別解) の O-XY 座標より

(解) の O-xy 座標の方が式が簡単になり解きやすいと思うが，どちらの座標系で考えても結論は変わらないことがわかる。

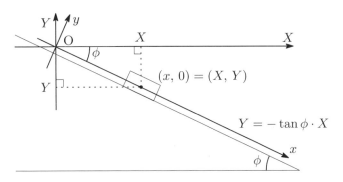

図 10.8 (解) の O-xy 座標と (別解) の O-XY 座標

7. (バネの運動方程式 -平衡点の取り方による違い-)：
鉛直下向きに x 軸をとり，バネ (バネ定数 k) に質量 m の質点をつけて鉛直方向にぶら下げた。以下の問に答えなさい。重力加速度の大きさを g とする。

(a) 質点をつけていない時のつり合いの位置を $x = 0$ とすると質点の振動の表す運動方程式が

$$m\frac{d^2 x}{dt^2} = -kx + mg \tag{10.48}$$

であることを示しなさい。

(b) 質点をつけたときのつり合いの位置を原点にとり，x_{eq} を新しい原点と最初のつり合いの位置との距離とする。変数 x の代わりに $X = x - x_{eq}$ を定義すると，この X を用いて運動方程式 (10.48) はどのように変わるか示しなさい。

(解)

(a) 質点が運動してバネは x だけ伸びているとき，質点に働く力 F は
$$F = -kx + mg$$

である。したがって運動方程式は
$$m\frac{d^2 x}{dt^2} = -kx + mg$$

(b) x_{eq} は新しい原点と最初のつり合いの位置との距離であり，この点では質点に働く重力とバネの弾性力はつり合っている。

$$kx_{eq} = mg$$

そこで $X = x - x_{eq}$ を t で微分すると
$$\frac{d^2 X}{dt^2} = \frac{d^2(x - x_{eq})}{dt^2} = \frac{d^2 x}{dt^2}$$
である。したがって

$$m\frac{d^2 X}{dt^2} = -kx + mg$$
$$= -k(X + x_{eq}) + mg$$
$$= -kX$$

となる。このように振動の中心を原点にとることで，鉛直方向のバネの振動においても重力を考慮する必要がなくなる。

8. (単振り子1)：

伸び縮みしない長さ l の糸の一端を原点 O で固定し，他端に質量 m の質点をつけ，これを一定な重力が作用する鉛直面内で振らせる (単振り子という)。半径 l の円弧を1次元の座標軸 (s 軸とする) と考えて，s 方向の運動方程式を求め，振れ角 θ が小さいとして解きなさい。重力加速度の大きさを g とする。

(解)

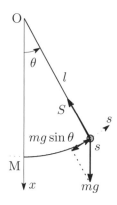

図 10.9 単振り子での質点に働く力

単振り子に働く力は重力 mg と糸の張力 S の2力である。この様子は図10.9のようになる。ここで s 軸の原点を円弧と鉛直線の交点 M とすると，M から s だけ変位している点での加速度は $\dfrac{d^2s}{dt^2}$ のようになり，これはその点での接線加速度である。質点に働く力のうち S は，円弧に常に垂直なので s 方向には成分をもたない。s 方向に働く力は重力 mg の接線方向の成分であり，その大きさは $mg\sin\theta$ と表される。さらに力の向きは s の正の向きとは反対の向きであるから，質点の運動方程式は

$$m\frac{d^2s}{dt^2} = -mg\sin\theta$$

となる。変位 s は l と θ を用いて $s=l\theta$ と表され，l は一定であるから，運動方程式は

$$m\frac{d^2 l\theta}{dt^2} = -mg\sin\theta$$
$$\frac{d^2\theta}{dt^2} = -\frac{g}{l}\sin\theta \qquad (10.49)$$

題意から θ が非常に小さいときには $\sin\theta \approx \theta$ と近似でき，式 (10.49) は

$$\frac{d^2\theta}{dt^2} = -\frac{g}{l}\theta \qquad (10.50)$$

となる。単振動の運動方程式 $m\dfrac{d^2x}{dt^2} = -m\omega^2 x$ とその解 $x = C\sin(\omega t + \alpha)$ との比較から，式 (10.50) は振れ角 θ が角振動数 $\omega = \sqrt{\dfrac{g}{l}}$ で単振動することを示しており，振れ角 θ は時間 t の関数として

$$\theta = \theta_0 \sin\left(\sqrt{\frac{g}{l}}t + \phi\right)$$

となる。ここで θ_0 は最大の振れ角 (振幅)，ϕ は初期位相である。このときの周期 T は

$$T = \frac{2\pi}{\omega} = 2\pi\sqrt{\frac{l}{g}}$$

となり，振り子の周期がその質点の質量に無関係な，いわゆる振り子の等時性が得られる。

9. (粘性抵抗)：

速さに比例する抵抗 (この抵抗力の大きさを Cv とする。ここで C は正の定数である) を受けながら一直線上を落下する質点の運動を以下のような手順で求めなさい。鉛直下向きに x 軸をとり，$t=0$ で質点は原点 O から運動を始め，初速度は 0 とする。また，重力加速度の大きさを g とする。

(a) 落下を始めてから時刻 t (このときの速さは v とする) での質点に働く力を図示し，その力の大きさも書きなさい。

(b) $v = \dfrac{\mathrm{d}x}{\mathrm{d}t}$ として運動方程式を立てなさい。

(c) $X = v - \dfrac{mg}{C}$ とおいて上の運動方程式を X で書き換えなさい。

(d) (c) の運動方程式の両辺を時間 t で不定積分しなさい。

(e) (d) の結果を X から v に書き換えなさい。

(f) $t = 0$ のとき $v = 0$ (速さの初期条件) として (e) の定数を決定しなさい。

(g) $t = 0$ のとき $x = 0$ (位置の初期条件) として (f) をさらに t で積分しなさい。

(h) $t \to \infty$ のときの質点の速さ v_∞ を求めなさい。

(i) C が非常に小さいとして (g) の結果を展開し t^3 の項まで求めなさい。

(j) $C \to 0$ はどのような運動になるか述べなさい。

(解)

(a) 図 10.10 に質点に働く力を示す。

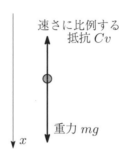

図 10.10　粘性抵抗の解説図

(b) 加速度を v を用いて $\dfrac{\mathrm{d}v}{\mathrm{d}t}$ と表す。図 10.10 から質点に加わる力がわかるので，運動方程式は
$$m\dfrac{\mathrm{d}v}{\mathrm{d}t} = mg - Cv$$

(c) 運動方程式の右辺を $-C$ でくくると，題意の X が得られる。
$$\dfrac{\mathrm{d}v}{\mathrm{d}t} = -\dfrac{C}{m}\left(v - \dfrac{mg}{C}\right)$$

$\dfrac{\mathrm{d}v}{\mathrm{d}t}$ と $\dfrac{\mathrm{d}X}{\mathrm{d}t}$ との関係は $\dfrac{mg}{C}$ が定数であることに気をつけて
$$\dfrac{\mathrm{d}X}{\mathrm{d}t} = \dfrac{\mathrm{d}}{\mathrm{d}t}\left(v - \dfrac{mg}{C}\right) = \dfrac{\mathrm{d}v}{\mathrm{d}t}$$
したがって
$$\dfrac{\mathrm{d}X}{\mathrm{d}t} = -\dfrac{C}{m}X$$

(d) 上式の両辺を X で割ってから積分する。
$$\dfrac{1}{X}\dfrac{\mathrm{d}X}{\mathrm{d}t} = -\dfrac{C}{m}$$
$$\int \dfrac{1}{X}\dfrac{\mathrm{d}X}{\mathrm{d}t}\,\mathrm{d}t = \int\left(-\dfrac{C}{m}\right)\mathrm{d}t$$
$$\int \dfrac{1}{X}\,\mathrm{d}X = -\dfrac{C}{m}\int \mathrm{d}t$$

$$\log|X| = -\dfrac{C}{m}t + A$$
$$(A \text{ は積分定数})$$
$$X = A'\exp\left(-\dfrac{C}{m}t\right)$$
$$\left(\exp\left(-\dfrac{C}{m}t\right) = \mathrm{e}^{-\frac{C}{m}t}\right)$$
$$(A' = \pm\exp(A))$$

(e) 積分定数 A' はそのまま残しておくと $v = A'\exp\left(-\dfrac{C}{m}t\right) + \dfrac{mg}{C}$

(f) 初期条件 ($t = 0$ のとき $v = 0$) を適用すると
$$0 = A' \exp\left(-\frac{C}{m} \times 0\right) + \frac{mg}{C}$$

より，$A' = -\dfrac{mg}{C}$ となるので
$$v = \frac{mg}{C}\left(1 - \exp\left(-\frac{C}{m}t\right)\right) \quad (10.51)$$

(g) 式 (10.51) に $v = \dfrac{dx}{dt}$ を用いると
$$\frac{dx}{dt} = \frac{mg}{C}\left(1 - \exp\left(-\frac{C}{m}t\right)\right)$$
であり，この両辺を t で積分すると
$$x = \frac{mg}{C}\left(t + \frac{m}{C}\exp\left(-\frac{C}{m}t\right)\right) + B$$
(B は積分定数)

となり，位置についての初期条件 ($t = 0$ で $x = 0$) から $B = -\dfrac{m^2 g}{C^2}$ が得られるので
$$x = \frac{mg}{C}\left(t + \frac{m}{C}\left(\exp\left(-\frac{C}{m}t\right) - 1\right)\right) \quad (10.52)$$

(h) 式 (10.51) の指数関数項 $\exp\left(-\dfrac{C}{m}t\right)$ は $t \to \infty$ では 0 になるので，$v_\infty = \dfrac{mg}{C}$ となる。このように，物体に下向きに働く重力と，上向きに働く抵抗力のような力がつり合って等速度運動となったときの速度 v_∞ を終速度 (終端速度) という。

(i) 式 (10.52) の指数関数項 $\exp\left(-\dfrac{C}{m}t\right)$ を C が非常に小さいとしてマクローリン展開すると
$$\exp\left(-\frac{C}{m}t\right) = 1 - \frac{C}{m}t + \frac{1}{2}\frac{C^2}{m^2}t^2 - \frac{1}{3!}\frac{C^3}{m^3}t^3 + \cdots \quad (10.53)$$

より
$$x \approx \frac{1}{2}gt^2 - \frac{1}{6}\frac{C}{m}gt^3 \quad (10.54)$$
式 (10.54) で C を含む項を $C \to 0$ の極限で無視すると $x = \dfrac{1}{2}gt^2$ となり，重力のみが働いて落下する，いわゆる自由落下の場合と一致する。

(j) 式 (10.54) で $C \to 0$ のときには C を含む項は 0 とみなすことができるから，このときの位置 x の時間変化は自由落下と等しくなる。速度についても式 (10.51) に式 (10.53) を代入すると
$$v \approx gt - \frac{1}{2}\frac{C}{m}gt^2 + \frac{1}{6}\frac{C^2}{m^2}gt^3$$
より $C \to 0$ の極限で C を含む項を無視すると，速度も自由落下の場合に一致する。

10.1.5 発展問題

1. (慣性抵抗)：

鉛直下向きを正の向きに x 軸をとる。この x 軸上を質量 m の質点が，$t = 0$ で静かに原点 O から落下を始めた。質点には大きさ mg の重力の他に，速度 v の 2 乗に比例した大きさの抵抗 mkv^2 ($k > 0$ の定数) が働く。時刻 t での速度と落下距離も求めなさい。また，$t \to \infty$ の時の速さ v_∞ も求めなさい。さらに，$k \to 0$ の時の物体の速さを求めなさい。重力加速度の大きさを g とする。

(解)

質点に働く力を図示すると図 10.11 のようになる。

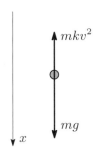

図 10.11　慣性抵抗の解説図

これからこの質点の運動方程式は
$$m\frac{dv}{dt} = mg - mkv^2 \tag{10.55}$$
で与えられる。式 (10.55) は次のようにして解く。

$$m\frac{dv}{dt} = mg - mkv^2$$
$$\frac{dv}{dt} = g - kv^2$$
$$\frac{dv}{dt} = -k\left(v^2 - \frac{g}{k}\right)$$
$$\frac{dv}{dt} = -k\left(v - \sqrt{\frac{g}{k}}\right)\left(v + \sqrt{\frac{g}{k}}\right)$$

最後の式変形では右辺を因数分解した。両辺を $\left(v - \sqrt{\frac{g}{k}}\right)\left(v + \sqrt{\frac{g}{k}}\right)$ で除し，dt をかけると
$$\frac{1}{\left(v - \sqrt{\frac{g}{k}}\right)\left(v + \sqrt{\frac{g}{k}}\right)} dv = -k\, dt$$
となり，変数分離型の微分方程式であることがわかる。左辺の dv の係数を部分分数に分解すると，次のように式変形できる。

$$\frac{1}{\left(v - \sqrt{\frac{g}{k}}\right)\left(v + \sqrt{\frac{g}{k}}\right)}$$
$$= \frac{1}{2\sqrt{\frac{g}{k}}}\left(\frac{1}{v - \sqrt{\frac{g}{k}}} - \frac{1}{v + \sqrt{\frac{g}{k}}}\right)$$

したがって
$$\left(\frac{1}{v - \sqrt{\frac{g}{k}}} - \frac{1}{v + \sqrt{\frac{g}{k}}}\right) dv = -2\sqrt{kg}\, dt$$

両辺の不定積分を行う。

$$左辺 = \int \left(\frac{1}{v - \sqrt{\frac{g}{k}}} - \frac{1}{v + \sqrt{\frac{g}{k}}}\right) dv$$
$$= \int \frac{1}{v - \sqrt{\frac{g}{k}}} dv - \int -\frac{1}{v + \sqrt{\frac{g}{k}}} dv$$
$$= \log\left|v - \sqrt{\frac{g}{k}}\right| - \log\left|v + \sqrt{\frac{g}{k}}\right| + C_v$$
$$\quad (C_v は積分定数)$$
$$= \log\left|\frac{v - \sqrt{\frac{g}{k}}}{v + \sqrt{\frac{g}{k}}}\right| + C_v$$

$$右辺 = \int \left(-2\sqrt{kg}\right) dt$$
$$= -2\sqrt{kg} \int dt$$
$$= -2\sqrt{kg}\, t + C_t \quad (C_t は積分定数)$$

したがって $C = C_t - C_v$ とおくと
$$\log\left|\frac{v - \sqrt{\frac{g}{k}}}{v + \sqrt{\frac{g}{k}}}\right| = -2\sqrt{kg}\, t + C$$

自然対数 $\log$ を外して
$$\left|\frac{v - \sqrt{\frac{g}{k}}}{v + \sqrt{\frac{g}{k}}}\right| = \exp(-2\sqrt{kg}\, t + C)$$
$$= \exp(C)\exp(-2\sqrt{kg}\, t)$$

さらに絶対値記号を外すと
$$\frac{v - \sqrt{\frac{g}{k}}}{v + \sqrt{\frac{g}{k}}} = \pm \exp(C)\exp(-2\sqrt{kg}\, t)$$
$$= C'\exp(-2\sqrt{kg}\, t)$$
$$(C' = \pm\exp(C)\text{ と置いた})$$

これを v について整理すると
$$v = \sqrt{\frac{g}{k}}\frac{1 + C'\exp(-2\sqrt{kg}\, t)}{1 - C'\exp(-2\sqrt{kg}\, t)}$$

$t = 0$ で $v = 0$ という初期条件から積分定数 C' を決定する。
$$\frac{v(0) - \sqrt{\frac{g}{k}}}{v(0) + \sqrt{\frac{g}{k}}} = C'\exp(-2\sqrt{kg}\cdot 0)$$
$$\therefore \frac{-\sqrt{\frac{g}{k}}}{\sqrt{\frac{g}{k}}} = C'$$

より，$C' = -1$ なので

$$v = \sqrt{\frac{g}{k}} \frac{1-\exp(-2\sqrt{kg}t)}{1+\exp(-2\sqrt{kg}t)} \quad (10.56)$$

$$= \sqrt{\frac{g}{k}} \frac{\exp(\sqrt{kg}t) - \exp(-\sqrt{kg}t)}{\exp(\sqrt{kg}t) + \exp(-\sqrt{kg}t)} \quad (10.57)$$

$$= \sqrt{\frac{g}{k}} \tanh(\sqrt{kg}t)$$

となる。落下距離 x については式 (10.57) の左辺を $\dfrac{\mathrm{d}x}{\mathrm{d}t}$ と書き換えて $[0, t]$ で積分する。

$$\int_0^t \frac{\mathrm{d}x}{\mathrm{d}t}\,\mathrm{d}t$$
$$= \sqrt{\frac{g}{k}} \int_0^t \frac{\exp(\sqrt{kg}t) - \exp(-\sqrt{kg}t)}{\exp(\sqrt{kg}t) + \exp(-\sqrt{kg}t)}\,\mathrm{d}t \quad (10.58)$$

式 (10.58) の左辺は置換積分により

$$\int_0^t \frac{\mathrm{d}x}{\mathrm{d}t}\,\mathrm{d}t = \int_0^x \mathrm{d}x = x$$

となる。次に式 (10.58) の右辺の分母を

$$y = \exp(\sqrt{kg}t) + \exp(-\sqrt{kg}t) \quad (10.59)$$

とおく。y は $t = 0$ のとき $y = 2$ である。式 (10.59) を t で微分し

$$\frac{\mathrm{d}y}{\mathrm{d}t} = \sqrt{kg}\left(\exp(\sqrt{kg}t) - \exp(-\sqrt{kg}t)\right) \quad (10.60)$$

式 (10.59) と式 (10.60) を式 (10.58) の右辺に代入すると

式 (10.58) の右辺 $= \sqrt{\dfrac{g}{k}} \displaystyle\int_0^t \dfrac{1}{y}\dfrac{1}{\sqrt{kg}}\dfrac{\mathrm{d}y}{\mathrm{d}t}\,\mathrm{d}t$

$$= \frac{1}{k}\int_2^y \frac{1}{y}\,\mathrm{d}y$$
$$= \frac{1}{k}\Big[\log|y|\Big]_2^y$$
$$= \frac{1}{k}(\log|y| - \log 2)$$
$$= \frac{1}{k}\log\frac{|y|}{2}$$

したがって落下距離 x は

$$x = \frac{1}{k}\log\frac{\exp(\sqrt{kg}t) + \exp(-\sqrt{kg}t)}{2}$$
$$= \frac{1}{k}\log\cosh(\sqrt{kg}t)$$

$t \to \infty$ のときには式 (10.56) の分母と分子の第2項が0となるから

$$v_\infty = \sqrt{\frac{g}{k}} \quad (\text{終速度 (終端速度)})$$

が得られる。また、k が非常に小さいときには指数関数項は

$$k \to \text{小} \Rightarrow \exp(-2\sqrt{kg}t)$$
$$= 1 - 2\sqrt{kg}t + 2kgt^2 - \cdots$$

とマクローリン展開できる。このとき v は

$$v \approx \frac{gt - \sqrt{kg^3}t^2}{1 - 1\sqrt{kg}t + kgt^2}$$

となり、$k \to 0$ では

$$k \to 0 \Rightarrow v \to gt$$

となって、抵抗のない自由落下の場合と一致する。

2. (単振動の運動方程式の解法 1)：

x 軸上を単振動する質量 m の質点の運動方程式が

$$m\frac{\mathrm{d}^2 x}{\mathrm{d}t^2} = -m\omega^2 x \quad (10.61)$$

で与えられている。この運動方程式の一般解をその両辺に $\dfrac{\mathrm{d}x}{\mathrm{d}t}$ をかけることにより求めなさい。ここで ω は正の定数である。

(解) 運動方程式 (10.61) の両辺を m で割り、さらに両辺に $\dfrac{\mathrm{d}x}{\mathrm{d}t}$ をかけると

$$\frac{\mathrm{d}x}{\mathrm{d}t}\frac{\mathrm{d}^2 x}{\mathrm{d}t^2} = -\omega^2 x \frac{\mathrm{d}x}{\mathrm{d}t}$$
$$\frac{1}{2}\frac{\mathrm{d}}{\mathrm{d}t}\left(\frac{\mathrm{d}x}{\mathrm{d}t}\right)^2 = -\frac{1}{2}\omega^2 \frac{\mathrm{d}}{\mathrm{d}t}x^2$$

$$\frac{\mathrm{d}}{\mathrm{d}t}\left(\frac{\mathrm{d}x}{\mathrm{d}t}\right)^2 = -\omega^2 \frac{\mathrm{d}}{\mathrm{d}t}x^2$$

$$\int \frac{\mathrm{d}}{\mathrm{d}t}\left(\frac{\mathrm{d}x}{\mathrm{d}t}\right)^2 \mathrm{d}t = -\omega^2 \int \frac{\mathrm{d}}{\mathrm{d}t}x^2\, \mathrm{d}t \qquad \text{(両辺で置換積分を行う)}$$

$$\left(\frac{\mathrm{d}x}{\mathrm{d}t}\right)^2 = -\omega^2 x^2 + C_1 \qquad (C_1\text{は積分定数})$$

$$\frac{\mathrm{d}x}{\mathrm{d}t} = \pm\sqrt{C_1 - \omega^2 x^2}$$

ここで初期条件 $x = x_0$ のとき $\frac{\mathrm{d}x}{\mathrm{d}t} = 0$ を満たすように C_1 をとり

$$\frac{\mathrm{d}x}{\mathrm{d}t} = \omega\sqrt{{x_0}^2 - x^2} \qquad \text{(正の場合を考える)}$$

$$\frac{1}{\sqrt{{x_0}^2 - x^2}}\frac{\mathrm{d}x}{\mathrm{d}t} = \omega$$

$$\int \frac{1}{\sqrt{{x_0}^2 - x^2}}\frac{\mathrm{d}x}{\mathrm{d}t}\, \mathrm{d}t = \int \omega\, \mathrm{d}t \qquad \left(\frac{\mathrm{d}x}{\mathrm{d}t}\mathrm{d}t = \mathrm{d}x\right)$$

$$\int \frac{1}{\sqrt{{x_0}^2 - x^2}}\, \mathrm{d}x = \omega \int \mathrm{d}t \qquad \begin{pmatrix}\text{左辺を }x = x_0\sin\theta\\ \text{として置換積分}\end{pmatrix}$$

$$\int \frac{1}{x_0\sqrt{1 - \sin^2\theta}}\frac{\mathrm{d}x}{\mathrm{d}\theta}\, \mathrm{d}\theta = \omega t$$

$$\int \frac{1}{x_0 \cos\theta} x_0 \cos\theta\, \mathrm{d}\theta = \omega t \qquad \begin{pmatrix}1 - \sin^2\theta = \cos^2\theta\\ \dfrac{\mathrm{d}x}{\mathrm{d}\theta} = x_0 \cos\theta\end{pmatrix}$$

$$\int \mathrm{d}\theta = \omega t$$

$$\theta = \omega t + C_2 \qquad (C_2\text{は積分定数})$$

したがって，運動方程式の一般解は

$$x = x_0 \sin(\omega t + C_2)$$

3. (単振動の運動方程式の解法2)：

x 軸上を単振動する質量 m の質点の運動方程式が

$$m\frac{\mathrm{d}^2 x}{\mathrm{d}t^2} = -m\omega^2 x \tag{10.62}$$

で与えられている。この運動方程式の解が $x = \mathrm{e}^{\lambda t}$ の形になると考えて物理的に可能な解を導きなさい。ここで λ は任意の複素数である。

(解) $x = \mathrm{e}^{\lambda t}$ を運動方程式の解とするので，これを運動方程式に代入して計算する。その準備として $\dfrac{\mathrm{d}x}{\mathrm{d}t}$, $\dfrac{\mathrm{d}^2 x}{\mathrm{d}t^2}$ を計算すると

$$\frac{\mathrm{d}x}{\mathrm{d}t} = \frac{\mathrm{d}}{\mathrm{d}t}\left(\mathrm{e}^{\lambda t}\right)$$
$$= \lambda \mathrm{e}^{\lambda t}$$

$$\frac{\mathrm{d}^2 x}{\mathrm{d}t^2} = \frac{\mathrm{d}}{\mathrm{d}t}\left(\frac{\mathrm{d}x}{\mathrm{d}t}\right) = \frac{\mathrm{d}}{\mathrm{d}t}\left(\lambda \mathrm{e}^{\lambda t}\right)$$
$$= \lambda \frac{\mathrm{d}}{\mathrm{d}t}\left(\mathrm{e}^{\lambda t}\right) = \lambda^2 \mathrm{e}^{\lambda t}$$

したがって

$$m\lambda^2 \mathrm{e}^{\lambda t} = -m\omega^2 \mathrm{e}^{\lambda t}$$
$$\therefore\ \lambda^2 + \omega^2 = 0$$

$$\therefore\ (\lambda+i\omega)(\lambda-i\omega)=0$$
$$\therefore\ \lambda=\pm i\omega$$

ここで i は虚数単位 ($i=\sqrt{-1}$) である。したがって $e^{i\omega t}=\exp(i\omega t)$ と $e^{-i\omega t}=\exp(-i\omega t)$ の 2 つが特解となり，一般解は A, B を任意の定数として

$$x = A\exp(i\omega t) + B\exp(-i\omega t)$$
$$= A(\cos\omega t + i\sin\omega t)$$
$$\quad + B(\cos\omega t - i\sin\omega t)$$
$$= (A+B)\cos\omega t + i(A-B)\sin\omega t$$

ここで，A, B は一般に複素数であることに注意する。x は"変位"という物理量であるから虚部を含まない。したがって上式が実数であるためには $A+B$ が実数で $A-B$ が純虚数でなければならない。このためには

$$A = B^* \quad (B^* \text{は } B \text{ の共役複素数})$$

の関係になければならない。このとき
$$\begin{cases} A+B = A' \\ i(A-B) = B' \end{cases}$$
とおくと A', B' は任意の実数となる。したがって x は
$$x = A'\cos\omega t + B'\sin\omega t$$
$$= C\sin(\omega t + \alpha)$$
$$(A' = C\sin\alpha,\ B' = C\cos\alpha)$$

これが一般解であり，単振動の場合には正弦関数または余弦関数で表される。ここで
$$C^2 = A'^2 + B'^2$$
$$\tan\alpha = \frac{A'}{B'}$$

で表される任意定数であり，運動の初期条件あるいは境界条件により決められる。

4. **(地球の中心を通る質点の往復運動)**：
地球を半径 R の一様な密度の球と考える。今地球の中心 O を通る長さ $2R$ の滑らかなトンネルを掘り，トンネルの一端から質量 m の質点を落とす。O を原点としてトンネルに平行に x 軸をとるとき，O から距離 x の地点でこの質点が受ける力は，半径 x の球内の全質量 $M(x)$ が O にあると仮定したときに質点に働く万有引力に等しいとする。以下の問に答えなさい。トンネル内では万有引力以外の力は働かないものとし，地表面での重力加速度の大きさを g とする。

(a) 地球の質量を M として地球の密度 ρ を M と R で表しなさい。
(b) 半径 x の球の質量 $M(x)$ を M, x, R で表しなさい。
(c) 万有引力定数を G として，この質点が x の地点で受ける万有引力の大きさを求めなさい。
(d) この質点の運動方程式を書きなさい。
(e) 万有引力定数と地球の質量の積 GM を g と R で表しなさい。
(f) (d) の運動方程式からこの質点はどのような運動をするか述べなさい。
(g) 質点がこのトンネルを通過するのに要する時間 T を g と R で表しなさい。
(h) $R = 6.38 \times 10^6$ m, $g = 9.80$ m/s^2, $\pi = 3.14$ として T を求めなさい。

(解)

(a) この問題では地球は質量 M，半径 R の一様な密度の球と考えられているから

$$\rho = \frac{M}{\frac{4}{3}\pi R^3} = \frac{3}{4}\frac{M}{\pi R^3}$$

(b) 密度 ρ に半径 x の球の体積をかけて，$M(x) = \rho \times \dfrac{4}{3}\pi x^3 = M\dfrac{x^3}{R^3}$

(c) 題意の仮定から x の地点で質量 m の物体が受ける万有引力 $F(x)$ は半径 x の球全体の質量 $M(x)$ と x だけ離れた物体との間に働く万有引力であるから
$$F(x) = G\frac{M(x)m}{x^2} = \frac{GMm}{R^3}x$$

(d) 上の引力は常に O に向かう力であるから
$$m\frac{\mathrm{d}^2 x}{\mathrm{d}t^2} = -\frac{GMm}{R^3}x \tag{10.63}$$

(e) 地表 (半径 R の地点) での万有引力が質量 m の物体の受ける重力 mg に等しいことから
$$GM = gR^2 \tag{10.64}$$

(f) 運動方程式 (10.63) は式 (10.64) を用いて
$$m\frac{\mathrm{d}^2 x}{\mathrm{d}t^2} = -m\frac{g}{R}x$$
となるから，質点の運動は O を中心とする角振動数が $\omega = \sqrt{\dfrac{g}{R}}$ の単振動となる。

(g) $2R$ のトンネルを通過する時間は周期の半分であるから，$T = \dfrac{\pi}{\omega} = \pi\sqrt{\dfrac{R}{g}}$

(h) 題意の数値を代入し，有効数字 3 桁で表すと
$$T \approx 2534 \approx 2.53 \times 10^3\,\mathrm{s}$$
このようなトンネルがあれば，43 分弱で地球の裏側に行くことができる。

5. (単振り子 2):

伸び縮みしない長さ l の糸の一端を原点 O で固定し，他端に質量 m の質点をつけた単振り子を一定な重力が作用する鉛直面内で振らせる。O から質点までの位置ベクトルを $\vec{r} = r\vec{e}_r$ (r は $\vec{r}$ の大きさであり，この問題では $r = l$，$\vec{e}_r$ は $\vec{r}$ 方向の単位ベクトル) とする。また，$\vec{r}$ 方向に垂直な方向を θ 方向 (単位ベクトル $\vec{e}_\theta$) とする。重力加速度の大きさを g として，それぞれの方向について運動方程式を求めてこれを解きなさい。振り子の最大振れ角を θ_0 とする。

(解)
質点の位置ベクトル $\vec{r}$ とその単位ベクトル $\vec{e}_r$ の関係は図 10.12(a) である。また，質点に働く力は大きさ mg の重力と大きさ S の糸の張力の 2 力であり，これらは図 10.12(b) のようになる。ここでは力の大きさのみを示している。r 方向と θ 方向は図の通りとなるが，質点に働く力のうち，重力を各方向に分けて考えねばならない。各方向の加速度 a_r と a_θ は式 (8.15) からそれぞれ

$$a_r = \frac{\mathrm{d}^2 r}{\mathrm{d}t^2} - r\left(\frac{\mathrm{d}\theta}{\mathrm{d}t}\right)^2$$

$$a_\theta = \frac{1}{r}\frac{\mathrm{d}}{\mathrm{d}t}\left(r^2\frac{\mathrm{d}\theta}{\mathrm{d}t}\right)$$

である。したがって運動方程式は，これらに質量 m を乗じたものを左辺とし，右辺に各方向の力を方向から正負を考えて書いていけば良いので

$$ma_r = m\left\{\frac{\mathrm{d}^2 r}{\mathrm{d}t^2} - r\left(\frac{\mathrm{d}\theta}{\mathrm{d}t}\right)^2\right\}$$
$$= mg\cos\theta - S$$

$$ma_\theta = m\left\{\frac{1}{r}\frac{\mathrm{d}}{\mathrm{d}t}\left(r^2\frac{\mathrm{d}\theta}{\mathrm{d}t}\right)\right\}$$
$$= -mg\sin\theta$$

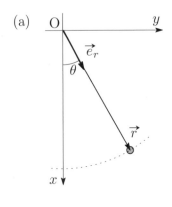
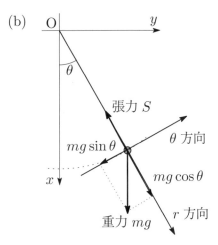

図 10.12　単振り子 (a) と単振り子に働く力 (b)

となる。単振り子の糸に長さは変化しないから $r = l = $ 一定 であり，運動方程式は

$$ml\left(\frac{d\theta}{dt}\right)^2 = -mg\cos\theta + S \quad (10.65)$$

$$\frac{d^2\theta}{dt^2} = -\frac{g}{l}\sin\theta \quad (10.66)$$

式 (10.66) で θ が非常に小さいときには $\sin\theta \approx \theta$ と近似でき，式 (10.66) は

$$\frac{d^2\theta}{dt^2} = -\frac{g}{l}\theta$$

となる。これは振れ角 θ が角振動数 $\sqrt{\frac{g}{l}}$ で単振動することを示しており，振れ角 θ は時間 t の関数として

$$\theta = \theta_0 \sin\left(\sqrt{\frac{g}{l}}t + \phi\right)$$

のように書くことができる。ここで ϕ は初期位相である。一方，式 (10.66) の両辺に $\frac{d\theta}{dt}$ をかけてから計算すると

$$\frac{d^2\theta}{dt^2}\frac{d\theta}{dt} = -\frac{g}{l}\sin\theta\frac{d\theta}{dt}$$

$$\frac{1}{2}\frac{d}{dt}\left(\frac{d\theta}{dt}\right)^2 = \frac{g}{l}\frac{d}{dt}\cos\theta$$

$$\left(\frac{d\theta}{dt}\right)^2 = \frac{2g}{l}\cos\theta + C$$

となる。ここで C は積分定数であるが，$\frac{d\theta}{dt} = 0$ となる振れ角は最大振れ角 θ_0 のときであるから，これから

$$C = -\frac{2g}{l}\cos\theta_0$$

である。これを式 (10.65) に代入すると，張力 S は次のようになる。

$$S = mg(3\cos\theta - 2\cos\theta_0)$$

6. (リサジュー図形):

質量 m の質点の x 及び y 方向の運動方程式がそれぞれ次式で与えられている。

$$m\frac{d^2x}{dt^2} = -kx = -m\omega^2 x \quad (10.67)$$

$$m\frac{d^2y}{dt^2} = -ky = -m\omega^2 y \quad (10.68)$$

この質点が以下のような初期条件のもとで xy 平面上に描く軌道 (リサジュー図形という) を求めなさい。

(a) $t = 0$ での位置と速度がそれぞれ $(x, y) = (R_0, 0)$ と $(v_x, v_y) = (0, V_0)$

(b) $t = 0$ で原点 $\mathrm{O}((x, y) = (0, 0))$ にあり, $(v_x, v_y) = (V_0 \cos\theta, V_0 \sin\theta)$

(解) 運動方程式 (10.67) と (10.68) を積分して得られる位置 x, y と速度 v_x, v_y の一般解は, A と B は 0 でない定数として, 以下のように与えられる。

$$x = A\sin(\omega t + \alpha)$$
$$v_x = \omega A\cos(\omega t + \alpha)$$
$$y = B\sin(\omega t + \beta)$$
$$v_y = \omega B\cos(\omega t + \beta)$$

(a) 上式に初期条件 ($t = 0$ で $(x, y) = (R_0, 0)$ かつ $(v_x, v_y) = (0, V_0)$) を代入すると $A = R_0$, $\alpha = \dfrac{\pi}{2}$, $B = \dfrac{V_0}{\omega}$, $\beta = 0$ が得られる。これらを x と y の式に代入すると

$$x = R_0\sin\left(\omega t + \frac{\pi}{2}\right) = R_0\cos\omega t$$

$$\frac{x}{R_0} = \cos\omega t$$

$$y = \frac{V_0}{\omega}\sin\omega t$$

$$\frac{y}{V_0/\omega} = \sin\omega t$$

となる。これらを辺々 2 乗して加えると

$$\left(\frac{x}{R_0}\right)^2 + \left(\frac{y}{V_0/\omega}\right)^2 = 1$$

となる。与えられた初期条件での質点の軌道は図 10.13 のような楕円となる。

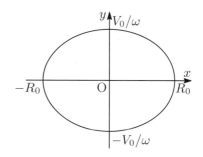

図 10.13 楕円のリサジュー図形

(b) 前問と同様に初期条件 ($t = 0$ で原点 O にあり, $(V_0\cos\theta, V_0\sin\theta)$) を代入して定数を決定すると, $\alpha = \beta = 0$, $A = \dfrac{V_0}{\omega}\cos\theta$, $B = \dfrac{V_0}{\omega}\sin\theta$ である。したがって

$$x = \frac{V_0}{\omega}\cos\theta\sin\omega t$$

$$y = \frac{V_0}{\omega}\sin\theta\sin\omega t$$

上式から y を x の関数として表すと

$$y = (\tan\theta)x \qquad (10.69)$$

式 (10.69) は原点 O を通る直線を表すが, $-1 \leq \cos\omega t \leq 1$, $-1 \leq \sin\omega t \leq 1$ であるから, x と y の値域はそれぞれ $-\dfrac{V_0}{\omega}\cos\theta \leq x \leq \dfrac{V_0}{\omega}\cos\theta$ と $-\dfrac{V_0}{\omega}\sin\theta \leq y \leq \dfrac{V_0}{\omega}\sin\theta$ となる。これより質点の軌道は原点を通る傾き $\tan\theta$ の線分となる。$0 < \theta < \dfrac{\pi}{2}$ のときには図 10.14 のようになる。

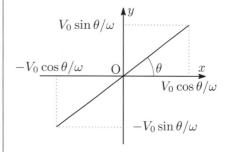

図 10.14 $0 < \theta < \pi/2$ のときの線分のリサジュー図形

第11章

力学的エネルギー

この章では，運動方程式から得られる運動エネルギーと保存力がした仕事で定義されるポテンシャルの和である，力学的エネルギーを学ぶ。

11.1.1 この章の学習目標

1. 力が質点にする仕事を定義，及び運動エネルギーと仕事との関係が分かる。
2. 保存力とポテンシャルの関係が理解でき，種々の保存力とポテンシャルを互いに導くことができる。

11.1.2 基礎的事項

内積 (スカラー積) :

大きさが 0 でない 2 つのベクトル $\vec{a} = \overrightarrow{OA}$, $\vec{b} = \overrightarrow{OB}$ に対して，線分 OA と OB のなす角 θ のうち $0 \leq \theta \leq \pi$ であるものを $\vec{a}$ と $\vec{b}$ のなす角という。このベクトル $\vec{a}$ と $\vec{b}$ に対し，次式で定義される $\vec{a} \cdot \vec{b}$ を，$\vec{a}$ と $\vec{b}$ の内積 (スカラー積) という。

$$\vec{a} \cdot \vec{b} = |\vec{a}||\vec{b}|\cos\theta \tag{11.1}$$

内積と成分 :

ベクトル $\vec{a} = (a_1, a_2, a_3)$ と $\vec{b} = (b_1, b_2, b_3)$ の内積は

$$\vec{a} \cdot \vec{b} = a_1 b_1 + a_2 b_2 + a_3 b_3 \tag{11.2}$$

内積の性質 :

$$\vec{a} \cdot \vec{b} = \vec{b} \cdot \vec{a} \tag{11.3}$$

$$\vec{a} \cdot \vec{a} = |\vec{a}|^2 \tag{11.4}$$

$$|\vec{a} \cdot \vec{b}| \leq |\vec{a}||\vec{b}| \quad \begin{pmatrix} \text{等号は } \vec{a} \text{ と } \vec{b} \text{ が平行あるいは} \\ \text{反平行のときに成立} \end{pmatrix} \tag{11.5}$$

$$\vec{a} \cdot (\vec{b} \pm \vec{c}) = \vec{a} \cdot \vec{b} \pm \vec{a} \cdot \vec{c} \quad \text{(複号同順)} \tag{11.6}$$

$$(\vec{a} + \vec{b}) \cdot (\vec{a} - \vec{b}) = |\vec{a}|^2 - |\vec{b}|^2 \tag{11.7}$$

$$(k\vec{a}) \cdot \vec{b} = \vec{a} \cdot (k\vec{b}) = k(\vec{a} \cdot \vec{b}) \quad (k \text{ は実数}) \tag{11.8}$$

仕事 ：

質点に力 $\vec{F} = (F_x, F_y, F_z)$ が働いて $\mathrm{d}\vec{r} = (\mathrm{d}x, \mathrm{d}y, \mathrm{d}z)$ だけ変位するとき，両者の内積 $\vec{F} \cdot \mathrm{d}\vec{r}$ を力 $\vec{F}$ が変位 $\mathrm{d}\vec{r}$ の間に質点にした**仕事**という。

$$\vec{F} \cdot \mathrm{d}\vec{r} = F_x \, \mathrm{d}x + F_y \, \mathrm{d}y + F_z \, \mathrm{d}z \tag{11.9}$$

$\vec{F}$ が点 $\mathrm{A}(\vec{r}_\mathrm{A})$ から点 $\mathrm{B}(\vec{r}_\mathrm{B})$ まである経路 C に沿って質点にした仕事 $W_{\mathrm{AB}(C)}$ は次式で与えられる。

$$W_{\mathrm{AB}(C)} = \int_{\vec{r}_\mathrm{A}(C)}^{\vec{r}_\mathrm{B}} \vec{F} \cdot \mathrm{d}\vec{r} \tag{11.10}$$

【発展問題 P.84 問 4，P.85 問 7】

運動エネルギー ：

質量 m の質点が速度 $\vec{v}$ (速さ $v = |\vec{v}|$) で運動するときの運動エネルギー K は

$$K = \frac{1}{2}m|\vec{v}|^2 = \frac{1}{2}mv^2 \tag{11.11}$$

【基本問題 P.79 問 2】

保存力とポテンシャル (定義) ：

力 $\vec{F}$ が位置 $\vec{r}_\mathrm{A}$ から $\vec{r}_\mathrm{B}$ までに質点にした仕事 W_{AB} がその間の経路によらず，両端の位置 ($\vec{r}_\mathrm{A}$ と $\vec{r}_\mathrm{B}$) のみの関数として

$$W_{\mathrm{AB}} = \int_{\vec{r}_\mathrm{A}}^{\vec{r}_\mathrm{B}} \vec{F} \cdot \mathrm{d}\vec{r} = U(\vec{r}_\mathrm{A}) - U(\vec{r}_\mathrm{B}) \tag{11.12}$$

のように表されるとき，$\vec{F}$ を**保存力**，関数 $U(\vec{r})$ を**ポテンシャル**という。
$U(\vec{r})$ に定数 U_0 を加えた関数 $U'(\vec{r}) = U(\vec{r}) + U_0$ も

$$U(\vec{r}_\mathrm{A}) - U(\vec{r}_\mathrm{B}) = [U(\vec{r}_\mathrm{A}) + U_0] - [U(\vec{r}_\mathrm{B}) + U_0] = U'(\vec{r}_\mathrm{A}) - U'(\vec{r}_\mathrm{B}) \tag{11.13}$$

から式 (11.12) を満たすので，ポテンシャルには定数の不定性がある。位置 $\vec{r}_0$ でのポテンシャルを $U(\vec{r}_0) = 0$ とするとき，$\vec{r}_0$ をポテンシャルの基準点という。式 (11.12) で $\vec{r}_\mathrm{A} = \vec{r}_0$，$\vec{r}_\mathrm{B} = \vec{r}$ とし，$\vec{r}_0$ を基準点とした際の位置 $\vec{r}$ のポテンシャル $U(\vec{r})$ は次のようになる。

$$U(\vec{r}) = -\int_{\vec{r}_0}^{\vec{r}} \vec{F} \cdot \mathrm{d}\vec{r} \tag{11.14}$$

【基本問題 P.81 問 4，P.82 問 5，問 6】【発展問題 P.82 問 1，P.84 問 3】

力の場 ：

空間の場所ごとに決まった力 $\vec{F}(x, y, z) = (F_x(x, y, z), F_y(x, y, z), F_z(x, y, z))$ が与えられているとき，この空間を**力の場**という。保存力の場は，その力がただ一つの関数 $U(x, y, z)$ で与えられる。

保存力とポテンシャルの関係 ：

保存力 $\vec{F}$ のポテンシャルが $U(\vec{r})$ であるとき

$$\vec{F} = -\nabla U(\vec{r}) = -\mathrm{grad}\, U(\vec{r}) \tag{11.15}$$

ここで $\nabla = \left(\dfrac{\partial}{\partial x}, \dfrac{\partial}{\partial y}, \dfrac{\partial}{\partial z}\right)$ である。

【基本問題 P.79 問 1, P.80 問 3】【発展問題 P.84 問 5】

力学的エネルギー :

運動エネルギー K とポテンシャル U の和を力学的エネルギー E という。
$$E = K + U \tag{11.16}$$

【発展問題 P.83 問 2, P.85 問 6】

保存力に関する定理 :

1. 力 $\vec{F}(\vec{r})$ が保存力ならば, $\nabla \times \vec{F}(\vec{r}) = \mathrm{rot}\,\vec{F}(\vec{r}) = \vec{0}$ である。
2. 力 $\vec{F}(\vec{r})$ が $\nabla \times \vec{F}(\vec{r}) = \mathrm{rot}\,\vec{F}(\vec{r}) = \vec{0}$ を満たすなら, 力 $\vec{F}$ は保存力である。

【発展問題 P.87 問 8, P.88 問 9】

11.1.3 自己学習問題

1. (力の向きと仕事) :
   質量 $3.0\,\mathrm{kg}$ の物体に水平方向に $4.0\,\mathrm{N}$ の力を加えて水平方向に $2.0\,\mathrm{m}$ 動いた。この力が物体にした仕事を求めなさい。また, この力を水平方向から $60°$ の向きに加えて物体が水平方向に $2\,\mathrm{m}$ 動いたとき, 力が物体にした仕事を求めなさい。

   (解) 力 $\vec{F}$ が物体に働いて $\mathrm{d}\vec{r}$ だけ変位するとき, 力 $\vec{F}$ がした仕事は $\vec{F}\cdot\mathrm{d}\vec{r}$ である。前者では力の方向と物体の移動方向は同じだから, この力が物体にした仕事 W は
   $$W = 4.0\,\mathrm{kg} \times 2.0\,\mathrm{m} \times \cos 0 = 8.0\,\mathrm{N\,m} = 8.0\,\mathrm{J}$$
   後者の場合, 力の方向と物体の動いた方向のなす角度は $60° = \dfrac{\pi}{3}$ であるから, この力が物体にした仕事 W は
   $$W = 4.0\,\mathrm{kg} \times 2.0\,\mathrm{m} \times \cos\dfrac{\pi}{3} = 4.0\,\mathrm{J}$$

2. (重力のする仕事) :
   $300\,\mathrm{kg}$ のピアノがあり, これを $0.500\,\mathrm{m}$ の高さに 5 分間保持するとき, 重力がこのピアノにする仕事を求めなさい。

   (解) 重力加速度の大きさを $g = 9.80\,\mathrm{m/s^2}$ とするとピアノに働く重力の大きさは $300\,\mathrm{kg}\,g = 300 \times 9.80\,\mathrm{kg\,m/s^2}$ であるが, 題意ではピアノは高さ方向には変位していない (変位量が $0\,\mathrm{m}$)。したがって重力がピアノにする仕事は $300 \times 9.80\,\mathrm{kg\,m/s^2} \times 0\,\mathrm{m} = 0\,\mathrm{J}$。

3. (運動エネルギー) :
   秒速 $10\,\mathrm{m}$ で走っている体重 $60\,\mathrm{kg}$ の人の運動エネルギーを求めなさい。

   (解) 質量 m の質点が速度 v で運動しているときの運動エネルギー T は $\dfrac{1}{2}mv^2$ であるから
   $$T = \dfrac{1}{2} \times 60\,\mathrm{kg} \times (10\,\mathrm{m/s})^2 = 3.0 \times 10^3\,\mathrm{J}$$

4. (仕事と運動エネルギー)：

質量 100 g のボールを初速度 144 km/h で投げるのに必要な仕事を求めなさい。

(解) 100 g = 100×10^{-3} kg = 0.100 kg のボールが 144 km/h = 144×10^3 m/3600 s = 40.0 m/s の速度で運動するときの運動エネルギー T と等しい仕事 W をすればよいから

$$W = T = \frac{1}{2}mv^2 = \frac{1}{2} \times 0.100 \,\text{kg} \times (40.0 \,\text{m/s})^2 = 80.0 \,\text{J}$$

11.1.4 基本問題

1. (ポテンシャル中を運動する質点)：

質量 m の位置を $\vec{r}$ とおく。この質点がポテンシャル $U(\vec{r})$ の中を運動している。この質点に対する運動方程式をたてなさい。

(解) この質点に働く力を $\vec{F}(\vec{r})$ とおくと，この質点に対する運動方程式は

$$m\frac{d^2\vec{r}}{dt^2} = \vec{F}(\vec{r})$$

ここで，$\vec{F}(\vec{r})$ とポテンシャル $U(\vec{r})$ との関係は

$$\vec{F}(\vec{r}) = -\nabla U(\vec{r})$$

なので，運動方程式は

$$m\frac{d^2\vec{r}}{dt^2} = -\nabla U(\vec{r})$$

2. (仕事と運動エネルギー)：

質量 m の質点に力 $\vec{F}$ が働いて，点 A ($\vec{r}_A$) から点 B ($\vec{r}_B$) まである経路 C に沿って移動した場合，$\vec{F}$ が質点にした仕事 $W_{AB(C)}$ は定義より

$$W_{AB(C)} = \int_{\vec{r}_{A(C)}}^{\vec{r}_B} \vec{F} \cdot d\vec{r} \quad (11.17)$$

である。ここで，質点が A, B にあるときの時刻 t，速度 $\vec{v}$ をそれぞれ表のようにおく。以下の問に答えなさい。

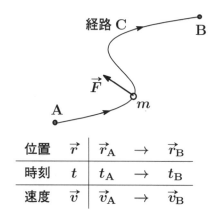

位置	$\vec{r}$	$\vec{r}_A$	$\to$	$\vec{r}_B$
時刻	t	t_A	$\to$	t_B
速度	$\vec{v}$	$\vec{v}_A$	$\to$	$\vec{v}_B$

(a) この質点に対する運動方程式を利用し，式 (11.17) から $\vec{F}$ を消去しなさい。

(b) (a) の定積分の積分変数を $\vec{r}$ から t に変数変換しなさい。

(c) 位置 $\vec{r}$ と速度 $\vec{v}$ との関係を利用し，(b) の定積分を $\vec{v}$ で用いて表しなさい。

(d) $\vec{v}^2 = \vec{v} \cdot \vec{v}$ は $\vec{v}$ と $\vec{v}$ の内積 (スカラー積) なので，あるスカラーである。これを X とおく： $X \equiv \vec{v}^2$。$\dfrac{dX}{dt}$ を計算し，その結果を利用して (c) の定積分を X を用いて表しなさい。

(e) 時刻 t_A, t_B での X をそれぞれ X_A, X_B とおく。(d) の t による定積分を X による定積分に直しなさい。

(f) (e) の定積分を計算して
$$W_{AB(C)} = \frac{1}{2}m\vec{v}_B{}^2 - \frac{1}{2}m\vec{v}_A{}^2 \tag{11.18}$$
となることを示し，どのような物理的意味を持つのか考察しなさい。

(解)

(a) 題意の質点に対する運動方程式は
$$m\frac{d^2\vec{r}}{dt^2} = \vec{F}$$
これを仕事の定義式に代入して $\vec{F}$ を消去

(b) $d\vec{r} = \dfrac{d\vec{r}}{dt}dt$ から積分変数を $\vec{r}$ から t に変換できる。質点が点 A, B にあったときの時刻がそれぞれ t_A, t_B なので

(c) 速度 $\vec{v}$ の定義より
$$\vec{v} = \frac{d\vec{r}}{dt}$$
$$\therefore \frac{d\vec{v}}{dt} = \frac{d^2\vec{r}}{dt^2}$$

(d) 内積 (スカラー積) の交換法則に注意し
$$\frac{dX}{dt} = \frac{d}{dt}(\vec{v}^2) = 2\vec{v}\cdot\frac{d\vec{v}}{dt} = 2\frac{d\vec{v}}{dt}\cdot\vec{v}$$

(e) $\dfrac{dX}{dt}dt = dX$ より，積分変数を t から X に変換できる。題意より，時刻 t_A, t_B での X がそれぞれ X_A, X_B なので

(f) (e) の定積分を計算すると
$$W_{AB(C)} = \frac{1}{2}m[X]_{X_A}^{X_B}$$
$$= \frac{1}{2}mX_B - \frac{1}{2}mX_A$$
ここで $X = \vec{v}^2$ より $X_A = \vec{v}_A{}^2$, $X_B = \vec{v}_B{}^2$ なので
$$W_{AB(C)} = \frac{1}{2}m\vec{v}_B{}^2 - \frac{1}{2}m\vec{v}_A{}^2 \tag{11.18}$$
となる。
式 (11.18) の右辺，$\dfrac{1}{2}m\vec{v}_A{}^2$, $\dfrac{1}{2}m\vec{v}_B{}^2$ はそれぞれ，点 A, B におけるこの質点の運動エネルギーなので，$\dfrac{1}{2}m\vec{v}_B{}^2 - \dfrac{1}{2}m\vec{v}_A{}^2$

すると
$$W_{AB(C)} = \int_{\vec{r}_{A(C)}}^{\vec{r}_B} m\frac{d^2\vec{r}}{dt^2}\cdot d\vec{r}$$

$$W_{AB(C)} = \int_{t_A}^{t_B} m\frac{d^2\vec{r}}{dt^2}\cdot\frac{d\vec{r}}{dt}dt$$

これらを代入して
$$W_{AB(C)} = \int_{t_A}^{t_B} m\frac{d\vec{v}}{dt}\cdot\vec{v}\,dt$$

$$\therefore W_{AB(C)} = \int_{t_A}^{t_B} m\cdot\frac{1}{2}\frac{dX}{dt}dt$$

$$W_{AB(C)} = \int_{X_A}^{X_B}\frac{1}{2}m\,dX$$
$$= \frac{1}{2}m\int_{X_A}^{X_B}dX$$

は，質点が点 A から B に移動した際の運動エネルギーの増加量を示している。したがって，式 (11.18) は，「力が質点にした仕事は質点の運動エネルギーの増加量に等しい」ことを意味している。式 (11.18) を
$$\frac{1}{2}m\vec{v}_A{}^2 + W_{AB(C)} = \frac{1}{2}m\vec{v}_B{}^2$$
と変形し，「点 B での運動エネルギーは，点 A での運動エネルギーに力が質点にした仕事を加えたものに等しい」と考えることもできる。

3. (ポテンシャルから保存力の導出)：
保存力 $\vec{F} = (F_x, F_y, F_z)$ のポテンシャル $U(\vec{r})$ は
$$\int_{\vec{r}_A}^{\vec{r}_B}\vec{F}\cdot d\vec{r} = U(\vec{r}_A) - U(\vec{r}_B) \tag{11.19}$$

で定義される。では、$U(\vec{r})$ が与えられるとき、その保存力 $\vec{F}$ が $U(\vec{r})$ でどのように与えられるか示しなさい。

(解) 保存力 $\vec{F}$ によって質点が隣接する 2 点 $\mathrm{P}(\vec{r} = (x, y, z))$ から点 $\mathrm{Q}(\vec{r}' = (x', y', z'))$ だけ微少変位したとする。ここで

$$\delta\vec{r} = \vec{r}' - \vec{r} = (x' - x, y' - y, z' - z) = (\delta x, \delta y, \delta z)$$

とする。このとき、$\vec{F}$ が P から Q までに質点にする仕事は

$$\int_{\vec{r}}^{\vec{r}'} \vec{F} \cdot \mathrm{d}\vec{r} \approx \vec{F} \cdot \delta\vec{r} = F_x \delta x + F_y \delta y + F_z \delta z \tag{11.20}$$

また、保存力のする仕事とポテンシャルの定義から

$$\begin{aligned}
\int_{\vec{r}}^{\vec{r}'} \vec{F} \cdot \mathrm{d}\vec{r} &= U(\vec{r}) - U(\vec{r}') \\
&= U(x, y, z) - U(x', y', z') \\
&= -\bigl(U(x', y', z') - U(x, y, z)\bigr) \\
&= -[U(x+\delta x, y+\delta y, z+\delta z) - U(x, y, z)] \\
&= -[\{U(x+\delta x, y+\delta y, z+\delta z) - U(x, y+\delta y, z+\delta z)\} \\
&\quad + \{U(x, y+\delta y, z+\delta z) - U(x, y, z+\delta z)\} \\
&\quad + \{U(x, y, z+\delta z) - U(x, y, z)\}] \\
&\approx -\left(\frac{\partial U}{\partial x}\delta x + \frac{\partial U}{\partial y}\delta y + \frac{\partial U}{\partial z}\delta z\right) \tag{11.21}
\end{aligned}$$

各方向の微小変化 ($\delta\vec{r} = (\delta x, \delta y, \delta z)$) は任意だから、式 (11.20) と式 (11.21) が等しくなるためには、δx, δy, δz の係数がそれぞれ等しくなければならないから

$$F_x = -\frac{\partial U}{\partial x}, \quad F_y = -\frac{\partial U}{\partial y}, \quad F_z = -\frac{\partial U}{\partial z}$$

となる。これらをまとめると

$$\vec{F} = \left(-\frac{\partial U}{\partial x}, -\frac{\partial U}{\partial y}, -\frac{\partial U}{\partial z}\right) = -\left(\frac{\partial}{\partial x}, \frac{\partial}{\partial y}, \frac{\partial}{\partial z}\right)U = -\nabla U(\vec{r}) = -\mathrm{grad}\, U(\vec{r})$$

4. **(重力のポテンシャル (位置エネルギー))**:
鉛直上向きに x 軸をとる。質量 m の質点には、重力加速度の大きさを g とすると、大きさ mg の重力が働いている。原点 O でのポテンシャルを 0 として ($U(0) = 0$)、高さ h での重力のポテンシャル $U(h)$ を求めなさい。

(解) 質点に働く力 F は鉛直下向きの重力であり、x 成分のみを考えればよいから $F = -mg$ と表される。したがって、原点 O (高さの基準) から h までの仕事とポテンシャル $U(h)$ との関係は、ポテンシャルの定義から

$$\int_0^h F\, \mathrm{d}x = U(0) - U(h)$$

$$\begin{aligned}
U(h) &= -\int_0^h F\, \mathrm{d}x + U(0) \\
&= -\int_0^h (-mg)\, \mathrm{d}x \\
&= mg\int_0^h \mathrm{d}x = mg[x]_0^h = mgh
\end{aligned}$$

したがって O から h の高さでの重力のポテンシャルは mgh と表される。

5. (x 軸上の単振動のポテンシャル)：

x 軸上の運動で，質量 m の質点が原点 O からその変位に比例するような力
$$F_x = -m\omega^2 x \quad (\omega\text{は正の定数}) \tag{11.22}$$
を受けるとき，この力は保存力である。この力のポテンシャル $U(x)$ を求めなさい。$U(0) = 0$ とする。

(解) 題意の運動は x 軸上のみの一次元運動であるから，x 成分のみを考えればよい。原点 O ($x = 0$) をポテンシャルの基準 ($U(0) = 0$) にとるので，ポテンシャルの定義から
$$\int_0^x F_x \, dx = U(0) - U(x)$$

$$\begin{aligned}
U(x) &= -\int_0^x F_x \, dx \\
&= -\int_0^x (-m\omega^2 x) \, dx \\
&= m\omega^2 \int_0^x x \, dx \\
&= \frac{1}{2} m\omega^2 x^2
\end{aligned}$$

6. (距離の 2 乗に反比例する引力のポテンシャル)：

質量 m の質点が原点 O からの距離 r の 2 乗に反比例する大きさの引力
$$F(r) = -\frac{C}{r^2} \tag{11.23}$$
を受けて運動している。この力のポテンシャル $U(r)$ を求めなさい。ここで C は正の定数であり，$U(\infty) = 0$ とする。

(解) 無限遠 ($r \to \infty$) をポテンシャルの基準として選ぶ ($U(\infty) = 0$) と，ポテンシャルの定義から
$$\int_\infty^r F \, dr = U(\infty) - U(r) = -U(r)$$
$$U(r) = -\int_\infty^r F \, dr = -\int_\infty^r \left(-\frac{C}{r^2}\right) dr = C \int_\infty^r \frac{1}{r^2} \, dr = C \left[-\frac{1}{r}\right]_\infty^r = -\frac{C}{r}$$

11.1.5 発展問題

1. (バネのポテンシャル (弾性エネルギー))：

質量 m の質点がバネ定数 k のバネにつながって単振動している。

(a) バネのつり合いの位置 $x = 0$ から任意の位置 x まで物体が移動したときの，バネの弾性エネルギーを求めなさい。

(b) バネの振幅 (バネが最大伸びた，あるいは縮んだ距離) が A のとき，$x = 0$ での速さを求めなさい。

(解)

(a) バネの力は $F = -kx$ で表される。質点が $[0, x]$ を移動すると，バネの弾性エネルギーすなわちバネのポテンシャル $U(x)$ は，バネの伸び縮みのない $x = 0$ を基準とすると

$U(0) = 0$ であるから,定義より

$$\int_0^x F \, \mathrm{d}x' = U(0) - U(x)$$

$$U(x) = -\int_0^x F \, \mathrm{d}x' = -\int_0^x (-kx') \, \mathrm{d}x' = k \left[\frac{1}{2} x'^2 \right]_0^x = \frac{1}{2} kx^2$$

(b) [$x = 0$ から A までの運動エネルギー変化] = [$x = 0$ から A までバネによってなされた仕事] である.振幅の点 $x = A$ では質点の速度 v_A は 0 であるから,$[0, t_A]$ で $[0, A]$ のように変位し,質点の速度は $[V, 0]$ となったとすると,運動方程式から

$$m\frac{\mathrm{d}^2 x}{\mathrm{d}t^2} = -kx \qquad\qquad \frac{1}{2}m\int_{V^2}^0 \mathrm{d}v^2 = -\frac{1}{2}k\int_0^{A^2} \mathrm{d}x^2$$

$$m\frac{\mathrm{d}^2 x}{\mathrm{d}t^2}\frac{\mathrm{d}x}{\mathrm{d}t} = -kx\frac{\mathrm{d}x}{\mathrm{d}t} \qquad\qquad \frac{1}{2}m[v^2]_{V^2}^0 = -\frac{1}{2}k[x^2]_0^{A^2}$$

$$m\int_0^{t_A} \frac{\mathrm{d}^2 x}{\mathrm{d}t^2}\frac{\mathrm{d}x}{\mathrm{d}t}\,\mathrm{d}t = -k\int_0^{t_A} x\frac{\mathrm{d}x}{\mathrm{d}t}\,\mathrm{d}t \qquad\qquad -\frac{1}{2}mV^2 = -\frac{1}{2}kA^2$$

$$\frac{1}{2}m\int_0^{t_A} \frac{\mathrm{d}}{\mathrm{d}t}\left(\frac{\mathrm{d}x}{\mathrm{d}t}\right)^2 \mathrm{d}t \qquad\qquad V = \sqrt{\frac{k}{m}}\,A$$

$$= -\frac{1}{2}k\int_0^{t_A} \frac{\mathrm{d}x^2}{\mathrm{d}t}\,\mathrm{d}t$$

2. (単振動の力学的エネルギー):

x 軸上を運動している質量 m の質点の運動方程式が

$$m\frac{\mathrm{d}^2 x}{\mathrm{d}t^2} = -m\omega^2 x \quad (\omega \text{は正の定数}) \tag{11.24}$$

で与えられ,この質点の変位 x が次式のような時間 t の余弦関数

$$x = x_0 \cos \omega t \tag{11.25}$$

であるとき,この質点のポテンシャル U の基準を原点 O にとり,U を t の関数で表しなさい.また,運動エネルギー K も同様に t の関数として求めなさい.次に,この運動の力学的エネルギー E を m, ω, x_0 を用いて表しなさい.ここで x_0 は正の定数である.このエネルギー E は保存するか考察しなさい.

(解) 質点は x 軸上を運動するだけであるから,ポテンシャルの定義より

$$U = -\int_0^x F \, \mathrm{d}x = -\int_0^x (-m\omega^2 x) \, \mathrm{d}x = \frac{1}{2}m\omega^2 x^2 = \frac{1}{2}m\omega^2 x_0^2 \cos^2 \omega t$$

となる.$v = \dfrac{\mathrm{d}x}{\mathrm{d}t} = -\omega x_0 \sin \omega t$ であるから,運動エネルギー K は

$$K = \frac{1}{2}mv^2 = \frac{1}{2}m(-\omega x_0 \sin \omega t)^2 = \frac{1}{2}m\omega^2 x_0^2 \sin^2 \omega t$$

である.力学的エネルギーは運動エネルギー K とポテンシャル U の和であるから

$$E = K + U = \frac{1}{2}m\omega^2 x_0^2 (\sin^2 \omega t + \cos^2 \omega t) = \frac{1}{2}m\omega^2 x_0^2$$

となる.上式は,この質点の力学的エネルギー E がすべて定数で与えられていることを示しており,したがって E も定数であり,時間変化せず保存する.

3. (単振動のポテンシャルの時間平均) :
質量 m の質点が x 軸上を振幅 x_0, 角振動数 ω, 初期位相 0 で単振動している。この質点のポテンシャルを振動の一周期について平均しなさい。

(解) 題意の単振動の運動方程式と解はそれぞれ $m\dfrac{d^2 x}{dt^2} = -m\omega^2 x$ と $x = x_0 \sin \omega t$ である。ポテンシャルは
$$U = -\int_0^x F\,dx = -\int_0^x (-m\omega^2 x)\,dx = \frac{1}{2}m\omega^2 x^2$$
である。単振動の周期は $T = \dfrac{2\pi}{\omega}$ であり,ポテンシャルの一周期の平均 $\overline{U}$ は
$$\overline{U} = \frac{1}{T}\int_0^T U\,dt = \frac{1}{T}\int_0^T \left(\frac{1}{2}m\omega^2 x_0{}^2 \sin^2 \omega t\right) dt$$
$$= \frac{1}{2T}m\omega^2 x_0{}^2 \int_0^T \frac{1 - \cos 2\omega t}{2}\,dt = \frac{1}{4}m\omega^2 x_0{}^2$$

4. (向心力のする仕事) :
原点 O を中心とする半径 r の円周上を,一定な角速度 ω で運動している質量 m の質点がある。このとき,質点に働く力は
$$\vec{F}_r = -m\omega^2 r\,\vec{e}_r \tag{11.26}$$
で与えられる。ここで $\vec{e}_r$ は O から質点への位置ベクトル $\vec{r}$ 方向の単位ベクトルである。力 $\vec{F}_r$ が質点にする仕事を求めなさい。

(解) 図 11.1 に示すように,題意の質点の変位 $d\vec{r}$ は,位置ベクトル $\vec{r}$ に常に垂直である。力 $\vec{F}_r$ が質点にする仕事は,力と変位の内積 $\vec{F}_r \cdot d\vec{r}$ で与えられるから,$\vec{F}_r$ が質点にする仕事は 0 である。

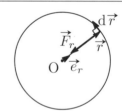

図 11.1 向心力のする仕事の解説図

5. (距離の 2 乗に反比例する引力) :
ある物体に働く力 $\vec{F}$ のポテンシャル U が次式によって与えられている。
$$U = -\frac{k}{r} \tag{11.27}$$
ここで k は正の定数であり,r は原点 O から物体までの距離で $r^2 = x^2 + y^2 + z^2$ である。この力 $\vec{F}$ の x, y 及び z 成分を求め,$\vec{F}$ と位置ベクトル $\vec{r} = (x, y, z)$ の関係から,$\vec{F}$ がどのような力か示しなさい。

(解) ポテンシャル U が $U = U(x, y, z)$ であるとき,その保存力 $\vec{F} = (F_x, F_y, F_z)$ は $\vec{F} = -\nabla U$ であたえられるから,力の x 成分 F_x は
$$F_x = -\frac{\partial U}{\partial x}$$

$$\begin{aligned}
&= -\frac{dU}{dr}\frac{\partial r}{\partial x} \\
&= -\frac{d}{dr}\left(-\frac{k}{r}\right)\frac{\partial}{\partial x}\sqrt{x^2+y^2+z^2} \\
&= -\frac{k}{r^2}\frac{1}{2}(x^2+y^2+z^2)^{-\frac{1}{2}}\cdot 2x \\
&= -\frac{k}{r^2}\frac{x}{r}
\end{aligned}$$

となる。F_y, F_z も同様にして

$$F_y = -\frac{\partial U}{\partial y} = -\frac{k}{r^2}\frac{y}{r}$$
$$F_z = -\frac{\partial U}{\partial z} = -\frac{k}{r^2}\frac{z}{r}$$

である。これらから

$$\begin{aligned}
\vec{F} &= \left(-\frac{k}{r^2}\frac{x}{r}, -\frac{k}{r^2}\frac{y}{r}, -\frac{k}{r^2}\frac{z}{r}\right) \\
&= -\frac{k}{r^2}\frac{1}{r}(x, y, z) \\
&= -\frac{k}{r^2}\frac{\vec{r}}{r} \quad (11.28)
\end{aligned}$$

式 (11.28) から $\vec{F}$ は原点 O からの距離 r の 2 乗に反比例する大きさを持ち、$\vec{r}$ と逆向きであることから常に O に向く向きを持つ引力である。

6. (第 2 宇宙速度):

地球の中心から r だけ離れた質量 m の物体は万有引力 $F = -G\dfrac{Mm}{r^2}$ を受けている。ここで M は地球の質量、G は万有引力定数である。いま、質量 m の物体に力を加えて、地上から地球の引力を振り切って無限遠方に運ぶために必要な地上での速度を求めなさい。地球の自転の影響は無視し、地球の半径を $R_E = 6.38 \times 10^3$ km、重力加速度の大きさを $g = 9.80$ m/s^2 とする。

(解) 地表にある物体が受ける重力は、地球の自転の影響を無視すると万有引力に等しいから

$$G\frac{Mm}{R_E^2} = mg$$
$$\frac{GM}{R_E} = gR_E$$

である。ここで、地球の引力によるポテンシャルの大きさの原点を無限遠方にとる。すなわち、無限遠方におけるポテンシャルを 0 とする。質量 m の物体が地表にあるときのポテンシャル U は

$$U = -\int_\infty^{R_E}\left(-G\frac{Mm}{r^2}\right)dr$$

$$\begin{aligned}
&= \left[-G\frac{Mm}{r}\right]_\infty^{R_E} \\
&= -G\frac{Mm}{R_E}
\end{aligned}$$

である。物体の速度が V のときこのポテンシャルを打ち消すとすると、物体は地球の引力を振り切って無限遠方に行くことができるから

$$\frac{1}{2}mV^2 - G\frac{Mm}{R_E} = 0$$

である。これより V は

$$V = \sqrt{\frac{2GM}{R_E}} = \sqrt{2gR_E} \approx 11.2 \text{ km/s}$$

7. (非保存力のする仕事):

荒い水平面があり、その上に図 11.2 のように O-xy 座標をとる。質点をこの平面上で引きずると、どの方向に引きずっても質点には移動方向と反対向きに大きさ一定の摩擦力 $\vec{F}$ ($|\vec{F}| = F_0$) が働くとする。質点をこの平面上で引きずる際に、摩擦力が質点にした仕事に関する以下の問に答えなさい。平面上の 3 点を A$(a, 0)$、B(a, b)、C$(0, b)$ とし、$a > 0$、$b > 0$ とする。

(a) 質点を線分 OA に沿って引きずった。この経路を C_1 とする。$\vec{F}$ が C_1 に沿って質点にした仕事 W_{C_1} を求めなさい。

(b) 質点を O から B まで引きずるのに，次の 2 つの経路を用いた。

経路:C_2　O→A→B (まず O から A，次に A から B に引きずる)

経路:C_3　O→C→B (まず O から C，次に C から B に引きずる)

2 つの経路 C_2 と C_3 に沿って，$\vec{F}$ が質点にした仕事をそれぞれ W_{C_2} と W_{C_3} とする。W_{C_2} と W_{C_3} を求めなさい。

(c) (b) の結果に対して述べた以下の文章 (ア)〜(エ) の内，正しいものを全て答えなさい。

(ア)　$W_{C_2} = W_{C_3}$ であるから，$\vec{F}$ は保存力である。

(イ)　$W_{C_2} = W_{C_3}$ であるが，これだけでは $\vec{F}$ が保存力であるとはいえない。

(ウ)　$W_{C_2} \neq W_{C_3}$ であるから，$\vec{F}$ は保存力である。

(エ)　$W_{C_2} \neq W_{C_3}$ であるが，これだけでは $\vec{F}$ が保存力であるとはいえない。

(d) 質点を線分 OB に沿って引きずった。この経路を C_4 とする。$\vec{F}$ が C_4 に沿って質点にした仕事 W_{C_4} を求めなさい。

(e) (b), (d) の結果より，$\vec{F}$ が保存力であるかどうか，理由と共に答えなさい。

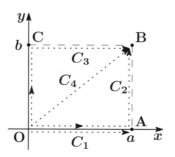

図 11.2　非保存力のする仕事の各経路

(解) x, y 方向の単位ベクトルをそれぞれ $\vec{e}_x, \vec{e}_y$ とする。

(a) 線分 OA を移動する際の摩擦力と質点の変位はそれぞれ $\vec{F} = -F_0 \vec{e}_x$ と $d\vec{r} = dx \vec{e}_x$ であるから

$$W_{C_1} = \int_{O(C_1)}^{A} \vec{F} \cdot d\vec{r}$$
$$= \int_0^a (-F_0) \, dx$$
$$= -aF_0$$

(b) AB での摩擦力と変位はそれぞれ $\vec{F} = -F_0 \vec{e}_y$ と $d\vec{r} = dy \vec{e}_y$，OC での摩擦力と変位はそれぞれ $\vec{F} = -F_0 \vec{e}_y$ と $d\vec{r} = dy \vec{e}_y$，CB での摩擦力と変位はそれぞれ $\vec{F} = -F_0 \vec{e}_x$ と $d\vec{r} = dx \vec{e}_x$ であるから

$$W_{C_2} = \int_{O(C_2)}^{B} \vec{F} \cdot d\vec{r}$$
$$= \int_{O}^{A} \vec{F} \cdot d\vec{r} + \int_{A}^{B} \vec{F} \cdot d\vec{r}$$
$$= \int_{0}^{a} (-F_0) \, dx + \int_{0}^{b} (-F_0) \, dy$$
$$= -(a+b)F_0$$

$$W_{C_3} = \int_{O(C_3)}^{B} \vec{F} \cdot d\vec{r}$$
$$= \int_{O}^{C} \vec{F} \cdot d\vec{r} + \int_{C}^{B} \vec{F} \cdot d\vec{r}$$
$$= \int_{0}^{b} (-F_0) \, dy + \int_{0}^{a} (-F_0) \, dx$$
$$= -(a+b)F_0$$

(c) (イ) が正解

(理由) $\vec{F}$ が保存力であるためには $\vec{F}$ がした仕事が経路によらないことを示す必要がある。W_{C_2} と W_{C_3} は一致するが，特定の2つの経路だけであり，これだけでは $\vec{F}$ が保存力であるとはいえない。

(d) 質点が線分 OB 上を引きずられる際，その運動方向は常に $\vec{r}_B = (a, b)$ 方向であるから，質点に働く摩擦力 $\vec{F}$ の向きは常に $-\vec{r}_B$ 方向となる。$\vec{F}$ の大きさ F_0 なので，$\vec{F}$ を F_0 と $\vec{r}_B$ で表すと

$$\vec{F} = -F_0 \frac{\vec{r}_B}{|\vec{r}_B|}$$
$$= -F_0 \frac{\vec{r}_B}{\sqrt{a^2 + b^2}}$$
$$= -\frac{F_0}{\sqrt{a^2 + b^2}}(a, b)$$

となる。$d\vec{r} = (dx, dy)$ は線分 OB 上では常に $\vec{r}_B$ と平行なので

$$\vec{F} \cdot d\vec{r} = -\frac{F_0}{\sqrt{a^2 + b^2}}(a \, dx + b \, dy)$$

である。以上から，$\vec{F}$ が線分 OB に沿って質点にした仕事は

$$W_{C_4} = \int_{O(C_4)}^{B} \vec{F} \cdot d\vec{r}$$
$$= \left(-\frac{F_0}{\sqrt{a^2 + b^2}}\right)$$
$$\times \left(\int_0^a a \, dx + \int_0^b b \, dy\right)$$
$$= -\sqrt{a^2 + b^2} F_0$$

(e) $\vec{F}$ が O から B までに質点にした仕事は，経路 C_2 と C_4 とで異なっている。したがって，$\vec{F}$ は保存力ではない。

8. **(保存力に関する定理1；$\vec{F}(\vec{r})$ が保存力なら $\nabla \times \vec{F}(\vec{r}) = \vec{0}$)：**
力 $\vec{F}(\vec{r})$ が保存力ならポテンシャル $U(\vec{r})$ を定義することができ，$\vec{F}(\vec{r}) = -\nabla U(\vec{r})$ の関係が成り立つ。このとき，$\nabla \times \vec{F}(\vec{r}) = \vec{0}$ であることを示しなさい。

(解) 基本問題2の結果より
$$\vec{F}(\vec{r}) = -\nabla U(\vec{r}) = -\left(\frac{\partial}{\partial x}, \frac{\partial}{\partial y}, \frac{\partial}{\partial z}\right)U = -\left(\frac{\partial U}{\partial x}, \frac{\partial U}{\partial y}, \frac{\partial U}{\partial z}\right)$$
したがって
$$\nabla \times \vec{F}(\vec{r}) = -\left(\frac{\partial}{\partial x}, \frac{\partial}{\partial y}, \frac{\partial}{\partial z}\right) \times \left(\frac{\partial U}{\partial x}, \frac{\partial U}{\partial y}, \frac{\partial U}{\partial z}\right) \qquad (11.29)$$
式 (11.29) の x 成分を $\left(\nabla \times \vec{F}(\vec{r})\right)_x$ と書くことにすると
$$\left(\nabla \times \vec{F}(\vec{r})\right)_x = \frac{\partial}{\partial y}\frac{\partial U}{\partial z} - \frac{\partial}{\partial z}\frac{\partial U}{\partial y} = 0$$
ここで最後の式変形では，連続関数の高階の偏導関数は偏微分の順序に依らない (偏微分の順序を入れ替えられる) ことを用いた。式 (11.29) の y 成分，z 成分も同様に0となるので
$$\nabla \times \vec{F}(\vec{r}) = (0, 0, 0) = \vec{0}$$

9. (保存力に関する定理2；$\nabla \times \vec{F}(\vec{r}) = \vec{0}$ なら力 $\vec{F}(\vec{r})$ は保存力)：
位置 $\vec{r} = (x, y, z)$ での力を $\vec{F}(\vec{r}) = \vec{F}(x, y, z)$ とおく。$\nabla \times \vec{F}(\vec{r}) = \vec{0}$ ならば $\vec{F}(\vec{r})$ は保存力であることを，以下の手順で確認しなさい。$\vec{F}(\vec{r})$ の成分を
$$\vec{F}(\vec{r}) = (F_x(x, y, z), F_y(x, y, z), F_z(x, y, z))$$
とおき，誤解を招かない場合には $\vec{F} = (F_x, F_y, F_z)$ と略記する。

(a) $\nabla \times \vec{F}(\vec{r})$ を成分計算し
$$\left(\frac{\partial}{\partial y}F_z, \frac{\partial}{\partial z}F_x, \frac{\partial}{\partial x}F_y\right) = \left(\frac{\partial}{\partial z}F_y, \frac{\partial}{\partial x}F_z, \frac{\partial}{\partial y}F_x\right) \tag{11.30}$$
であることを示しなさい。

(b) ある定点 P ($\vec{r}_0 = (x_0, y_0, z_0)$) から点 Q ($\vec{r} = (x, y, z)$) まで，経路 C_0
$$(x_0, y_0, z_0) \to (x, y_0, z_0) \to (x, y, z_0) \to (x, y, z)$$
に沿って力 $\vec{F}(\vec{r})$ が質点にする仕事 $W_{\text{PQ}(C_0)}$ は
$$W_{\text{PQ}(C_0)} = \int_{\vec{r}_0(C_0)}^{\vec{r}} \vec{F}(\vec{r}\,') \cdot \mathrm{d}\vec{r}\,'$$
$$= \int_{x_0}^{x} F_x(x', y, z)\,\mathrm{d}x'$$
$$+ \int_{y_0}^{y} F_y(x_0, y', z)\,\mathrm{d}y' + \int_{z_0}^{z} F_z(x_0, y_0, z')\,\mathrm{d}z'$$
となる。$W_{\text{PQ}(C_0)}$ は終点 Q の座標のみに依存するから x, y, z の関数となる。これを $W_{\text{PA}(C_0)} = \phi(\vec{r}) = \phi(x, y, z)$ とおく。$\phi(x, y, z)$ の x, y, z による1階偏微分をそれぞれ計算し，(a) の結果 (式 (11.30)) を利用して $\vec{F}(\vec{r}) = \nabla \phi(x, y, z)$ となることを示しなさい。

(c) $\mathrm{d}\vec{r} = (\mathrm{d}x, \mathrm{d}y, \mathrm{d}z)$ とし，$\vec{F}(\vec{r}) \cdot \mathrm{d}\vec{r} = \mathrm{d}\phi(\vec{r})$ を示しなさい。

(d) 任意の2点 A ($\vec{r}_\text{A}$)，B ($\vec{r}_\text{B}$) を考える。任意の経路 C に沿って力 $\vec{F}(\vec{r})$ が点 A から B までした仕事 $W_{\text{AB}(C)}$ を $\phi(\vec{r})$ が位置 $\vec{r}$ のみに依存する関数であることに注意して計算し，$-\phi(\vec{r})$ がポテンシャルの定義式 (P.77，式 (11.12)) を満たしていることを示しなさい。

(解)
(a) 題意より $\nabla \times \vec{F}(\vec{r}) = \vec{0} = (0, 0, 0)$ なので
$$\nabla \times \vec{F}(\vec{r}) = \left(\frac{\partial}{\partial x}, \frac{\partial}{\partial y}, \frac{\partial}{\partial z}\right) \times (F_x(x, y, z), F_y(x, y, z), F_z(x, y, z))$$
$$= \left(\frac{\partial}{\partial y}F_z - \frac{\partial}{\partial z}F_y, \frac{\partial}{\partial z}F_x - \frac{\partial}{\partial x}F_z, \frac{\partial}{\partial x}F_y - \frac{\partial}{\partial y}F_x\right) = (0, 0, 0)$$
$$\therefore \left(\frac{\partial}{\partial y}F_z, \frac{\partial}{\partial z}F_x, \frac{\partial}{\partial x}F_y\right) = \left(\frac{\partial}{\partial z}F_y, \frac{\partial}{\partial x}F_z, \frac{\partial}{\partial y}F_x\right)$$

(b) 題意より

$$\phi(x, y, z) = \int_{x_0}^{x} F_x(x', y, z)\, dx' + \int_{y_0}^{y} F_y(x_0, y', z)\, dy' + \int_{z_0}^{z} F_z(x_0, y_0, z')\, dz' \tag{11.31}$$

まず，x による 1 階偏微分を計算する．式 (11.31) は，右辺第 1 項だけが変数 x を含んでいることに注意し

$$\frac{\partial}{\partial x}\phi(x, y, z) = \frac{\partial}{\partial x}\int_{x_0}^{x} F_x(x', y, z)\, dx' = F_x(x, y, z) \tag{11.32}$$

となる．y による偏微分は，式 (11.31) の右辺第 1 項と第 2 項が変数 y を含んでいるので

$$\frac{\partial}{\partial y}\phi(x, y, z) = \frac{\partial}{\partial y}\int_{x_0}^{x} F_x(x', y, z)\, dx' + \frac{\partial}{\partial y}\int_{y_0}^{y} F_y(x_0, y', z)\, dy'$$
$$= \int_{x_0}^{x} \frac{\partial}{\partial y} F_x(x', y, z)\, dx' + F_y(x_0, y, z) \tag{11.33}$$

となる．ここで右辺第 1 項の被積分関数 $\frac{\partial}{\partial y}F_x(x', y, z)$ に式 (11.30) の z 成分の関係 $\frac{\partial}{\partial x}F_y = \frac{\partial}{\partial y}F_x$ を適用すると，$\frac{\partial}{\partial y}F_x(x', y, z) = \frac{\partial}{\partial x'}F_y(x', y, z)$ となるので

$$\frac{\partial}{\partial y}\phi(x, y, z) = (\text{式 (11.33) の右辺}) = \int_{x_0}^{x} \frac{\partial}{\partial x'} F_y(x', y, z)\, dx' + F_y(x_0, y, z)$$
$$= \left[F_y(x', y, z)\right]_{x'=x_0}^{x'=x} + F_y(x_0, y, z)$$
$$= [F_y(x, y, z) - F_y(x_0, y, z)] + F_y(x_0, y, z)$$
$$= F_y(x, y, z) \tag{11.34}$$

となる．z による偏微分も同様に考え

$$\frac{\partial}{\partial z}\phi(x, y, z)$$
$$= \int_{x_0}^{x} \frac{\partial}{\partial z} F_x(x', y, z)\, dx' + \int_{y_0}^{y} \frac{\partial}{\partial z} F_y(x_0, y', z)\, dy' + F_z(x_0, y_0, z)$$
$$= \int_{x_0}^{x} \frac{\partial}{\partial x'} F_z(x', y, z)\, dx' + \int_{y_0}^{y} \frac{\partial}{\partial y'} F_z(x_0, y', z)\, dy' + F_z(x_0, y_0, z)$$
$$= \left[F_z(x', y, z)\right]_{x'=x_0}^{x'=x} + \left[F_z(x_0, y', z)\right]_{y'=y_0}^{y'=y} + F_z(x_0, y_0, z)$$
$$= F_z(x, y, z) \tag{11.35}$$

となる (2 つ目の等号で式 (11.30) の x, y 成分の関係を用いた)．以上，式 (11.32)，(11.34)，(11.35) より

$$\vec{F}(\vec{r}) = (F_x(x, y, z), F_y(x, y, z), F_z(x, y, z))$$
$$= \left(\frac{\partial}{\partial x}\phi(x, y, z), \frac{\partial}{\partial y}\phi(x, y, z), \frac{\partial}{\partial z}\phi(x, y, z)\right)$$
$$= \nabla \phi(x, y, z) \tag{11.36}$$

このように $\phi(\vec{r})$ は定点 P$(\vec{r_0})$ から点 Q$(\vec{r})$ までのある特定の経路 C_0 に沿って力 $\vec{F}$ のした仕事である．いま，$\vec{F}$ の力の場が経路 C_0 を使って任意の点 Q$(\vec{r})$ に行くことができるならば，任意の位置で $\vec{F} = \nabla \phi(\vec{r}) = \mathrm{grad}\, \phi(\vec{r})$ が成り立つことになる．したがって式 (11.36) は，題意の力 $\vec{F}(\vec{r})$ が場所 $\vec{r}$ のみの関数 $\phi(\vec{r})$ の傾き $\nabla \phi(\vec{r}) = \mathrm{grad}\, \phi(\vec{r})$ として得られることを示している．

(c) $\vec{F}(\vec{r})$ が無限小変位 $d\vec{r} = (dx, dy, dz)$ の間に質点にする仕事を得るために，式 (11.36) と $d\vec{r}$ の内積をとる．

$$\begin{aligned}\vec{F}(\vec{r}) \cdot d\vec{r} &= \nabla \phi(\vec{r}) \cdot d\vec{r} \\ &= \left(\frac{\partial}{\partial x}\phi(\vec{r}), \frac{\partial}{\partial y}\phi(\vec{r}), \frac{\partial}{\partial z}\phi(\vec{r})\right) \cdot (dx, dy, dz) \\ &= \frac{\partial}{\partial x}\phi(\vec{r})\, dx + \frac{\partial}{\partial y}\phi(\vec{r})\, dy + \frac{\partial}{\partial z}\phi(\vec{r})\, dz \\ &= d\phi(\vec{r}) \end{aligned} \tag{11.37}$$

最後の式変形では $\phi(\vec{r}) = \phi(x, y, z)$ に対する全微分の式 (P.21，式 (4.3)) を用いた．

(d) $W_{AB(C)}$ は仕事の定義と式 (11.37) より

$$W_{AB(C)} = \int_{\vec{r}_A(C)}^{\vec{r}_B} \vec{F}(\vec{r}) \cdot d\vec{r} = \int_{\phi(\vec{r}_A)(C)}^{\phi(\vec{r}_B)} d\phi(\vec{r})$$

であるが，$\phi(\vec{r})$ は $\vec{r}$ のみに依存するので，最右辺の積分値は経路には依らない．したがって $W_{AB(C)}$ は経路に依らないので経路を指定する添え字の (C) は不要となり

$$\begin{aligned}\int_{\vec{r}_A}^{\vec{r}_B} \vec{F}(\vec{r}) \cdot d\vec{r} &= \int_{\phi(\vec{r}_A)}^{\phi(\vec{r}_B)} d\phi(\vec{r}) \\ &= \phi(\vec{r}_B) - \phi(\vec{r}_A) = [(-\phi(\vec{r}_A)) - (-\phi(\vec{r}_B))] \end{aligned} \tag{11.38}$$

となる．式 (11.38) はポテンシャルの定義式 (11.12) で $U(\vec{r}) = -\phi(\vec{r})$ とおいた式に一致するので，$-\phi(\vec{r})$ が $\vec{F}(\vec{r})$ のポテンシャルであることがわかる．

以上より，$\nabla \times \vec{F}(\vec{r}) = \vec{0}$ ならばポテンシャルを定義することができるので，$\vec{F}(\vec{r})$ は保存力であることがわかる．

(保存力に関する定理 2 の別解)：上記の解法にはよらないアプローチ

ベクトル解析の恒等式 P.28 式 (2d)($\nabla \times (\nabla \phi) = \vec{0}$) から，$\vec{F}(\vec{r})$ の回転 $\nabla \times \vec{F}(\vec{r}) = \vec{0}$ ならば $\vec{F}(\vec{r})$ は位置 $\vec{r} = (x, y, z)$ のみの関数 $\phi(\vec{r}) = \phi(x, y, z)$ の傾き ($\vec{F}(\vec{r}) = \nabla \phi(\vec{r})$) として表すことができる．$\phi(\vec{r})$ の正負は恒等式の成立には関係しないので

$$U(\vec{r}) = U(x, y, z) = -\phi(x, y, z) \tag{11.39}$$

のような位置のみの関数 $U(\vec{r})$ 考え

$$\vec{F}(\vec{r}) = -\nabla U(\vec{r}) = -\left(\frac{\partial U(\vec{r})}{\partial x}\vec{e}_x + \frac{\partial U(\vec{r})}{\partial y}\vec{e}_y + \frac{\partial U(\vec{r})}{\partial z}\vec{e}_z\right) \equiv -\frac{dU(\vec{r})}{d\vec{r}}$$

のように表す．$\vec{F}$ が点 $A(\vec{r}_A)$ から点 $B(\vec{r}_B)$ までに質点にする仕事を考える．

$$\begin{aligned}\int_{\vec{r}_A}^{\vec{r}_B} \vec{F}(\vec{r}) \cdot d\vec{r} &= \int_{\vec{r}_A}^{\vec{r}_B} \left(-\frac{dU(\vec{r})}{d\vec{r}}\right) \cdot d\vec{r} \\ &= -\int_{\vec{r}_A}^{\vec{r}_B} \left(\frac{\partial U(\vec{r})}{\partial x}dx + \frac{\partial U(\vec{r})}{\partial y}dy + \frac{\partial U(\vec{r})}{\partial z}dz\right) \end{aligned} \tag{11.40}$$

いま，式 (11.40) のカッコ内が式 (11.37) と同様に式 (4.3) を用いて $U(\vec{r})$ の全微分で置き換えることができるならば

$$\int_{\vec{r}_A}^{\vec{r}_B} \vec{F}(\vec{r}) \cdot d\vec{r} = -\int_{U(\vec{r}_A)}^{U(\vec{r}_B)} dU(\vec{r}) = U(\vec{r}_A) - U(\vec{r}_B)$$

となり，式 (11.39) で定義された関数 $U(\vec{r})$ から力 $\vec{F}(\vec{r})$ のポテンシャルの定義式 (11.12) が導かれることから，$\vec{F}(\vec{r})$ は保存力である．

第12章

運動量と力積，角運動量と力のモーメント

この章では，運動の恒量となる運動量と角運動量の定義と特徴を学ぶ。

12.1.1 この章の学習目標
1. 運動量と力積，角運動量と力のモーメントを定義でき，これらの関係が分かる。
2. 運動量を用いた並進運動と，角運動量を用いた回転運動の運動方程式を表すことができる。

12.1.2 基礎的事項

運動量と力積 :

質量 m の質点が速度 $\vec{v}$ で運動するとき $\vec{p} = m\vec{v}$ を**運動量**といい，力 $\vec{F}$ が $[t, t+dt]$ で質点に働くとき $\vec{F}dt$ を**力積**という。時間 $[t_1, t_2]$ の間に力 $\vec{F}$ が物体に与えた力積は，時刻 t_1 と t_2 での運動量 $\vec{p_1}$ と $\vec{p_2}$ の差に等しい。

$$\int_{t_1}^{t_2} \vec{F}\,dt = \vec{p_2} - \vec{p_1} \tag{12.1}$$

【基本問題 P.94 問 1, 2】

弾性衝突と非弾性衝突 :

物体の衝突で，衝突前後の系の全運動エネルギーに変化がない衝突を**弾性衝突**，変化が生じる衝突を**非弾性衝突**という。

外積 (ベクトル積) :

$\vec{0}$ でない 2 つのベクトル $\vec{a}$ と $\vec{b}$ のなす角が θ であるとき

$$|\vec{c}| = |\vec{a} \times \vec{b}| = |\vec{a}||\vec{b}|\sin\theta \tag{12.2}$$

の大きさ ($\vec{a}$ と $\vec{b}$ を隣り合う 2 辺とする平行四辺形の面積に等しい) をもち，$\vec{a}$ と $\vec{b}$ を含む面に垂直で $\vec{a}$ から $\vec{b}$ に右ねじを回したときにその進む方向を持つベクトル $\vec{c}$ を，$\vec{a}$ と $\vec{b}$ の**外積 (ベクトル積)** といい，次のように表す。

$$\vec{c} = \vec{a} \times \vec{b} \tag{12.3}$$

外積の成分表示 :

2つのベクトル $\vec{a} = (a_1, a_2, a_3)$ と $\vec{b} = (b_1, b_2, b_3)$ に対して，$\vec{c} = \vec{a} \times \vec{b}$ は x，y，z 方向の単位ベクトルをそれぞれ $\vec{e_x}$，$\vec{e_y}$，$\vec{e_z}$ とすると，次のように表される。

$$\vec{c} = \vec{a} \times \vec{b} = \begin{vmatrix} \vec{e_x} & \vec{e_y} & \vec{e_z} \\ a_1 & a_2 & a_3 \\ b_1 & b_2 & b_3 \end{vmatrix} \tag{12.4}$$

$$= \begin{vmatrix} a_2 & a_3 \\ b_2 & b_3 \end{vmatrix} \vec{e_x} + \begin{vmatrix} a_3 & a_1 \\ b_3 & b_1 \end{vmatrix} \vec{e_y} + \begin{vmatrix} a_1 & a_2 \\ b_1 & b_2 \end{vmatrix} \vec{e_z} \tag{12.5}$$

$$= (a_2 b_3 - a_3 b_2) \vec{e_x} + (a_3 b_1 - a_1 b_3) \vec{e_y} + (a_1 b_2 - a_2 b_1) \vec{e_z} \tag{12.6}$$

外積の性質 :

$$\vec{a} \times \vec{b} = -\vec{b} \times \vec{a} \tag{12.7}$$

$$\vec{a} \times (\vec{b} + \vec{c}) = \vec{a} \times \vec{b} + \vec{a} \times \vec{c} \tag{12.8}$$

$$(\vec{b} + \vec{c}) \times \vec{a} = \vec{b} \times \vec{a} + \vec{c} \times \vec{a} \tag{12.9}$$

$$(\vec{a} - \vec{b}) \times (\vec{a} + \vec{b}) = 2(\vec{a} \times \vec{b}) \tag{12.10}$$

$$(k\vec{a}) \times \vec{b} = \vec{a} \times (k\vec{b}) = k(\vec{a} \times \vec{b}) \quad (k \text{ は実数}) \tag{12.11}$$

$$\sin\theta = \frac{|\vec{a} \times \vec{b}|}{|\vec{a}||\vec{b}|} \quad \begin{pmatrix} \theta \text{ は } \vec{a} \text{ と } \vec{b} \text{ の} \\ \text{なす角度} \end{pmatrix} \tag{12.12}$$

$$\vec{a} \times \vec{a} = \vec{0} \tag{12.13}$$

$$\vec{a} \times (\vec{b} \times \vec{c}) = (\vec{a} \cdot \vec{c})\vec{b} - (\vec{a} \cdot \vec{b})\vec{c} \tag{12.14}$$

角運動量と力のモーメント :

位置 $\vec{r}$ にある質点の運動量が $\vec{p}$ で，これに働く外力が $\vec{F}$ であるとき，$\vec{l} = \vec{r} \times \vec{p}$ を**角運動量**，$\vec{N} = \vec{r} \times \vec{F}$ を**力のモーメント**という。

$$\frac{d\vec{l}}{dt} = \vec{N} \tag{12.15}$$

【基本問題 P.95 問 3】【発展問題 P.97 問 1，P.98 問 3】

中心力の働く場での角運動量 :

中心力の働く場とは，質点に働く力 $\vec{F}$ が常にひとつの点 (原点 O とする) と質点を結ぶ直線上にあるような引力の場をいう。すなわち，$\vec{F}$ と位置ベクトル $\vec{r}$ は常に反平行になっている。このような場での質点の角運動量 $\vec{l}$ は

$$\frac{d\vec{l}}{dt} = \vec{r} \times \vec{F} = \vec{0} \tag{12.16}$$

$$\vec{l} = \text{一定} \tag{12.17}$$

【基本問題 P.95 問 4，P.96 問 5】

12.1.3 自己学習問題

1. (運動量)：
速度 $4.0\,\mathrm{m/s}$ で直線上を運動している質量 $2.0\,\mathrm{kg}$ の物体の運動量の大きさを求めなさい。

   (解) 運動量は (物体の質量 m)×(物体の速度 $\vec{v}$) で表されるベクトルである。今，物体の速度は (方向も含めて) 一定であるから，その大きさは次のようになる。

   $$|m\vec{v}| = 2.0\,\mathrm{kg} \times 4.0\,\mathrm{m/s} = 8.0\,\mathrm{kg\,m/s}$$

2. (力積)：
質量 $3\,\mathrm{kg}$ の物体に $7.0\,\mathrm{N}$ の一定の力が $2.0\,\mathrm{s}$ 間働くとき，この物体に加わる力積の大きさを求めなさい。

   (解) 力積は (力 $\vec{F}$)×(力が働く時間 Δt) で表されるベクトルである。今，力が働く時間の間では力は (方向も含めて) 一定であるから，その大きさは次のようになる。

   $$|\vec{F}\Delta t| = 7.0\,\mathrm{N} \times 2.0\,\mathrm{s} = 14\,\mathrm{N\,s}$$

3. (力積と運動量)：
静止している物体に，図 12.1 のように力を $6.0\,\mathrm{s}$ 間働かせた時，力が働いた後の物体の速さが $9.0\,\mathrm{m/s}$ になった。この物体の質量を求めなさい。物体には，この力以外の力は働いていないとする。

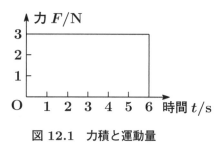

図 12.1　力積と運動量

   (解) 図 12.1 から，この物体に働いた力積 $F\Delta t$ は $F\Delta t = 3.0\,\mathrm{N} \times 6.0\,\mathrm{s} = 18\,\mathrm{N\,s}$ である。この力積は，物体が静止状態から速さ $9.0\,\mathrm{m/s}$ になる間に得た運動量 mv に等しいから，物体の質量 m は

   $$m = \frac{F\Delta t}{9.0\,\mathrm{m/s} - 0\,\mathrm{m/s}}$$
   $$= \frac{18\,\mathrm{N\,s}}{9.0\,\mathrm{m/s}} = 2.0\,\mathrm{kg}$$

4. (運動量と角運動量)：
質量 $145\,\mathrm{g}$ の野球ボールを時速 $144\,\mathrm{km}$ で投げたとき，ボールの持つ運動量の大きさを求めなさい。これを迎え打とうと構えている打者の手の位置から見たボールの角運動量の大きさを求めなさい。ボールはバットに直角に当たり，手からバットのボールが当たるところまでの長さを $60.0\,\mathrm{cm}$ とする。

(解) $m = 145\,\mathrm{g}$, $v = 144\,\mathrm{km/h}$ とおくと, ボールの運動量の大きさ p は

$$p = mv$$
$$= 145 \times 10^{-3}\,\mathrm{kg} \times \frac{144 \times 10^3\,\mathrm{m/h}}{60 \times 60\,\mathrm{s}}$$
$$= 5.80\,\mathrm{kg\,m/s}$$

ボールはバットに直角に当たり, 手からボールがバットに当たる垂直距離は 60.0 cm なので, ボールの角運動量の大きさ l は

$$l = rp$$
$$= 60.0 \times 10^{-2}\,\mathrm{m} \times 5.80\,\mathrm{kg\,m/s}$$
$$= 3.48\,\mathrm{kg\,m^2/s}$$

5. **(力のモーメント)**:

図 12.2 の力 $\vec{F}$ (大きさは 10 N) による点 O まわりの力のモーメントを求めなさい。

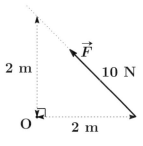

図 12.2 力のモーメント

(解) 図 12.3 で △AOB は直角二等辺三角形であり, 今 $\vec{r} = \overrightarrow{\mathrm{OB}}$ とする (図 12.3 を参照)。力のモーメントは $\vec{N} = \vec{r} \times \vec{F}$ で与えられ, ベクトルの外積 (ベクトル積) の定義から, $\vec{N}$ の向きは $\vec{r}$ の始点を $\vec{F}$ と同じ B にそろえ, B の周りに $\vec{r}$ から $\vec{F}$ に右ネジを回したときネジの進む方向, すなわち**紙面に対して垂直で上向き**となる。また $\vec{N}$ の大きさは

$$|\vec{N}| = |\vec{r} \times \vec{F}| = |\vec{r}||\vec{F}|\sin\theta$$

であり, $\theta = \frac{3\pi}{4}$, $|\vec{F}| = 10\,\mathrm{N}$, $|\vec{r}| = 2\,\mathrm{m}$ であるから

$$|\vec{N}| = 2\,\mathrm{m} \times 10\,\mathrm{N} \cdot \cos\frac{3\pi}{4} = 10\sqrt{2}\,\mathrm{N\,m}$$

となる。なお, $|\vec{r}|\sin\theta$ は O から $\vec{F}$ に垂線を下ろした足を点 C とすると OC 間の距離になっている。

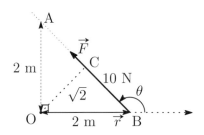

図 12.3 力のモーメントの問題の解説図

12.1.4 基本問題

1. **(運動量と力積の導入)**:

質量 m の質点のニュートンの運動方程式 $m\dfrac{\mathrm{d}\vec{v}}{\mathrm{d}t} = \vec{F}$ の両辺を時間 t で積分し, 運動量と力積の関係を導きなさい。

(解) 時刻 t_1, t_2 での速度と運動量をそれぞれ $\vec{v}_1$, $\vec{v}_2$ と $\vec{p}_1$, $\vec{p}_2$ として，$[t_1, t_2]$ で積分すると

$$\int_{t_1}^{t_2} \vec{F} \, \mathrm{d}t = \int_{t_1}^{t_2} m \frac{\mathrm{d}^2 \vec{r}}{\mathrm{d}t^2} \, \mathrm{d}t$$

$$= m \int_{t_1}^{t_2} \frac{\mathrm{d}\vec{v}}{\mathrm{d}t} \, \mathrm{d}t$$
$$= m \int_{\vec{v}_1}^{\vec{v}_2} \mathrm{d}\vec{v}$$
$$= m\vec{v}_2 - m\vec{v}_1$$
$$= \vec{p}_2 - \vec{p}_1$$

2. (ニュートンの運動方程式の運動量表示)：
ニュートンの運動方程式 $m\dfrac{\mathrm{d}^2 \vec{r}}{\mathrm{d}t^2} = \vec{F}$ を運動量 $\vec{p} = m\vec{v} = m\dfrac{\mathrm{d}\vec{r}}{\mathrm{d}t}$ を用いて表しなさい。

(解)

$$m\frac{\mathrm{d}^2 \vec{r}}{\mathrm{d}t^2} = \vec{F}$$
$$m\frac{\mathrm{d}}{\mathrm{d}t}\frac{\mathrm{d}\vec{r}}{\mathrm{d}t} = \vec{F}$$

$$m\frac{\mathrm{d}\vec{v}}{\mathrm{d}t} = \vec{F}$$
$$\frac{\mathrm{d}(m\vec{v})}{\mathrm{d}t} = \vec{F}$$
$$\frac{\mathrm{d}\vec{p}}{\mathrm{d}t} = \vec{F}$$

3. (角運動量と力のモーメント)：
運動方程式

$$\frac{\mathrm{d}\vec{p}}{\mathrm{d}t} = \vec{F} \tag{12.18}$$

の両辺に左から $\vec{r}$ をベクトル積としてかけることで，角運動量 $\vec{l} = \vec{r} \times \vec{p}$ と力のモーメント $\vec{N} = \vec{r} \times \vec{F}$ の関係を導きなさい。

(解) 運動方程式の両辺に左から $\vec{r}$ をベクトル積としてかけると
$$\vec{r} \times \frac{\mathrm{d}\vec{p}}{\mathrm{d}t} = \vec{r} \times \vec{F}$$
である。$\vec{v} = \dfrac{\mathrm{d}\vec{r}}{\mathrm{d}t}$, $\vec{p} = m\vec{v}$ を用い，$\vec{r} \times \vec{p}$ の時間微分 (P.206 を参照) を考えると
$$\frac{\mathrm{d}(\vec{r} \times \vec{p})}{\mathrm{d}t} = \frac{\mathrm{d}\vec{r}}{\mathrm{d}t} \times \vec{p} + \vec{r} \times \frac{\mathrm{d}\vec{p}}{\mathrm{d}t}$$
$$= \frac{\mathrm{d}\vec{r}}{\mathrm{d}t} \times m\vec{v} + \vec{r} \times \frac{\mathrm{d}\vec{p}}{\mathrm{d}t}$$

$$= \vec{v} \times m\vec{v} + \vec{r} \times \frac{\mathrm{d}\vec{p}}{\mathrm{d}t}$$
$$= \vec{r} \times \frac{\mathrm{d}\vec{p}}{\mathrm{d}t}$$

となる。ここで式 (12.18) を考慮し

$$\frac{\mathrm{d}(\vec{r} \times \vec{p})}{\mathrm{d}t} = \vec{r} \times \vec{F}$$
$$\frac{\mathrm{d}\vec{l}}{\mathrm{d}t} = \vec{N}$$

4. (中心力場での運動)：
質量 M の物体 A が質量 m の物体 B に及ぼす力 $\vec{F}$ がニュートンの万有引力のような引力であるとき，B の軌道は一つの平面に限られることを示しなさい。

(**解**) 物体 A を原点 O にとり，物体 B の位置ベクトルを $\vec{r}$ とする。題意から $\vec{F}$ と $\vec{r}$ は常に反平行 ($\vec{F}$ と $\vec{r}$ のなす角度が π) になっている。A に原点があるときの B に働く力のモーメント $\vec{N}$ は

$$\vec{N} = \vec{r} \times \vec{F} = \vec{0}$$

であり，B の角運動量 $\vec{l}$ の時間変化は

$$\frac{d\vec{l}}{dt} = \vec{N} = \vec{0}$$

である。したがって角運動量 $\vec{l}$ は時間的に変化しない (一定である，あるいは保存する)。次に，この $\vec{l}$ の方向を z 軸とする O–xyz 座標をとり，$\vec{r}$ と B の速度ベクトル $\vec{v}$ を次のような成分で表す。

$$\vec{r} = (x, y, z)$$
$$\vec{v} = (v_x, v_y, v_z)$$

角運動量 $\vec{l}$ は定義から

$$\vec{l} = (l_x, l_y, l_z)$$
$$= m(yv_z - zv_y, zv_x - xv_z, xv_y - yv_x)$$

であるが，$\vec{l}$ は一定なベクトルであり，この方向を z 軸としているから z 成分しかもっていない。すなわち

$$\begin{cases} l_x = m(yv_z - zv_y) = 0 \\ l_y = m(zv_x - xv_z) = 0 \\ l_z = m(xv_y - yv_x) \neq 0 \end{cases}$$

である。この条件を満たすためには $\vec{r}$ と $\vec{v}$ の z 成分はそれぞれ 0 ($z = 0$，$v_z = 0$) でなければならない。すなわち

$$\vec{r} = (x, y, 0)$$
$$\vec{v} = (v_x, v_y, 0)$$

となり，題意のような中心力が働く力の場では，物体の軌道は一つの平面に限られる。

5. (**等速円運動の諸量**) :
xy 平面上を運動している質量 m の質点の位置ベクトルが時間 t の関数として

$$\vec{r} = a\cos\omega t\, \vec{e}_x + a\sin\omega t\, \vec{e}_y$$

と与えられている。この質点に働いている力 $\vec{F}$，力のモーメント $\vec{N}$，角運動量 $\vec{l}$，角運動量の時間変化 $\dfrac{d\vec{l}}{dt}$ を求めなさい。ここで a, ω は正の定数であり，$\vec{e}_x$, $\vec{e}_y$, $\vec{e}_z$ はそれぞれ x, y, z 方向の単位ベクトルとする。

(**解**) この質点の速度 $\vec{v}$ と加速度 $\vec{a}$，運動量 $\vec{p}$ はそれぞれ

$$\vec{v} = \frac{d\vec{r}}{dt}$$
$$= -a\omega\sin\omega t\, \vec{e}_x + a\omega\cos\omega t\, \vec{e}_y$$
$$\vec{a} = \frac{d\vec{v}}{dt}$$
$$= -a\omega^2\cos\omega t\, \vec{e}_x - a\omega^2\sin\omega t\, \vec{e}_y$$
$$= -\omega^2 \vec{r}$$
$$\vec{p} = m\vec{v}$$
$$= -ma\omega\sin\omega t\, \vec{e}_x + ma\omega\cos\omega t\, \vec{e}_y$$

となる。これらから

$$\vec{F} = m\vec{a} = -m\omega^2 \vec{r}$$
$$\vec{N} = \vec{r} \times \vec{F}$$
$$= \vec{r} \times (-m\omega^2 \vec{r})$$
$$= -m\omega^2(\vec{r} \times \vec{r}) = \vec{0}$$
$$\vec{l} = \vec{r} \times \vec{p}$$
$$= \{(a\cos\omega t)(ma\omega\cos\omega t)$$
$$\quad -(a\sin\omega t)(-ma\omega\sin\omega t)\}\vec{e}_x \times \vec{e}_y$$
$$= ma^2\omega\, \vec{e}_z$$
$$\frac{d\vec{l}}{dt} = \vec{N} = \vec{0}$$

12.1.5 発展問題

1. **(円錐振り子)**:
   長さ l の糸の一端を原点 O に固定し，他端に質量 m のおもりをつける。おもりが水平面内で角速度 ω の等速円運動をするとき，糸と鉛直線の間の角度及びその張力の大きさを求めなさい。また，おもりが O を通る鉛直線上で静止しているときの高さを基準としたときのおもりの力学的エネルギーと，円軌道の中心 C に対するおもりの角運動量の大きさを求めなさい。重力加速度の大きさを g とする。

(解) 図 12.4 のように，糸と鉛直線の間の角度を θ，張力の大きさを S とする。水平面内でのおもりの円運動の半径を r とする。等速円運動するおもりの向心力は，張力の水平方向の成分により生じるから
$$mr\omega^2 = S\sin\theta$$
であり，張力の鉛直方向の成分の大きさは重力と等しく
$$mg = S\cos\theta$$
の関係がある。$r = l\sin\theta$ であり，以上から
$$S = ml\omega^2$$
$$\cos\theta = \frac{g}{l\omega^2}$$
角速度 ω で半径 r の円周上を等速円運動しているおもりの速さは $v = r\omega$ であり，その高さは，おもりが鉛直線上で静止しているときよりも $h = l(1-\cos\theta)$ だけ高い。力学的エネルギー E は運動エネルギーと位置エネルギーの和となるから

$$E = \frac{1}{2}mv^2 + mgh$$
$$= \frac{1}{2}ml^2\omega^2 + mgl - \frac{3}{2}\frac{mg^2}{\omega^2}$$

C を始点とするおもりの位置ベクトルと速度は垂直なので，角運動量の大きさ L は
$$L = mrv = ml^2\omega\left(1 - \left(\frac{g}{l\omega^2}\right)^2\right)$$

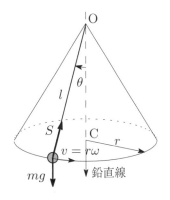

図 12.4 円錐振り子の問題の解説図

2. **(中心に巻き付く運動)**:
   滑らかで水平な台の中央に釘があり，釘に結んだ軽い糸の他端に質量 m の質点が結ばれている。質点は台の上で釘の周りを円運動しているが，運動とともに糸は釘に巻き付き短くなっていく。糸の長さが r_1 と r_2 のときの円運動の角速度が ω_1 と ω_2 であるとき，その比を求めなさい。ここで釘の半径は質点の円運動の半径に比べて十分小さいとする。

(解) 質点に働く力は，円運動にともなう向心力 $mr\omega^2$ と糸が釘に巻き付くときの糸に沿った力の合力となるが，釘の半径は質点の円運動の半径に比べて無視できるくらい小さいので，この糸に沿った力は釘を中心とする中心力とみなすことができる。中心力が働く系では，位置ベクトル $\vec{r}$ と中心力 $\vec{F}$ は同一直線上にあるから，その力のモーメントは
$$\vec{N} = \vec{r} \times \vec{F} = \vec{0}$$

したがって角運動量 l の時間変化は
$$\frac{d\vec{l}}{dt} = \vec{N} = \vec{0}$$
より，角運動量は一定であり，円運動におけ

る大きさ l は $l = |\vec{l}| = ma^2\omega$ であるから
$$mr_1^2\omega_1 = mr_2^2\omega_2$$
$$\frac{\omega_1}{\omega_2} = \frac{r_2^2}{r_1^2}$$

3. **(静止衛星)**：

赤道上空を円運動する人工衛星を赤道上のある点から見て，この衛星がいつも同じ位置に見えるとき，衛星の地表からの高さ h と速さ v を求めなさい。また衛星の質量を 3500 kg として，この衛星の地球の中心に対する角運動量の大きさ l を求めなさい。地表の重力加速度の大きさを $g = 9.800 \text{ m/s}^2$，地球は半径 $R = 6371 \text{ km}$ (地球の平均半径) の球とし，地球の公転は無視する。

(解) 地球と衛星の質量をそれぞれ M と m とする。衛星が地表にあるときに受ける力から，G を万有引力定数とすると
$$mg = G\frac{Mm}{R^2} \text{ より } GM = gR^2$$
の関係が得られる。題意から地球の自転の角速度と衛星の角速度は同じであり，これを ω とすると，高さ h で衛星が受ける力は
$$m(R+h)\omega^2 = G\frac{Mm}{(R+h)^2} = \frac{mgR^2}{(R+h)^2}$$
となる。これらから h と衛星の速さ v は
$$h = \sqrt[3]{\frac{gR^2}{\omega^2}} - R$$
$$= \sqrt[3]{\frac{9.800 \times (6371 \times 10^3)^2}{\left(\frac{2\pi}{24 \times 60 \times 60}\right)^2}}$$
$$- 6371 \times 10^3$$

$$= 3.584 \times 10^7 \text{ m}$$
$$v = (R+h)\omega$$
$$\approx 4.221 \times 10^7 \times \frac{2\pi}{24 \times 60 \times 60}$$
$$\approx 3.070 \times 10^3 \text{ m/s}$$

円運動している衛星の地球の中心を始点とする位置ベクトルと衛星の速度は直交しているから，質量 3500 kg の衛星がこの静止軌道上にあるときの角運動量の大きさ l は
$$l = (R+h) \times mv \times \sin\frac{\pi}{2}$$
$$\approx (4.221 \times 10^7) \times 3500 \times (3.070 \times 10^3)$$
$$\approx 4.535 \times 10^{14} \text{ kg m}^2/\text{s}$$

4. **(原子模型)**：

原点 O を中心とする半径 r の円周上 (xy 平面上にある) を，速さ v で等速円運動している質量 m の質点が，O から
$$F_r = -\frac{k}{r^2} \quad (k > 0 \text{ の定数})$$
の大きさの引力を受けている。以下の問に答えなさい。

(a) 質点の運動エネルギー K を m と v で表しなさい。

(b) 位置 r での F_r のポテンシャル $U(r)$ を k と r で表しなさい。$r \to \infty$ でのポテンシャルを $U(\infty) = 0$ とする。

(c) この系の力学的エネルギー E は一定であることを示しなさい。

(d) この質点の軌道面を xy 平面にとり，これに垂直に z 軸をとるとき，質点の角運動量 $\vec{l}$ は $\vec{l} = (0, 0, l_z)$ となること，すなわち z 成分以外は 0 であることを示しなさい．

(e) この運動では角運動量は保存することを示し，その大きさは $|\vec{l}| = l_z = mrv$ であることを示しなさい．

(f) l_z が自然数 n により $l_z = n\hbar$ ($\hbar > 0$ の定数) の値しかとれないとき，このときの半径 r を $\hbar$, m, k, n で表しなさい．

(解)

(a) 運動エネルギーの定義から，$K = \dfrac{1}{2}mv^2$

(b) 無限遠点から位置 r までの間で保存力 F_r のする仕事とポテンシャル U には
$$\int_\infty^r F_r \, dr = U(\infty) - U(r)$$
の関係があり，題意から $U(\infty) = 0$ であるから

$$U(r) = -\int_\infty^r F_r \, dr$$
$$= \int_\infty^r \frac{k}{r^2} \, dr$$
$$= k\left[-\frac{1}{r}\right]_\infty^r$$
$$= -\frac{k}{r}$$

(c) 力学的エネルギー E は運動エネルギー K とポテンシャル U の和
$$E = K + U(r) = \frac{1}{2}mv^2 - \frac{k}{r}$$
である．右辺の両項はともに定数のみで表されていることから，E は一定である．

(d) 軌道面が xy 平面であるから，質点の位置ベクトルは $\vec{r} = (x, y, 0)$ であり，質点の速度は $\vec{v} = \dfrac{d\vec{r}}{dt} = (v_x, v_y, 0)$ となる．したがって角運動量 l は
$$\vec{l} = m\vec{r} \times \vec{v}$$
$$= (yv_z - zv_y, zv_x - xv_z, xv_y - yv_x)$$
$$= (0, 0, l_z)$$
となり，z 成分以外は 0 である．

(e) 質点は O を中心として円運動しているから，その位置ベクトルと速度ベクトルは常に垂直である (P.48 問 5)．したがって
$$|\vec{l}| = |m\vec{r} \times \vec{v}|$$
$$= m|\vec{r}||\vec{v}|\sin\theta = mrv$$
ここで最後の式変形は，位置ベクトルと速度ベクトルのなす角 $\theta = \dfrac{\pi}{2}$ $\left(\sin\dfrac{\pi}{2} = 1\right)$ であることを用いた．

(f) 半径 r，速さ v で等速円運動する質点の角速度を ω とすると $v = r\omega$ である．質点の加速度は $r\omega^2$ であるから (P.48, 問 5) $r\omega^2 = \dfrac{v^2}{r}$ となるので，この質点の運動方程式は v を用いて
$$m\frac{v^2}{r} = \frac{k}{r^2}$$
となる．これと $l_z = n\hbar$ から
$$r = \frac{\hbar^2}{mk}n^2$$

第 13 章

二体問題

この章では，2個の質点の運動の重心運動と相対運動を学ぶ．

13.1.1 この章の学習目標
1. 2個の質点の運動を重心運動と相対運動に分けることができ，それぞれの運動方程式で理解できる．
2. 2個の質点の重心の特徴を，式を用いて理解できる．

13.1.2 基礎的事項

二体問題 2個の質点の運動をまとめて考察の対象とする力学問題をいう．

内力と外力 質点間に働く力を内力といい，2個の質点外から質点に働く力を外力という．質点間に働く内力は，作用・反作用の法則から大きさが等しく向きが反対である．質点 1 が質点 2 に及ぼす内力を $\vec{F}_{12}$, 2 が 1 に及ぼす内力を $\vec{F}_{21}$ とすると

$$\vec{F}_{21} = -\vec{F}_{12} \tag{13.1}$$

重心運動と相対運動 質量 m_1 の質点 1 と質量 m_2 の質点 2 が，それぞれ点 $A(\vec{r}_1)$ と点 $B(\vec{r}_2)$ にある．質点間には内力のみが働き，外力は働いていないとすると，これらの運動方程式はそれぞれ

$$m_1 \frac{d^2 \vec{r}_1}{dt^2} = \vec{F}_{21} \tag{13.2}$$

$$m_2 \frac{d^2 \vec{r}_2}{dt^2} = \vec{F}_{12} \tag{13.3}$$

であり，これらの和と差をとると

$$M \frac{d^2 \vec{R}}{dt^2} = \vec{0} \tag{13.4}$$

$$\mu \frac{d^2 \vec{r}}{dt^2} = \vec{F}_{12} \tag{13.5}$$

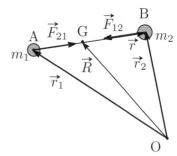

図 13.1 2 質点の位置関係

を得る．ここで

$$\text{全質量}: M = m_1 + m_2 \tag{13.6}$$

$$\text{換算質量}: \mu = \frac{m_1 m_2}{m_1 + m_2} \quad \left(\frac{1}{\mu} = \frac{1}{m_1} + \frac{1}{m_2} \right) \tag{13.7}$$

$$\text{重心}: \vec{R} = \frac{m_1 \vec{r_1} + m_2 \vec{r_2}}{M} \qquad (13.8)$$

$$(\text{2 の 1 に対する}) \text{相対位置}: \vec{r} = \vec{r_2} - \vec{r_1} \qquad (13.9)$$

【基本問題 P.101 問 1, P.101 問 2, 問 3】【発展問題 P.103 問 1, P.103 問 2】

13.1.3 自己学習問題

1. **(2 質点の重心)**:
共に質量 m の質点 A と B からなる質点系の重心 G は, AB 間の中点の位置にあることを示しなさい。

(解) A を始点とする B の位置ベクトルを $\vec{r}$ とすると, この系の重心 $\vec{R}$ は定義により

$$\vec{R} = \frac{m \times \vec{0} + m \times \vec{r}}{m + m} = \frac{1}{2} \vec{r}$$

上式から, R は A と B を結ぶ線分上にあり, A から B に向かって $\frac{1}{2}$ の位置, すなわち AB 間の中点にある。

13.1.4 基本問題

1. **(二体問題の運動方程式)**:
質点 1, 2 の質量と位置ベクトルをそれぞれ m_1, m_2 と $\vec{r_1}$, $\vec{r_2}$ とする。この系の重心運動と相対運動の運動方程式を求めなさい。質点間には内力のみが働き, 外力は働いていないとする。

(解) それぞれの質点の運動方程式は

$$m_1 \frac{d^2 \vec{r_1}}{dt^2} = \vec{F}_{21} \qquad (13.10)$$

$$m_2 \frac{d^2 \vec{r_2}}{dt^2} = \vec{F}_{12} \qquad (13.11)$$

$\vec{F}_{21} = -\vec{F}_{12}$ を利用して, 式 (13.10) と式 (13.11) の和 (式 (13.10)+式 (13.11)) をとると

$$\frac{d^2 (m_1 \vec{r_1} + m_2 \vec{r_2})}{dt^2} = \vec{F}_{21} + \vec{F}_{12}$$

$$M \frac{d^2 \vec{R}}{dt^2} = \vec{0}$$

式 (13.11)/m_2, 式 (13.10)/m_1 として両者の差 (式 (13.11)/m_2 − 式 (13.10)/m_1) をとると, 質点 2 の 1 に対する相対運動の運動方程式は

$$\frac{d^2 (\vec{r_2} - \vec{r_1})}{dt^2} = \frac{1}{m_2} \vec{F}_{12} - \frac{1}{m_1} \vec{F}_{21}$$

$$\frac{d^2 \vec{r}}{dt^2} = \left(\frac{1}{m_1} + \frac{1}{m_2} \right) \vec{F}_{12}$$

$$\frac{d^2 \vec{r}}{dt^2} = \frac{1}{\mu} \vec{F}_{12}$$

$$\mu \frac{d^2 \vec{r}}{dt^2} = \vec{F}_{12}$$

2. **(重心)**:
点 A と B にそれぞれ質量 m_1 と m_2 の 2 つの質点があるとき, その重心 G は両質点を結ぶ線分 AB 上にあることを示しなさい。さらに G が線分 AB を $AG : BG = m_2 : m_1$ のように内分することを示しなさい。

(解) 全質量を $M = m_1 + m_2$, 点 A と B の位置をそれぞれ $\vec{r}_1$, $\vec{r}_2$, その相対位置を $\vec{r} = \vec{r}_2 - \vec{r}_1$ とおく (図 13.1 を参照)。重心の定義から

$$\vec{R} = \frac{1}{M}(m_1\vec{r}_1 + m_2(\vec{r}_1 + \vec{r}))$$
$$= \frac{1}{M}((m_1 + m_2)\vec{r}_1 + m_2\vec{r}))$$
$$= \vec{r}_1 + \frac{m_2}{M}\vec{r}$$

となる。$\vec{r}$ は質点 1 から 2 に向かうベクトルであり, 重心 G の終点はその線分上ある。次に点 A, B と重心 G との距離 AG, BG, 及び AG : BG はそれぞれ

$$AG = |\vec{R} - \vec{r}_1| = \frac{m_2}{M}|\vec{r}|$$
$$BG = |\vec{R} - \vec{r}_2| = \left|\left(\frac{m_2}{M} - 1\right)\vec{r}\right|$$
$$= \frac{m_1}{M}|\vec{r}|$$
$$AG : BG = m_2 : m_1$$

3. **(質量に大きな違いのある二体問題)**:
基本問題 1 において, m_1 が m_2 より十分大きい ($m_1 \gg m_2$) 場合, すなわち $m_2/m_1 \neq 0$ ではあるが, $1 + m_2/m_1 \approx 1$ とは近似できる場合を考える。
(a) 全質量 M, 換算質量 μ はそれぞれどのように近似されるか答えなさい。
(b) 質点 2 の質点 1 に対する相対位置ベクトル $\vec{r}$, 重心の位置ベクトル $\vec{R}$ はそれぞれどのように近似されるか答えなさい。
(c) 重心運動の運動方程式と相対運動の運動方程式はどのように近似され, それぞれどのような運動を表しているか考察しなさい。

(解)
(a) 全質量 M, 換算質量 μ はそれぞれ

$$M = m_1 + m_2 = m_1\left(1 + \frac{m_2}{m_1}\right) \approx m_1$$

$$\mu = \frac{m_1 m_2}{m_1 + m_2} = \frac{m_2}{1 + \frac{m_2}{m_1}} \approx m_2$$

となり, 全質量 M は質点 1 の, 換算質量 μ は質点 2 の質量と近似される。

(b) 相対位置ベクトル $\vec{r} = \vec{r}_2 - \vec{r}_1$ は m_1, m_2 を含まないので, m_1, m_2 の大小によって変化することはない。
一方, 重心の位置ベクトル $\vec{R}$ は

$$\vec{R} = \frac{m_1\vec{r}_1 + m_2\vec{r}_2}{m_1 + m_2}$$
$$= \frac{m_1\vec{r}_1 + m_2\vec{r}_1 - m_2\vec{r}_1 + m_2\vec{r}_2}{m_1 + m_2}$$
$$= \frac{(m_1 + m_2)\vec{r}_1 + m_2(\vec{r}_2 - \vec{r}_1)}{m_1 + m_2}$$
$$= \vec{r}_1 + \frac{m_2}{m_1 + m_2}\vec{r}$$
$$= \vec{r}_1 + \frac{\frac{m_2}{m_1}\vec{r}}{1 + \frac{m_2}{m_1}} \approx \vec{r}_1 + \frac{m_2}{m_1}\vec{r}$$

と近似され, 重心は質点 1 の近傍 ($\vec{r}_1$ から $(m_2/m_1)\vec{r}$ だけ離れた位置) にあることがわかる。

(c) 重心運動の運動方程式は $M = m_1 + m_2 = m_1\left(1 + \frac{m_2}{m_1}\right) \approx m_1$ より

$$M\frac{d^2\vec{R}}{dt^2} = \vec{0} \Rightarrow m_1\frac{d^2\vec{R}}{dt^2} = \vec{0}$$

と近似され, 位置 $\vec{R}$ に質量 m_1 の質点があり, その質点に外力が働いていない (外力が $\vec{0}$) 場合の運動と一致する。
相対運動の運動方程式は

$$\mu\frac{d^2\vec{r}}{dt^2} = \vec{F}_{12} \Rightarrow m_2\frac{d^2\vec{r}}{dt^2} = \vec{F}_{12}$$

と近似され, 位置 $\vec{r}$ に質量 m_2 の質点があり, その質点に外力 $\vec{F}_{12}$ が働いている場合の運動と一致する。

13.1.5 発展問題

1. **(外力のある二体問題の運動方程式)**：

    質点 1, 2 の質量と位置ベクトルをそれぞれ m_1, m_2 と $\vec{r_1}$, $\vec{r_2}$ とする。質点間には内力が働き，さらにそれぞれに外力 $\vec{F_1}$, $\vec{F_2}$ が働いている。この系の重心運動と相対運動の運動方程式を求めなさい。

    (解) それぞれの質点の運動方程式は
    $$m_1 \frac{d^2 \vec{r_1}}{dt^2} = \vec{F_1} + \vec{F_{21}}$$
    $$m_2 \frac{d^2 \vec{r_2}}{dt^2} = \vec{F_2} + \vec{F_{12}}$$

    $\vec{F_{21}} = -\vec{F_{12}}$ を利用して上2式の和をとると，重心運動の運動方程式は
    $$\frac{d^2 (m_1 \vec{r_1} + m_2 \vec{r_2})}{dt^2} = \vec{F_1} + \vec{F_2} + \vec{F_{21}} + \vec{F_{12}}$$
    $$M \frac{d^2 \vec{R}}{dt^2} = \vec{F_1} + \vec{F_2}$$

    また運動方程式の両辺をその質量で割ってから，2式の差をとって得られる相対運動の運動方程式は
    $$\frac{d^2 \vec{r_2}}{dt^2} - \frac{d^2 \vec{r_1}}{dt^2} = \frac{\vec{F_2}}{m_2} - \frac{\vec{F_1}}{m_1} + \frac{\vec{F_{12}}}{m_2} - \frac{\vec{F_{21}}}{m_1}$$
    $$\frac{d^2}{dt^2}(\vec{r_2} - \vec{r_1}) = \frac{\vec{F_2}}{m_2} - \frac{\vec{F_1}}{m_1} + \left(\frac{1}{m_1} + \frac{1}{m_2} \right) \vec{F_{12}}$$
    $$\mu \frac{d^2 \vec{r}}{dt^2} = \mu \left(\frac{\vec{F_2}}{m_2} - \frac{\vec{F_1}}{m_1} \right) + \vec{F_{12}}$$

2. **(連星系の公転周期)**：

    質量 m_1 と m_2 の恒星 1 と 2 が，互いに万有引力を及ぼしながら重心 G のまわりを回っている連星系がある。いま，恒星 1 と 2 の間の距離 r は一定 (r_0 とする) で運動している場合を考える。このとき，重心をまわるときの周期を求めなさい。

    (解) $r = r_0 =$ 一定 ということは，恒星 1 から恒星 2 を見ると円運動していることになる。運動方程式は
    $$\mu \frac{d^2 \vec{r}}{dt^2} = \vec{F_{12}} = -G \frac{m_1 m_2}{r^2} \frac{\vec{r}}{r}$$
    ここで μ は換算質量 $\mu = \dfrac{m_1 m_2}{m_1 + m_2}$ である。恒星 1 を始点とする位置ベクトルで加速度を表すと，式 (8.15) から
    $$\frac{d^2 \vec{r}}{dt^2} = \vec{a} = \left(\frac{d^2 r}{dt^2} - r \left(\frac{d\theta}{dt} \right)^2 \right) \vec{e_r} + \frac{1}{r} \frac{d}{dt} \left(r^2 \frac{d\theta}{dt} \right) \vec{e_\theta}$$

    である。いま $r = r_0 =$ 一定であり，$\vec{e_\theta}$ 方向の力は 0 であるから，$\dfrac{d\theta}{dt} = \omega$ とおくと
    $$-\mu r_0 \left(\frac{d\theta}{dt} \right)^2 = -\mu r_0 \omega^2 = -G \frac{m_1 m_2}{r_0^2}$$
    $$\omega^2 = G \frac{m_1 m_2}{\mu r_0^3} = G \frac{m_1 + m_2}{r_0^3} = 一定$$
    となる。したがって周期 T は
    $$T = \frac{2\pi}{\omega} = 2\pi \sqrt{\frac{r_0^3}{G(m_1 + m_2)}}$$

第 14 章

力学の保存法則

この章では，質点の力学の 3 つの保存法則を用いて，運動が解析できることを学ぶ。

14.1.1 この章の学習目標

1. 運動する質点の力学的エネルギー保存則，運動量保存則，角運動量保存則を理解し，これらを用いて質点の運動を理解できる。
2. 2 個の質点の衝突を，運動量保存則やはねかえり係数などを用いて理解できる。

14.1.2 基礎的事項

力学的エネルギー保存の法則 ：
系に働く力が保存力のみであるとき，系の力学的エネルギーは一定に保たれる。
【基本問題 P.106 問 1，P.108 問 6】【発展問題 P.98 問 4，P.109 問 1】

運動量保存の法則 ：
質点系の全運動量は外力が働いていないか，あるいはその総和が 0 ならば一定に保たれる。
【基本問題 P.106 問 2，P.108 問 4，P.108 問 5】
【発展問題 P.110 問 2，P.110 問 3】

角運動量保存の法則 ：
質点系の全角運動量は，その系に外力が働いていないか，あるいは外力のモーメントの総和が 0 ならば一定に保たれる。
【基本問題 P.107 問 3】【発展問題 P.97 問 2，P.98 問 4】

二物体間の衝突 ：
物体の衝突時，瞬間的に互いに働く大きな内力を**撃力**という。衝突前後で外力が働いていない等速度運動している 2 つの物体の衝突では，衝突の前後で系の運動量は保存される。等速度運動する 1 つの物体が 2 つに分裂するときも同様である。
【基本問題 P.108 問 4，P.108 問 5】

はねかえり係数 ：
物体 1 と物体 2 が衝突するとき，衝突前のそれぞれの速度を v_i と u_i，衝突後のそ

れぞれの速度を v_f と u_f とするとき，接近速度と離反速度の比

$$e = \frac{u_f - v_f}{v_i - u_i} \tag{14.1}$$

をはねかえり係数(反発係数)という。衝突は e により次のように分類される。

1. $e = 1$：完全弾性衝突
2. $0 < e < 1$：非弾性衝突
3. $e = 0$：完全非弾性衝突

【基本問題 P.108 問 7】

14.1.3 自己学習問題

1. (運動量と力積)：

車両重量(質量と考えてよい) 1200 kg の自動車を，時速 54 km で壁に衝突させたところ 0.50 s で静止した。この衝突での運動量の変化を求めなさい。また，自動車が受けた力の平均値の大きさも求めなさい。

(解) 衝突に伴う運動量の変化は，その間の力積に等しい。$\bar{F}$ を衝突の際に自動車が受けた力の平均値，Δt を衝突してから止まるまでの時間 (0.50 s)，p_i と p_f をそれぞれ衝突する前と後の自動車も持っている運動量とすると，これらの間には $\bar{F}\Delta t = p_i - p_f = \Delta p$ の関係が成り立つ。また $p_f = 0$ だから

$$\Delta p = p_i - p_f$$
$$= 1200 \times (54 \times 10^3)/(60 \times 60)$$
$$= 1200 \times 15 = 1.8 \times 10^4 \text{ kg m/s}$$
$$\bar{F} = \frac{\Delta p}{\Delta t}$$
$$= \frac{1.8 \times 10^4}{0.50} = 3.6 \times 10^4 \text{ N}$$

2. (運動量と位置エネルギー)：

静止している 4.0 kg のブロックに下方から 10 g の弾丸が 1000 m/s で当たった。弾丸はブロックの質量中心を通過し，400 m/s でブロックの真上から飛び出した。このときブロックは最大どれくらい跳ね上がるか。ブロックと弾丸は，この衝突でも質量に変化はないとする。

(解) $M = 4.0$ kg, $m = 10$ g $= 10 \times 10^{-3}$ kg, $v_i = 1000$ m/s, $v_f = 400$ m/s とおき，V を衝突後のブロックの速度，h を衝突後に跳ね上がるブロックの高さとする。衝突前後の運動量は保存するから
$$mv_i = mv_f + MV$$
$$V = \frac{m}{M}(v_i - v_f)$$
$$= \frac{10 \times 10^{-3}}{4.0}(1000 - 400) \approx 1.5 \text{ m/s}$$

弾丸通過後のブロックが最大跳ね上がる高さでは，ブロックが得た運動エネルギーがすべて位置エネルギーに変わるから
$\frac{1}{2}MV^2 = Mgh$ より
$$h = \frac{1}{2g}V^2$$
$$= \frac{1}{2 \times 9.8} \cdot 1.5^2 \approx 0.11 \text{ m}$$

14.1.4 基本問題

1. (力学的エネルギー保存則1)：
x 軸上を運動する質量 m の質点に働く力が保存力だけのとき，質点の力学的エネルギーは保存することを示しなさい。この保存力のポテンシャルを $U = U(x)$ とする。

(解) この質点の運動方程式はポテンシャルを用いて

$$\int m \frac{d^2 x}{dt^2} dx = -\int \frac{dU}{dx} dx$$

$$m \int \frac{dv}{dt} \frac{dx}{dt} dt = -\int dU$$

$$m \int \frac{dv}{dt} v \, dt = -U + C'$$

$$\frac{1}{2} m \int \frac{dv^2}{dt} dt = -U + C'$$

$$\frac{1}{2} m \int dv^2 = -U + C'$$

$$\frac{1}{2} m v^2 + C'' = -U + C'$$

$$\frac{1}{2} m v^2 + U = C' - C'' = C$$

(C' と C'' は積分定数)

これから質点に働く力が保存力だけのとき，質点の力学的エネルギーは保存する。

2. (2個の質点が衝突する場合の運動量保存則)：
運動している質量 m_1 と m_2 の2個の質点が，ある時刻 t_0 に衝突した。衝突の前後には両質点に外力は働いておらず，また2個の質点は衝突時以外に互いに力を及ぼさないとする。衝突前後でのこの質点系の運動量が保存することを示しなさい。

(解) 衝突前後での両質点の運動方程式は

$$m_1 \frac{d^2 \vec{r}_1}{dt^2} = \vec{0}$$

$$m_2 \frac{d^2 \vec{r}_2}{dt^2} = \vec{0}$$

であり，両質点の運動は衝突時を除き，互いに力を及ぼさないときには等速度運動となる。一方，衝突時の運動方程式は

$$m_1 \frac{d^2 \vec{r}_1}{dt^2} = \vec{F}_{21}$$
$$m_2 \frac{d^2 \vec{r}_2}{dt^2} = \vec{F}_{12}$$
(14.2)

となる。ここで $\vec{F}_{21}$ は質点2が質点1に及ぼす力であり，$\vec{F}_{12}$ は質点1が質点2に及ぼす力である。これらは作用・反作用の法則により

$$\vec{F}_{21} = -\vec{F}_{12} \quad (14.3)$$

の関係にある。式 (14.2) の2式の辺々を加え，t_0 の充分前の時刻 t から充分後の時刻 t' の間 ($t \ll t_0 \ll t'$) で積分する。質点1と質点2の t 及び t' での速度をそれぞれ $\vec{v}_1$ と $\vec{v}_2$ 及び $\vec{v}_1{}'$ と $\vec{v}_2{}'$ とすると

$$m_1 \frac{d^2 \vec{r}_1}{dt^2} + m_2 \frac{d^2 \vec{r}_2}{dt^2} = \vec{0}$$
(右辺は式 (14.3) より $\vec{F}_{21} + \vec{F}_{12} = \vec{0}$)

$$\int_t^{t'} \left(m_1 \frac{d^2 \vec{r}_1}{dt^2} + m_2 \frac{d^2 \vec{r}_2}{dt^2} \right) dt = \vec{0} \quad (t \text{ で積分})$$

$$\int_t^{t'} \left(m_1 \frac{d\vec{v}_1}{dt} + m_2 \frac{d\vec{v}_2}{dt} \right) dt = \vec{0} \quad \left(\frac{d\vec{r}_i}{dt} = \vec{v}_i \text{ より } \frac{d^2 \vec{r}_i}{dt^2} = \frac{d\vec{v}_i}{dt} \right)$$

$$m_1 \int_t^{t'} \frac{d\vec{v}_1}{dt}\,dt + m_2 \int_t^{t'} \frac{d\vec{v}_2}{dt}\,dt = \vec{0} \quad \text{(左辺を 2 つの積分で表記)}$$

$$m_1 \int_{\vec{v}_1}^{\vec{v}_1{}'} d\vec{v}_1 + m_2 \int_{\vec{v}_2}^{\vec{v}_2{}'} d\vec{v}_2 = \vec{0} \quad \begin{pmatrix} \text{置換積分より積分区間を} \\ [t, t'] \text{ から } [\vec{v}, \vec{v}'] \text{ に変更} \end{pmatrix}$$

$$m_1(\vec{v}_1{}' - \vec{v}_1) + m_2(\vec{v}_2{}' - \vec{v}_2) = \vec{0} \quad \text{(積分の実行)}$$

$$m_1 \vec{v}_1 + m_2 \vec{v}_2 = m_1 \vec{v}_1{}' + m_2 \vec{v}_2{}' \quad \text{(衝突前と衝突後の運動量に分けて表記)}$$

以上から，衝突時以外に力が働いていないときの 2 個の質点の衝突では，衝突前後での運動量が保存することが分かった。

3. **(外力のない 2 個の質点系の角運動量保存則)**：
互いに力を及ぼしながら運動している 2 個の質点 (質点 1 と質点 2) からなる系を考える。これの質点には質点系の外部から力 (外力) は働いていないとする。この系の全角運動量を保存することを示しなさい。

(解) 両質点の運動方程式を，それぞれの運動量 $\vec{p}_1$ と $\vec{p}_2$，1 の 2 に対する内力を $\vec{F}_{12}$，2 の 1 に対する内力を $\vec{F}_{21}$ として表すと

$$\begin{cases} \dfrac{d\vec{p}_1}{dt} = \vec{F}_{21} \\ \dfrac{d\vec{p}_2}{dt} = \vec{F}_{12} \end{cases}$$

となる。上式にそれぞれの位置ベクトル $\vec{r}_1$ と $\vec{r}_2$ をベクトル積として左からかける。

$$\begin{cases} \vec{r}_1 \times \dfrac{d\vec{p}_1}{dt} = \vec{r}_1 \times \vec{F}_{21} \\ \vec{r}_2 \times \dfrac{d\vec{p}_2}{dt} = \vec{r}_2 \times \vec{F}_{12} \end{cases}$$

$\dfrac{d\vec{r}_i}{dt}$ と $\vec{p}_i$ はそれぞれ質点 i の速度と運動量なので，両者は平行であり，平行な 2 つのベクトル積 (外積) は $\vec{0}$ となるから，$\dfrac{d\vec{r}_1}{dt} \times \vec{p}_1 = \vec{0}$, $\dfrac{d\vec{r}_2}{dt} \times \vec{p}_2 = \vec{0}$ を，それぞれ上式の左辺に加える。

$$\begin{cases} \dfrac{d\vec{r}_1}{dt} \times \vec{p}_1 + \vec{r}_1 \times \dfrac{d\vec{p}_1}{dt} = \vec{r}_1 \times \vec{F}_{21} \\ \dfrac{d\vec{r}_2}{dt} \times \vec{p}_2 + \vec{r}_2 \times \dfrac{d\vec{p}_2}{dt} = \vec{r}_2 \times \vec{F}_{12} \end{cases}$$

左辺に積の微分の逆演算を適用して

$$\begin{cases} \dfrac{d}{dt}(\vec{r}_1 \times \vec{p}_1) = \vec{r}_1 \times \vec{F}_{21} \\ \dfrac{d}{dt}(\vec{r}_2 \times \vec{p}_2) = \vec{r}_2 \times \vec{F}_{12} \end{cases}$$

$\vec{r}_1 \times \vec{p}_1$, $\vec{r}_2 \times \vec{p}_2$ はそれぞれ質点 1, 2 の角運動量 $\vec{l}_1$, $\vec{l}_2$ だから

$$\begin{cases} \dfrac{d\vec{l}_1}{dt} = \vec{r}_1 \times \vec{F}_{21} \\ \dfrac{d\vec{l}_2}{dt} = \vec{r}_2 \times \vec{F}_{12} \end{cases}$$

上式を辺々加える。系の全角運動量を $\vec{L} \equiv \vec{l}_1 + \vec{l}_2$ と置き，作用・反作用の法則より $\vec{F}_{21} = -\vec{F}_{12}$ であることに注意すると

$$\text{左辺} = \frac{d\vec{l}_1}{dt} + \frac{d\vec{l}_2}{dt}$$
$$= \frac{d}{dt}(\vec{l}_1 + \vec{l}_2) = \frac{d\vec{L}}{dt}$$
$$\text{右辺} = \vec{r}_1 \times \vec{F}_{21} + \vec{r}_2 \times \vec{F}_{12}$$
$$= -\vec{r}_1 \times \vec{F}_{12} + \vec{r}_2 \times \vec{F}_{12}$$
$$= (\vec{r}_2 - \vec{r}_1) \times \vec{F}_{12}$$

ここで $\vec{r}_2 - \vec{r}_1$ は質点 1 から 2 へ向かうベクトル (質点 2 の 1 に対する相対位置ベクトル) であるが，作用・反作用の法則より，質点 1, 2 が互いに及ぼしあう力 $\vec{F}_{12} = -\vec{F}_{21}$ は質点 1, 2 を結ぶ線上にあるので $(\vec{r}_2 - \vec{r}_1) \parallel \vec{F}_{12}$。したがって右辺 $= (\vec{r}_2 - \vec{r}_1) \times \vec{F}_{12} = \vec{0}$。以上より

$$\frac{d\vec{L}}{dt} = \vec{0}$$

となり，系の全角運動量 $\vec{L}$ の時間変化率が $\vec{0}$ (時間 1 階微分が $\vec{0}$)，すなわち系の全角運動量は時間変化せず保存することが示された。

4. (運動する物体からの放出)：
   なめらかな平面を速度 v で進んでいた物体 B から，その一部 A が進行方向に飛び出した。物体 A の質量は m であり，その速度は v_A' であった。A が飛び出した後の B の速度 v_B' を求めなさい。ただし，A を除いた B の質量を M とする。

   (解) 物体 B から物体 A が放出される前後でこの系の運動量は保存される。すなわち
   $$(M+m)v = mv_A' + Mv_B'$$

   これから A 放出後の B の速度 v_B' は
   $$v_B' = v + \frac{m}{M}(v - v_A')$$

5. (同一直線上での物体の衝突)：
   x 軸上を速度 v_1 で運動する質量 m_1 の物体 A と速度 v_2 で運動する質量 m_2 の物体 B が衝突し，衝突後一体になって同じ x 軸上を速度 v で運動した。一体化する前の質量 m_2 の B の速度 v_2 を求めなさい。

   (解) 物体の衝突前後の運動量は等しいから
   $$m_1 v_1 + m_2 v_2 = (m_1 + m_2)v$$

   $$v_2 = v + \frac{m_1}{m_2}(v - v_1)$$

6. (重力の力学的エネルギー)：
   一様な重力が働く力の場に鉛直上向きに x 軸をとる。原点 O から高さ h にある点 P での質量 m の質点のポテンシャル（位置エネルギー）を求めなさい。この質点を P から静かに離したとき，O での質点の速度を求めなさい。重力加速度の大きさを g とする。

   (解) 質量 m の質点が受ける力 F は重力のみで，それは題意の座標系では $F = -mg$ である。したがって，地上 ($x=0$) を基準とした高さ h でのポテンシャル U は
   $$U = -\int_0^h F\,dx$$
   $$= -\int_0^h (-mg)\,dx = mgh$$
   である。P から質量 m の物体を静かに離す

   と，力学的エネルギー保存則より，O では物体のポテンシャルはすべて運動エネルギーになるから
   $$\frac{1}{2}mv^2 = mgh$$
   $$v = \sqrt{2gh}$$
   質点の速度は，鉛直下向きで，速さ $\sqrt{2gh}$ となる。

7. (物体のはねかえり)：
   物体を高さ h_0 から静かに床に落としたところ，h_1 ($h_1 < h_0$) の高さまではねかえった。物体と床の間のはねかえり係数を求めなさい。

(解) 物体の質量を m, 重力加速度の大きさを g, 高さ h_0 から床に衝突する直前の物体の速さを v_0, 床からはねかえった直後の物体の速さを v_1 とする。床は物体が衝突しても床の速さは 0 であるから, 鉛直下向きを速度の正にとると, はねかえり係数 e は

$$e = \frac{u_f - v_f}{v_i - u_i} = \frac{0 - (-v_1)}{v_0 - 0} = \frac{v_1}{v_0}$$

物体の落下前とはねかえり後では, それぞれの力学的エネルギーは保存するから

$$\frac{1}{2}mv_0^2 = mgh_0 \text{ より } v_0 = \sqrt{2gh_0}$$
$$\frac{1}{2}mv_1^2 = mgh_1 \text{ より } v_1 = \sqrt{2gh_1}$$

したがって

$$e = \frac{v_1}{v_0} = \sqrt{\frac{h_1}{h_0}}$$

14.1.5 発展問題

1. **(力学的エネルギー保存則 2)**:
三次元空間を運動する質量 m の質点に働く力のうち, 保存力だけが仕事をするときには, 点 A と点 B での力学的エネルギーは等しいことを示しなさい。質点に働いている保存力のポテンシャルを $U = U(\vec{r})$ とする。

(解) 質点に働く力 $\vec{F}$ を保存力 $\vec{F}_c$ と保存力以外の力 $\vec{F}'$ とし, 点 A と点 B での位置をそれぞれ $\vec{r}_A$ と $\vec{r}_B$ とする。運動方程式 $m\dfrac{d^2\vec{r}}{dt^2} = \vec{F}$ を $\vec{r}$ で積分し, A と B での時刻をそれぞれ t_A と t_B とすると

$$\int_{\vec{r}_A}^{\vec{r}_B} m\frac{d^2\vec{r}}{dt^2} \cdot d\vec{r} = \int_{\vec{r}_A}^{\vec{r}_B} \vec{F} \cdot d\vec{r}$$

$$m\int_{t_A}^{t_B} \frac{d^2\vec{r}}{dt^2} \cdot \frac{d\vec{r}}{dt} dt = \int_{\vec{r}_A}^{\vec{r}_B} \left(\vec{F}_c + \vec{F}'\right) \cdot d\vec{r}$$

$$m\int_{t_A}^{t_B} \frac{d\vec{v}}{dt} \cdot \vec{v}\, dt = \int_{\vec{r}_A}^{\vec{r}_B} \vec{F}_c \cdot d\vec{r} + \int_{\vec{r}_A}^{\vec{r}_B} \vec{F}' \cdot d\vec{r}$$

ここで題意より質点に仕事をするのは $\vec{F}_c$ のみで, $\vec{F}'$ は仕事をしないから, $\int_{\vec{r}_A}^{\vec{r}_B} \vec{F}_c \cdot d\vec{r} = U(\vec{r}_A) - U(\vec{r}_B)$ と $\int_{\vec{r}_A}^{\vec{r}_B} \vec{F}' \cdot d\vec{r} = 0$ の関係がある。A と B での速度をそれぞれ $\vec{v}_A$ と $\vec{v}_B$ として, これらを用いると

$$\frac{1}{2}m\int_{t_A}^{t_B} \frac{d\vec{v}^2}{dt} dt = U(\vec{r}_A) - U(\vec{r}_B)$$

$$\frac{1}{2}m\int_{\vec{v}_A^2}^{\vec{v}_B^2} d\vec{v}^2 = U(\vec{r}_A) - U(\vec{r}_B)$$

$$\frac{1}{2}m\vec{v}_B^2 - \frac{1}{2}m\vec{v}_A^2 = U(\vec{r}_A) - U(\vec{r}_B)$$

$$\frac{1}{2}m\vec{v}_A^2 + U(\vec{r}_A) = \frac{1}{2}m\vec{v}_B^2 + U(\vec{r}_B)$$

となる。したがって質点に働く力の内, 保存力以外の力 F' は仕事をせず保存力 F_c だけが仕事をする場合には, 点 A と点 B での力学的エネルギーは変化せず, 質点の力学的エネルギーは保存する。

2. (平面内での物体の衝突)：
なめらかな水平面に O-xy 座標をとる。質量 m の物体 A と M の物体 B が，それぞれ x 軸と y 軸上を速さ v_A と v_B で等速直線運動をしている。A と B は原点 O で衝突し，衝突後 A，B は一体になり x 軸に対して角度 θ の方向に速さ v で運動した (図 14.1)。v と θ を m, M, v_A, v_B で表しなさい。

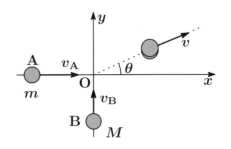

図 14.1　平面内での物体の衝突

(解) 物体 A と B の衝突前後の運動量は保存する。x 方向と y 方向の運動量は
$$x \text{方向}: mv_A = (m+M)v\cos\theta$$
$$y \text{方向}: Mv_B = (m+M)v\sin\theta$$
となる。v は上式の辺々を 2 乗して和をとることにより，θ は両辺の比をとることにより
$$v = \frac{\sqrt{m^2 v_A^2 + M^2 v_B^2}}{m+M}$$
$$\tan\theta = \frac{Mv_B}{mv_A}$$

3. (物体の分裂)：
x 軸上を正方向に向かって速度 V で進んでいた質量 M の物体 S が，原点 O で 2 つに分裂し，分裂した片方の物体 A の質量は m で，x 軸に対して角度 θ の方向に速さ v で進むことが観測された (図 14.2)。分裂したもう片方の物体 B の質量 m'，速さ v' とその方向を x 軸に対する角度 ϕ として求めなさい。

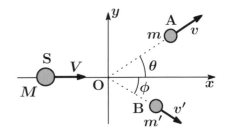

図 14.2　物体の分裂

(解) 衝突前後で質量は保存するから
$$m' = M - m$$
物体の分裂前後の運動量は保存する。x 方向と y 方向の運動量はそれぞれ
$$\begin{cases} x \text{方向}: MV = mv\cos\theta + m'v'\cos\phi \\ y \text{方向}: 0 = mv\sin\theta - m'v'\sin\phi \end{cases}$$

$$\therefore \begin{cases} m'v'\cos\phi = mv\cos\theta - MV \\ m'v'\sin\phi = mv\sin\theta \end{cases}$$

したがって，
$$v' = \frac{\sqrt{M^2V^2 + m^2v^2 - 2mMvV\cos\theta}}{M-m}$$
$$\tan\phi = \frac{mv\sin\theta}{MV - mv\cos\theta}$$

第15章

質点系の力学

この章では，質点系の運動の特徴と，剛体のつり合いを学ぶ．

15.1.1 この章の学習目標
1. 質点系の全運動量と全角運動量の運動方程式から，質点系の運動量保存則，角運動量保存則，剛体のつり合いの必要条件が理解できる．
2. 種々の質点系や剛体の重心を計算できる．

15.1.2 基礎的事項

質点系と剛体 :

複数個の質点の集まりをまとめて1つの運動の考察の対象とするとき，この質点の集まりを**質点系**という．質点系内の各質点相互の距離が一定で変わらないような質点系を**剛体**という．

相対座標と換算質量 :

質量 m_1 と m_2 の2つの質点の位置ベクトルがそれぞれ $\vec{r}_1$ と $\vec{r}_2$ であるとき

$$\vec{r}_{12} = \vec{r}_2 - \vec{r}_1 \qquad (15.1)$$

を (1からみた2の) **相対座標**といい

$$\frac{1}{\mu} = \frac{1}{m_1} + \frac{1}{m_2} \qquad (15.2)$$

で定義される μ をこの2質点の**換算質量**という．

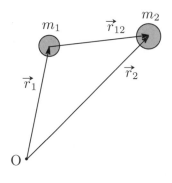

質点系の重心 :

質量 $m_1, m_2, \cdots, m_n$ の質点の位置ベクトルがそれぞれ $\vec{r}_1, \vec{r}_2, \cdots, \vec{r}_n$ である質点系の重心 $\vec{R}$ は

$$\vec{R} = \frac{\sum_{i=1}^{n} m_i \vec{r}_i}{\sum_{i=1}^{n} m_i} \qquad (15.3)$$

質量が連続的に分布している連続体の場合，微小質量 dm の位置ベクトを $\vec{r}$ とす

ると，その重心は
$$\vec{R} = \frac{1}{M} \int \vec{r} \, dm \tag{15.4}$$

【基本問題 P.114 問 1, P.114 問 3, P.115 問 5】【発展問題 P.117 問 1, P.120 問 6】

質点系の運動量 ：

質点系の全運動量 $\vec{P} = \sum_i \vec{p}_i$ は，重心に全質量 $M = \sum_i m_i$ が集中したと考えたときの質点の運動量に等しく，その時間変化の割合は外力の総和 $\sum_i \vec{F}_i$ に等しい。

$$\frac{d\vec{P}}{dt} = M \frac{d^2 \vec{R}}{dt^2} = \sum_i \vec{F}_i \tag{15.5}$$

【基本問題 P.116 問 6】

質点系の角運動量 ：

質点系の全角運動量 $\vec{L}$ は個々の質点の角運動量の総和 $\vec{L} = \sum_i \vec{l}_i = \sum_i \vec{r}_i \times \vec{p}_i$ で与えられ，その時間変化の割合は，個々の質点に働く外力のモーメントの総和 $\sum_i \vec{N}_i = \sum_i \vec{r}_i \times \vec{F}_i$ に等しい。

$$\frac{d\vec{L}}{dt} = \sum_i \vec{N}_i \tag{15.6}$$

【基本問題 P.116 問 7, P.117 問 8】【発展問題 P.121 問 7】

剛体のつり合い条件 ：

剛体がつり合いの状態にあるとは，重心が静止しており (並進運動しない)，かつ剛体がいかなる軸のまわりにも回転していない (回転運動しない) 状態をいう。このためには，剛体に働く外力 $\vec{F}_i$ と外力の力のモーメント $\vec{N}_i$ のそれぞれの総和が $\vec{0}$ でなければならない。

$$\sum_i \vec{F}_i = \vec{0} \quad (15.7) \qquad \sum_i \vec{N}_i = \vec{0} \quad (15.8)$$

【基本問題 P.115 問 4】【発展問題 P.118 問 3, P.119 問 4】

15.1.3 自己学習問題

1. (定義) ：
   質点系と剛体の定義をそれぞれ述べなさい。

   (解) 質点系：複数個の質点をまとめて 1 つの運動の考察の対象とするときの質点の集まり
   剛体：質点系内の各質点相互の距離が一定で変わらないような質点系

2. (重心) ：
   i 番目の質量 m_i の質点の位置ベクトルが $\vec{r}_i$ で表される n 個の質点からなる質点

系の重心 G の位置ベクトル $\vec{R}$ を示しなさい。

(解) 重心の定義から $\vec{R} = \dfrac{1}{M} \sum_i m_i \vec{r}_i$

3. (2個の質点の重心と換算質量):
xy 平面上に，質量 $m_A = 2\,\mathrm{kg}$ の質点 A が $\vec{r}_A = (3, 2)$ に，質量 $m_B = 3\,\mathrm{kg}$ の質点 B が $\vec{r}_B = (-1, -2)$ にあるとき，この系の重心 $\vec{R}$ と換算質量 μ を求めなさい。

(解)
$$\vec{R} = \frac{m_A \vec{r}_A + m_B \vec{r}_B}{m_A + m_B} = \frac{2(3, 2) + 3(-1, -2)}{2+3} = \left(\frac{3}{5}, -\frac{2}{5}\right)$$
$$\mu = \frac{m_A m_B}{m_A + m_B} = \frac{2 \times 3}{2+3} = \frac{6}{5}\,\mathrm{kg}$$

4. (重心の位置と速度，運動エネルギー):
3つの質点が xy 平面内で運動している。これらの質点には，質点間の相互作用による内力以外の力 (すなわち外力) は働いていない。質点の質量及び時刻 $t = 0$ における質点の位置と速度は以下の通りである。

質量 [kg]	$m_1 = 4$	$m_2 = 1$	$m_3 = 2$
位置 [m]	$\vec{r}_1 = (-0.8, -1.1)$	$\vec{r}_2 = (0.4, 1.4)$	$\vec{r}_3 = (1.4, 0.8)$
速度 [m/s]	$\vec{v}_1 = (0, 2)$	$\vec{v}_2 = (3.8, 0)$	$\vec{v}_3 = (-6.8, -4)$

(a) この質点系の重心を求めなさい。
(b) 重心の速度ベクトルを求めなさい。
(c) 重心の軌跡を求めなさい。
(d) 重心に対する相対運動の運動エネルギーの総和を求めなさい。

(解)
(a) 質点系の重心 $\vec{R}$ は $\vec{R} = \dfrac{1}{M} \sum_i m_i \vec{r}_i$ で定義されるから，これに各値を代入して
$$\vec{R} = \frac{1}{4+1+2}(4 \times (-0.8, -1.1) + 1 \times (0.4, 1.4) + 2 \times (1.4, 0.8)) = (0, -0.2)\,[\mathrm{m}]$$

(b) 重心の速度 $\vec{V}$ も $\vec{R}$ と同様に $\vec{V} = \dfrac{1}{M} \sum_i m_i \vec{v}_i$ であるから，これに各値を代入して
$$\vec{V} = \frac{1}{4+1+2}(4 \times (0, 2) + 1 \times (3.8, 0) + 2 \times (-6.8, -4)) = (-1.4, 0)\,[\mathrm{m/s}]$$

(c) 題意からこの質点系には外力は働いていないから，重心は静止あるいは等速直線運動する。前問から重心の速度は $(-1.4, 0)\,[\mathrm{m/s}]$ であるから，質点は x の負の方向に x 軸に平行に運動する。$t = 0$ での重心の位置は $(0, -0.2)\,[\mathrm{m}]$ であるから，重心の軌跡は
$$y = -0.2$$

(d) 重心に対する相対運動の運動エネルギー K_r は，全運動エネルギー K_t から重心の運動エネルギー K_G を引いたものに等しい。

$$K_r = K_t - K_G$$
$$= \frac{1}{2}\sum_i m_i \vec{v_i}^2 - \frac{1}{2}M\vec{V}^2$$
$$= \frac{1}{2} \times \left(4 \times (0^2 + 2^2) + 1 \times (3.8^2 + 0^2) + 2 \times ((-6.8)^2 + (-4)^2)\right)$$
$$\qquad - \frac{1}{2} \times (4 + 1 + 2) \times ((-1.4)^2 + 0^2)$$
$$= 70.6\,\text{J}$$

15.1.4 基本問題

1. (二原子分子の重心)：

   図 15.1 のように，質量 m_1 の原子 A と質量 m_2 の原子 B が距離 l だけ離れて結合している二原子分子がある。この分子の重心 G を求めなさい。

図 15.1 二原子分子の重心

(解) 原子 A を基準点とした質量分布を考えると，原子 B のみが A から 0 でない距離を有することになる。したがって，重心の定義からこの二原子分子の重心は A から B に向かって次式の位置となる。

$$\frac{m_2}{m_1 + m_2}l$$

2. (重心運動)：

   n 個の質点からなる系を考える。この質点系の各質点には外力が働いているが，その外力のベクトル和は $\vec{0}$ であるとき，この質点系の重心はどのような運動をするか答えなさい。

(解) n 個の質点からなる質点系の重心 $\vec{R}$ の運動方程式は

$$M\frac{\mathrm{d}^2 \vec{R}}{\mathrm{d}t^2} = \sum_i \vec{F_i}$$

で与えられる。ここで M は質点系の全質量，$\vec{F_i}$ は質量 m_i の質点に働く外力である。

題意から右辺が $\vec{0}$ である場合を考えるから，このときには重心には外力が働いていないことになる。したがって，外力のベクトル和が $\vec{0}$ であるときには，質点系の重心は静止しているかあるいは等速直線運動を行う。

3. (一様な細い棒の重心)：

   質量 M，長さ l の一様でまっすぐな太さを無視できる細い棒の重心を求めなさい。

(解) 図 15.2 のように，棒の一端を原点 O，他端を P とし，OP 上に x 軸をとる。題意か

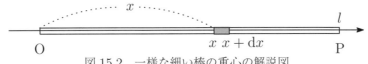

図 15.2　一様な細い棒の重心の解説図

ら棒の線密度 λ は $\lambda = \dfrac{M}{l}$ である．今，$[x, x+\mathrm{d}x]$ の微小部分は O から x の位置にあり，その質量は $\mathrm{d}m = \lambda \mathrm{d}x$ である．したがって O から測った重心の位置 R は

$$R = \frac{1}{M}\int_M x\,\mathrm{d}m = \frac{\lambda}{M}\int_0^l x\,\mathrm{d}x = \frac{\lambda}{M}\left[\frac{1}{2}x^2\right]_0^l = \frac{1}{2}l$$

4. (天秤棒のつり合い)：

質量 M_0，長さ l の一様な細い棒の両端にそれぞれ質量 M と m の質点をつるし，質量 M のつるした端から x のところで上向きに力 F を加えたところ，棒は水平で静止した．加えた力 F と x を求めなさい．重力加速度の大きさを g とする．

(解) 水平状態の棒 AB に加わる力は 図 15.3 の通りである．力のつり合いから

$$F = Mg + mg + M_0 g$$

である．また，点 A (M のつるされている棒の左端) に関する力のモーメントのつり合いから

$$Fx = M_0 g \frac{l}{2} + mgl$$

が成立する．以上の 2 式から

$$F = (M_0 + M + m)g$$

$$x = \frac{M_0 + 2m}{2(M_0 + M + m)} l$$

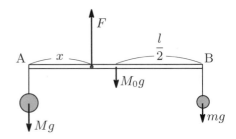

図 15.3　天秤棒のつり合いの解説図

5. (質点系の重心運動の運動方程式)：

質点系の重心の運動は，重心に系の全質量をもつ 1 個の質点があり，系に加わるすべての外力の合力がその仮想的な質点に働くときの運動と同じになることを示しなさい．

(解) 質点 i の質量を m_i，位置ベクトルを $\vec{r_i}$，その外力を $\vec{F_i}$，質点 j が質点 i に及ぼす内力を $\vec{F_{ji}}$ とする (図 15.4)．n 個の質点からなる系の運動方程式を考えると

$$m_1 \frac{\mathrm{d}^2 \vec{r_1}}{\mathrm{d}t^2} = \vec{F_1} + \vec{F_{21}} + \vec{F_{31}} + \cdots + \vec{F_{n1}}$$

$$m_2 \frac{\mathrm{d}^2 \vec{r_2}}{\mathrm{d}t^2} = \vec{F_2} + \vec{F_{12}} + \vec{F_{32}} + \cdots + \vec{F_{n2}}$$

$$\vdots$$

$$m_n \frac{\mathrm{d}^2 \vec{r_n}}{\mathrm{d}t^2} = \vec{F_n} + \vec{F_{1n}} + \vec{F_{2n}} + \cdots + \vec{F_{n-1,n}}$$

のように書ける．これらの運動方程式の辺々を加えると

$$\frac{\mathrm{d}^2}{\mathrm{d}t^2}\left(\sum_i m_i \vec{r_i}\right) = \sum_i \vec{F_i} + \sum_{i \neq j}\sum_j \vec{F_{ji}}$$

となる．内力の和は，作用・反作用の法則より $\vec{F_{ji}} = -\vec{F_{ij}}$ であるから，

$$\sum_{i\neq j}\sum_{j}\vec{F}_{ji} = \vec{0}$$

また重心は系の全質量を $M = \sum_i m_i$ とすると

$$\vec{R} = \frac{\sum_i m_i \vec{r}_i}{\sum_i m_i} = \frac{\sum_i m_i \vec{r}_i}{M}$$

であるから

$$M\frac{\mathrm{d}^2\vec{R}}{\mathrm{d}t^2} = \sum_i \vec{F}_i$$

上式は，質量 M の 1 個の質点が外力の合力 $\sum_i \vec{F}_i$ を受けるときの運動方程式である．

と考えることができる．

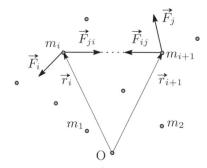

図 15.4　質点系の相対座標と内力

6. (質点系の運動量保存法則)：

質点系の全運動量は，外力が全く働いていない ($\vec{F}_i = \vec{0}$) か，働いていてもその総和が $\vec{0}$ $\left(\sum_i \vec{F}_i = \vec{0}\right)$ の場合には保存することを示しなさい．

(解) 質点 i の質量を m_i，運動量を $\vec{p}_i$，その外力を $\vec{F}_i$，質点 j が質点 i に及ぼす内力を $\vec{F}_{ji}$ とする．n 個の質点からなる系の運動方程式を運動量を用いて表すと

$$\frac{\mathrm{d}\vec{p}_1}{\mathrm{d}t} = \vec{F}_1 + \vec{F}_{21} + \vec{F}_{31} + \cdots + \vec{F}_{n1}$$

$$\frac{\mathrm{d}\vec{p}_2}{\mathrm{d}t} = \vec{F}_2 + \vec{F}_{12} + \vec{F}_{32} + \cdots + \vec{F}_{n2}$$

$$\vdots$$

$$\frac{\mathrm{d}\vec{p}_n}{\mathrm{d}t} = \vec{F}_n + \vec{F}_{1n} + \vec{F}_{2n} + \cdots + \vec{F}_{n-1,n}$$

となる．これらの運動方程式を内力における関係 $\vec{F}_{ji} = -\vec{F}_{ij}$ を用いて辺々を加えると

$$\frac{\mathrm{d}\vec{P}}{\mathrm{d}t} = \sum_i \vec{F}_i$$

となる．ここで $\vec{P} = \sum_i \vec{p}_i$ は系の全運動量である．上式で $\vec{F}_i = \vec{0}$ または $\sum_i \vec{F}_i = \vec{0}$ のときには

$$\frac{\mathrm{d}\vec{P}}{\mathrm{d}t} = \vec{0}$$

であり，これから $\vec{P}$ は一定となることから，系の全運動量は保存する．

7. (質点系の全角運動量の運動方程式)：

質点系の全角運動量の時間変化は，系の質点に加わるすべての外力の力のモーメントの和になることを示しなさい．

(解) 質点 i の質量を m_i，運動量を $\vec{p}_i$，その外力を $\vec{F}_i$，質点 j が質点 i に及ぼす内力を $\vec{F}_{ji}$ とする．n 個の質点からなる系の運動方程式を運動量を用いると

$$\frac{\mathrm{d}\vec{p}_1}{\mathrm{d}t} = \vec{F}_1 + \vec{F}_{21} + \vec{F}_{31} + \cdots + \vec{F}_{n1}$$

$$\frac{\mathrm{d}\vec{p}_2}{\mathrm{d}t} = \vec{F}_2 + \vec{F}_{12} + \vec{F}_{32} + \cdots + \vec{F}_{n2}$$

$$\vdots$$

$$\frac{\mathrm{d}\vec{p}_n}{\mathrm{d}t} = \vec{F}_n + \vec{F}_{1n} + \vec{F}_{2n} + \cdots + \vec{F}_{n-1,n}$$

のように書ける．各運動方程式のすべての項の左からそれぞれの位置ベクトルをベクトル積としてかけると

$$\vec{r}_1 \times \frac{d\vec{p}_1}{dt} = \vec{r}_1 \times \vec{F}_1 + \vec{r}_1 \times \vec{F}_{21} + \vec{r}_1 \times \vec{F}_{31} + \cdots + \vec{r}_1 \times \vec{F}_{n1}$$

$$\vec{r}_2 \times \frac{d\vec{p}_2}{dt} = \vec{r}_2 \times \vec{F}_2 + \vec{r}_2 \times \vec{F}_{12} + \vec{r}_2 \times \vec{F}_{32} + \cdots + \vec{r}_2 \times \vec{F}_{n2}$$

$$\vdots$$

$$\vec{r}_n \times \frac{d\vec{p}_n}{dt} = \vec{r}_n \times \vec{F}_n + \vec{r}_n \times \vec{F}_{1n} + \vec{r}_n \times \vec{F}_{2n} + \cdots + \vec{r}_n \times \vec{F}_{n-1,n}$$

であり，$\vec{F}_{ji} = -\vec{F}_{ij}$ を用いて辺々を加える。

$$\text{左辺} = \sum_i \vec{r}_i \times \frac{d\vec{p}_i}{dt}$$
$$= \sum_i \frac{d}{dt}(\vec{r}_i \times \vec{p}_i)$$
$$= \frac{d}{dt} \sum_i \vec{r}_i \times \vec{p}_i$$
$$= \frac{d\vec{L}}{dt}$$

$$\text{右辺} = \sum_i \vec{r}_i \times \vec{F}_i + \sum_i \sum_{j \neq i} \vec{r}_i \times \vec{F}_{ji}$$
$$= \sum_i \vec{r}_i \times \vec{F}_i$$

$$+ \sum_i \sum_{j>i} (\vec{r}_i - \vec{r}_j) \times \vec{F}_{ji}$$
$$= \sum_i \vec{r}_i \times \vec{F}_i$$

となる。ここで

$$\vec{L} = \sum_i \vec{l}_i = \sum_i \vec{r}_i \times \vec{p}_i$$

は系の全角運動量である。以上から

$$\frac{d\vec{L}}{dt} = \sum_i \vec{r}_i \times \vec{F}_i = \sum_i \vec{N}_i$$

ここで

$$\sum_i \vec{N}_i = \sum_i \vec{r}_i \times \vec{F}_i$$

は外力の力のモーメントの和である。

8. (質点系の角運動量保存法則)：
質点系の全角運動量は，外力が全く働いていない ($\vec{F}_i = \vec{0}$) か，働いていても外力による力のモーメントその総和が $\vec{0}$ $\left(\sum_i \vec{r}_i \times \vec{F}_i = \vec{0}\right)$ の場合には保存することを示しなさい。

(解) 系の全角運動量の時間変化は，外力の力のモーメントの和 $\sum_i \vec{N}_i = \sum_i \vec{r}_i \times \vec{F}_i$ に依存する。

$$\frac{d\vec{L}}{dt} = \sum_i \vec{r}_i \times \vec{F}_i = \sum_i \vec{N}_i$$

これから $\vec{F}_i = \vec{0}$ または $\sum_i \vec{N}_i = \vec{0}$ のときには

$$\frac{d\vec{L}}{dt} = \vec{0}$$

であり，これから $\vec{L}$ は一定となることから，系の全角運動量は保存する。

15.1.5 発展問題

1. (三原子分子の重心)：
底辺の長さが l，高さが h の二等辺三角形 ABC の頂点 A に質量 m_1，頂点 B と C に質量 m_2 の原子 2 個が配置している三原子分子がある。この分子の重心 G を求めなさい。

(解) 図 15.5 のように座標を決め，まず重心 G を求める。O から A, B, C の各原子への位置ベクトルをそれぞれ $\vec{r}_1$, $-\vec{r}_2$, $\vec{r}_2$ とする。ここで x と y 方向の単位ベクトルをそれぞれ $\vec{e}_x$ と $\vec{e}_y$ とすると

$$\vec{r}_1 = h\vec{e}_y, \quad \vec{r}_2 = \frac{l}{2}\vec{e}_x$$

であるから，重心の位置ベクトル $\vec{R}$ は

$$M\vec{R} = \sum_i m_i \vec{r}_i$$

$$(m_1 + 2m_2)\vec{R} = m_1\vec{r}_1 - m_2\vec{r}_2 + m_2\vec{r}_2$$

$$\vec{R} = \frac{m_1}{m_1 + 2m_2} h\vec{e}_y$$

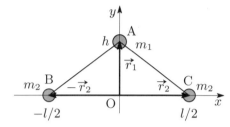

図 15.5　三原子分子の重心の解説図

2. (円錐の重心)：

底面の半径が a で，高さが h，密度 ρ の一様な直円錐の重心を求めなさい。

(解) 円錐の頂点を原点 O とし，O から底面方向に向かう中心軸を z 軸にとる (図 15.6)。円錐は z 軸について回転対称であるから，重心 G は z 軸上にある。円錐の全質量は ρ を用いて

$$M = \rho \frac{1}{3}\pi a^2 h$$

で与えられる。この円錐を図 15.6 のように，半径 r，厚さ dz の薄い円板の集まりと考えると，この円板の質量 dm は

$$dm = \rho \pi r^2 dz$$

であり，円板の半径 r は，高さ z と高さ h の円錐が相似であることから

$$r = \frac{z}{h}a$$

で与えられる。したがって重心 G の位置を O からの距離で求めると

$$z_G = \frac{1}{M}\int z\, dm$$
$$= \frac{1}{M}\int_0^h \rho\pi\left(\frac{az}{h}\right)^2 z\, dz = \frac{3}{4}h$$

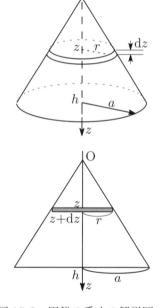

図 15.6　円錐の重心の解説図

3. (壁に立てかけた棒のつり合い)：

質量 M，長さ l の一様な細い棒を鉛直な壁に立てかけるとき，棒と床のなす角 θ で最小の値をもとめなさい。ここで，棒と床面，棒と壁面の最大静止摩擦係数をそれぞれ μ_1, μ_2 とする。また，重力加速度の大きさを g とする。

(**解**) このときの棒に加わる力は図 15.7 のようになる。力のつり合いから

$$Mg = F_2 + R_1$$
$$R_2 = F_1$$

O に関する力のモーメントのつり合いから

$$R_2 l \sin\theta + Mg \frac{l}{2} \cos\theta = R_1 l \cos\theta$$

また，垂直抗力と摩擦力の関係から

$$F_1 = \mu_1 R_1$$
$$F_2 = \mu_2 R_2$$

である。以上の関係から

$$\tan\theta = \frac{1 - \mu_1 \mu_2}{2\mu_1}$$

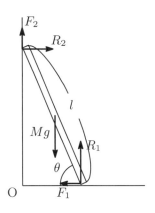

図 15.7 壁に立てかけた棒のつり合いの解説図

4. (吊り棚のつり合い)：

伸び縮みのない軽い糸の一端を質量 M，長さ l の一様な細い棒 AB の点 B に結び，点 A を壁に押し付け，棒が壁に垂直になるように糸の他端を壁に結んだ。糸が壁なす角 θ とこのときの糸の張力の大きさ S を求めなさい。ここで，棒と壁面の最大静止摩擦係数を μ とする。重力加速度の大きさを g とする。

(**解**) 棒が壁から受ける垂直抗力の大きさを N とすると，棒に加わる力は図 15.8 のようになる。力のつり合いから

$$Mg = \mu N + S \cos\theta$$
$$N = S \sin\theta$$

A に関する力のモーメントのつり合いから

$$\frac{l}{2} Mg = S l \cos\theta$$

である。以上の関係から

$$S = \frac{\sqrt{1 + \mu^2}}{2\mu} Mg$$

$$\tan\theta = \frac{1}{\mu}$$

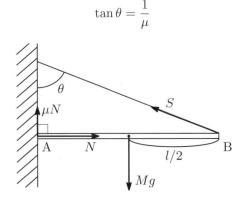

図 15.8 吊り棚のつり合いの解説図

5. (吊り棒のつり合い)：

質量 M，長さ l の一様でまっすぐな細い棒 AB の一端 A を，伸び縮みのない軽い糸 OA で天井からつるし，他端 B を伸び縮みのない軽い糸 BC で水平に引いたところ，棒は水平方向と角度 α でつり合った。OA が水平方向となす角度を β とするとき，α と β の関係を求めなさい。重力加速度の大きさを g とする。

(**解**) OA と BC の張力の大きさをそれぞれ T_1 と T_2 とすると，棒に加わる力は図 15.9 のようになる。力のつり合いは

水平方向：$T_1 \cos\beta = T_2$
鉛直方向：$T_1 \sin\beta = Mg$

A に関する力のモーメントのつり合いは

$$Mg\frac{l}{2}\cos\alpha = T_2 l \sin\alpha$$

であるから，α と β はそれぞれ

$$\tan\alpha = \frac{Mg}{2T_2}$$
$$\tan\beta = \frac{Mg}{T_2}$$

となる。以上の関係から

$$\tan\beta = 2\tan\alpha$$

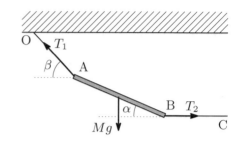

図 15.9　吊り棒のつり合いの解説図

6. (重心に対する相対運動の特徴)：
質点系の重心と相対運動に関する以下の問に答えなさい。
 (a) 重心に関する運動量の和は $\vec{0}$ である
 (b) 質点系の全運動量は，系の全質量が重心にある時の重心の運動量に等しい
 (c) 質点系の全運動エネルギーは，重心の運動エネルギーと重心に対する相対運動の運動エネルギーの和である

(**解**) 重心 G に対する質点 i の相対的な位置ベクトルを $\vec{r}_i{}' = \vec{r}_i - \vec{R}$ とする (図 15.10)。
(a) 相対的な位置ベクトルの両辺に質点の質量をかけて系全体について和をとると

$$m_i \vec{r}_i{}' = m_i \vec{r}_i - m_i \vec{R}$$
$$\sum_i m_i \vec{r}_i{}' = \sum_i m_i \vec{r}_i - \sum_i m_i \vec{R}$$
$$\sum_i m_i \vec{r}_i{}' = \sum_i m_i \vec{r}_i - M\vec{R}$$
$$\frac{1}{M}\sum_i m_i \vec{r}_i{}' = \frac{1}{M}\sum_i m_i \vec{r}_i - \vec{R}$$

$$\sum_i m_i \vec{r}_i{}' = \vec{0}$$
$$\frac{\mathrm{d}}{\mathrm{d}t}\sum_i m_i \vec{r}_i{}' = \vec{0}$$
$$\sum_i m_i \frac{\mathrm{d}\vec{r}_i{}'}{\mathrm{d}t} = \vec{0}$$
$$\sum_i m_i \vec{v}_i{}' = \vec{0}$$

(b) $\vec{r}_i = \vec{R} + \vec{r}_i{}'$ の両辺を t で微分し，m_i をかけて系全体について和をとると

$$\frac{\mathrm{d}\vec{r}_i}{\mathrm{d}t} = \frac{\mathrm{d}\vec{R}}{\mathrm{d}t} + \frac{\mathrm{d}\vec{r}_i{}'}{\mathrm{d}t}$$
$$\vec{v}_i = \vec{V} + \vec{v}_i{}'$$
$$m_i \vec{v}_i = m_i \vec{R} + m_i \vec{v}_i{}'$$

$$\sum_i m_i \vec{v}_i = \sum_i m_i \vec{V} + \sum_i m_i \vec{v}_i{}'$$
$$\sum_i m_i \vec{v}_i = M\vec{V}$$

(c) 前問の速度をもとに質点系の全運動エネルギーを求めると

$$\sum_i \frac{1}{2} m_i \vec{v}_i{}^2 = \sum_i \frac{1}{2} m_i (\vec{V} + \vec{v}_i{}')^2$$

$$= \sum_i \frac{1}{2} m_i (\vec{V}^2 + \vec{v_i}'^2 + 2\vec{V} \cdot \vec{v_i}')$$
$$= \sum_i \frac{1}{2} m_i \vec{V}^2 + \sum_i \frac{1}{2} m_i \vec{v_i}'^2 + \left(\sum_i m_i \vec{v_i}'\right) \cdot \vec{V}$$
$$= \frac{1}{2} M \vec{V}^2 + \sum_i \frac{1}{2} m_i \vec{v_i}'^2$$

7. (質点系の重心まわりの角運動量)：
質点系の角運動量が，重心運動に伴う角運動量と個々の質点の重心のまわりの回転に伴う角運動量の和で表されることを示しなさい。

(解) i 番目の質点の質量を m_i，位置ベクトルを $\vec{r_i}$，重心 G (位置ベクトル $\vec{R}$) に対する相対位置を $\vec{r_i}'$ とする (図 15.10)。このとき，この質点の位置と速度 $\vec{v_i}$ は，重心に対する相対座標と相対速度 $\vec{v_i}'$ により

$$\vec{r_i} = \vec{R} + \vec{r_i}'$$
$$\vec{v_i} = \vec{V} + \vec{v_i}'$$

のように書ける。ここで $\vec{V}$ は重心の速度である。これらを用いて，質点の角運動量 $\vec{L}$ を求める。

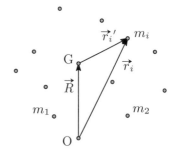

図 15.10 質点系における重心と相対位置

$$\vec{L} = \sum_i \vec{l_i}$$
$$= \sum_i (\vec{r_i} \times \vec{p_i})$$
$$= \sum_i m_i (\vec{r_i} \times \vec{v_i})$$
$$= \sum_i m_i (\vec{R} + \vec{r_i}') \times (\vec{V} + \vec{v_i}')$$
$$= \sum_i m_i \vec{R} \times \vec{V} + \sum_i m_i \vec{r_i}' \times \vec{V}$$
$$+ \sum_i m_i \vec{R} \times \vec{v_i}' + \sum_i m_i \vec{r_i}' \times \vec{v_i}'$$

$$= M\vec{R} \times \vec{V} + \left(\sum_i m_i \vec{r_i}'\right) \times \vec{V}$$
$$+ \vec{R} \times \left(\sum_i m_i \vec{v_i}'\right) + \sum_i m_i \vec{r_i}' \times \vec{v_i}'$$
$$= \vec{R} \times (M\vec{V}) + \sum_i \vec{r_i}' \times (m_i \vec{v_i}')$$
$$= \vec{L}_G + \sum_i \vec{l_i}'$$

以上から $\vec{L}$ は，原点 O に関する重心運動の角運動量 $\vec{L}_G$ と，G に関する相対運動の角運動量 $\sum_i \vec{l_i}'$ の和で表される。

第16章

剛体の運動と慣性モーメント

この章では，空間的広がりを持つ剛体の運動とその特徴の一つの慣性モーメントを学ぶ。

16.1.1 この章の学習目標
1. 慣性モーメントに関する定理を理解し，種々の物体の慣性モーメントを計算できる。
2. 固定軸まわりの剛体の運動の特徴を理解し，剛体に働く力のうち，力のモーメントを持つ力を理解したうえで，代表的問題を解くことができる。

16.1.2 基礎的事項

質点系の運動方程式：

全質量が $M = \sum_i m_i$ の質点系の重心 $\vec{R} = \frac{1}{M}\sum_i m_i \vec{r}_i$ の並進運動の運動方程式は，質点 i に働く外力を $\vec{F}_i$ とすると

$$M\frac{\mathrm{d}^2 \vec{R}}{\mathrm{d}t^2} = \sum_i \vec{F}_i \tag{16.1}$$

であり，支点 P まわりの回転運動の運動方程式は，P を始点とする質点 i の位置ベクトルを $\vec{r}_i$，運動量を $\vec{p}_i$，全角運動量を $\vec{L} = \sum_i \vec{r}_i \times \vec{p}_i$ とすると

$$\frac{\mathrm{d}\vec{L}}{\mathrm{d}t} = \sum_i \vec{r}_i \times \vec{F}_i \tag{16.2}$$

固定軸のまわりの剛体の運動：

剛体がある固定軸のまわりに回転運動するとき，剛体の各点は固定軸に垂直な平面内を円運動し，z 軸方向の変位はないという特徴から，回転角 ϕ のみを変数とする回転運動で表すことができる。固定軸のまわりの剛体の慣性モーメントを I，この剛体に働く力のモーメントの固定軸方向の成分を $\sum_i N_{iz}$ とすると，剛体の固定軸に関する回転の運動方程式は

$$I\frac{\mathrm{d}^2 \phi}{\mathrm{d}t^2} = \sum_i N_{iz} \tag{16.3}$$

また M を系の全質量とすると，系の重心の位置は $\vec{R} = (X, Y, 0)$ と表すことがで

き，このとき重心の並進運動の運動方程式は
$$M\frac{d^2X}{dt^2} = \sum_i F_{ix}, \quad M\frac{d^2Y}{dt^2} = \sum_i F_{iy} \tag{16.4}$$

【基本問題 P.125 問 1，P.129 問 7】【発展問題 P.133 問 6，P.134 問 7，P.135 問 8】

固定軸のまわりの剛体の回転運動の運動エネルギー ：

剛体の固定軸のまわりの慣性モーメントが I，角速度が $\dot{\phi} = \dfrac{d\phi}{dt}$ の運動エネルギー K は
$$K = \frac{1}{2}I\dot{\phi}^2 = \frac{1}{2}I\left(\frac{d\phi}{dt}\right)^2 \tag{16.5}$$

【基本問題 P.125 問 2】

固定軸のまわりの剛体の慣性モーメント ：

質量 $m_1, m_2, \cdots, m_n$ の質点のある軸からの距離がそれぞれ $r_1, r_2, \cdots, r_n$ である質点系について，この軸のまわりの慣性モーメント I は
$$I = \sum_{i=1}^{n} m_i r_i^2 \tag{16.6}$$

連続体の場合には，軸から距離 r にある微小質量を dm とすると，その軸についての慣性モーメント I は
$$I = \int_M r^2 dm \tag{16.7}$$

で与えられる。ここで積分は連続体の質量全体について行う。

【基本問題 P.127 問 4，P.127 問 5】【発展問題 P.130 問 1，P.131 問 2，P.132 問 5】

慣性モーメントに関する定理 ：

- 平行軸の定理

    質点系の全質量が M の重心を通る軸のまわりの慣性モーメントを I_G とすると，この軸に平行で距離 d だけ離れた軸についての慣性モーメント I は
    $$I = I_G + Md^2 \tag{16.8}$$

    【基本問題 P.126 問 3(a) に証明，P.128 問 6】

- 薄板における直交軸の定理

    薄い平板の面内に x 軸と y 軸，これに垂直に z 軸をとると，それぞれの軸のまわりの慣性モーメント I_x, I_y, I_z の間には
    $$I_z = I_x + I_y \tag{16.9}$$

    【基本問題 P.126 問 3(b) に証明】【発展問題 P.131 問 2】

- 和の定理

    A と B の 2 つの部分からなる物体のある軸に関する慣性モーメント I_{A+B} は，それぞれの部分の同じ軸に関する慣性モーメント I_A と I_B の和である。
    $$I_{A+B} = I_A + I_B \tag{16.10}$$

    【基本問題 P.127 問 3(c) に証明】【発展問題 P.131 問 3】

16.1.3 自己学習問題

1. (剛体の回転運動)：
z 軸を回転軸とする剛体があるとき，この剛体内の各点は z 軸に関してどのような運動をするか述べなさい。

(解) 固定軸に垂直な平面内で，固定軸を中心とする円運動を行う。

2. (角加速度)：
並進運動の加速度に対応する固定軸のまわりの回転運動の物理量はどのような式で表されるか示しなさい。

(解) 題意の物理量は角加速度であり，$\dot{\omega} = \dfrac{\mathrm{d}\omega}{\mathrm{d}t} = \ddot{\phi} = \dfrac{\mathrm{d}^2\phi}{\mathrm{d}t^2}$

3. (自由度 1 の運動)：
下記の表の空欄に適当な式を入れなさい。

一次元の並進運動	項目	固定軸のまわりの回転運動
x	変位　　回転角	ϕ
$v=$	速度　　角速度	$\omega=$
m	慣性質量　慣性モーメント	$I=$
$p=$	運動量　角運動量	$l=$
F_x	力　　力のモーメント	$N_z=$
	運動方程式	
	運動エネルギー	

(解)

一次元の並進運動	項目	固定軸のまわりの回転運動
x	変位　　回転角	ϕ
$v = \left(\dot{x} = \dfrac{\mathrm{d}x}{\mathrm{d}t}\right)$	速度　　角速度	$\omega = \left(\dot{\phi} = \dfrac{\mathrm{d}\phi}{\mathrm{d}t}\right)$
m	慣性質量　慣性モーメント	$I = \sum_i m_i r_i^2$
$p = (mv = m\dot{x})$	運動量　角運動量	$l = \left(I\omega = I\dot{\phi} = I\dfrac{\mathrm{d}\phi}{\mathrm{d}t}\right)$
F_x	力　　力のモーメント	$N_z = \left(\sum_i (x_i F_{iy} - y_i F_{ix})\right)$
$\left(m\dfrac{\mathrm{d}^2 x}{\mathrm{d}t^2} = F_x\right)$	運動方程式	$\left(I\dfrac{\mathrm{d}^2\phi}{\mathrm{d}t^2} = N_z\right)$
$\left(\dfrac{1}{2}mv^2 = \dfrac{1}{2}m\dot{x}^2\right)$	運動エネルギー	$\left(\dfrac{1}{2}I\omega^2 = \dfrac{1}{2}I\dot{\phi}^2\right)$

16.1.4 基本問題

1. (固定軸まわりの剛体の運動):
   固定軸まわりの剛体の回転運動では，剛体の各点がその軸に垂直な平面内を回転運動するという特徴から，剛体を構成する微小部分 i の質量 m_i の位置を $\vec{r}_i = (x_i, y_i, 0)$，外力を $\vec{F}_i = (F_{ix}, F_{iy}, 0)$ と表すことができる。$r_i{}^2 = x_i{}^2 + y_i{}^2$，回転角を ϕ とすると，回転に関する運動方程式は

$$I\frac{\mathrm{d}^2\phi}{\mathrm{d}t^2} = \sum_i (x_i F_{iy} - y_i F_{ix}) \tag{16.11}$$

であることを示しなさい。ここで $I = \sum_i m_i r_i{}^2$ である。

(解) 微小部分 i の位置，運動量 $\vec{p}_i$，角運動量 $\vec{l}_i$，力のモーメント $\vec{N}_i$ をそれぞれ求めると

$$\vec{r}_i = (x_i, y_i, 0) = (r_i \cos\phi, r_i \sin\phi, 0)$$
$$\vec{p}_i = m_i(\dot{x}_i, \dot{y}_i, \dot{z}_i) = m_i(-r_i\dot{\phi}\sin\phi, r_i\dot{\phi}\cos\phi, 0) = m_i(-y_i\dot{\phi}, x_i\dot{\phi}, 0)$$
$$\vec{l}_i = \vec{r}_i \times \vec{p}_i = m_i(y_i\dot{z}_i - z_i\dot{y}_i, z_i\dot{x}_i - x_i\dot{z}_i, x_i\dot{y}_i - y_i\dot{x}_i)$$
$$= m_i(0, 0, (x_i{}^2 + y_i{}^2)\dot{\phi}) = m_i(0, 0, r_i{}^2\dot{\phi})$$
$$\vec{N}_i = \vec{r}_i \times \vec{F}_i = (y_i F_{iz} - z_i F_{iy}, z_i F_{ix} - x_i F_{iz}, x_i F_{iy} - y_i F_{ix})$$
$$= (0, 0, x_i F_{iy} - y_i F_{ix})$$

これより，固定軸まわりの剛体の回転運動では，質点系の回転運動の運動方程式 (16.2) の z 成分のみが有効となる。

$$\frac{\mathrm{d}\vec{L}}{\mathrm{d}t} = \sum_i \vec{r}_i \times \vec{F}_i$$

$$\frac{\mathrm{d}L_z}{\mathrm{d}t} = \left(\sum_i \vec{r}_i \times \vec{F}_i\right)_z$$

$$\frac{\mathrm{d}}{\mathrm{d}t}\sum_i m_i r_i{}^2 \dot{\phi} = \sum_i (x_i F_{iy} - y_i F_{ix})$$

$$\sum_i m_i r_i{}^2 \frac{\mathrm{d}}{\mathrm{d}t}\frac{\mathrm{d}\phi}{\mathrm{d}t} = \sum_i (x_i F_{iy} - y_i F_{ix})$$

$$I\frac{\mathrm{d}^2\phi}{\mathrm{d}t^2} = \sum_i (x_i F_{iy} - y_i F_{ix})$$

2. (固定軸まわりの剛体の回転運動のエネルギー):
   固定軸まわりに回転する剛体の回転運動のエネルギーを求めなさい。このときの慣性モーメントを I，回転角を ϕ とする。

(解) 剛体の微小部分 i の質量を m_i，固定軸からの距離を r_i とすると，回転の速さは $v_i = r_i\dot{\phi}$ であるから，回転による剛体の運動エネルギー K は

$$K = \sum_i \frac{1}{2}m_i v_i{}^2 = \frac{1}{2}\left(\sum_i m_i r_i{}^2\right)\dot{\phi}^2 = \frac{1}{2}I\left(\frac{\mathrm{d}\phi}{\mathrm{d}t}\right)^2$$

3. (慣性モーメントの諸定理):
   慣性モーメントに関する次の3つの定理を証明しなさい。

(a) (定理1) 平行軸の定理

1つの軸のまわりの剛体の慣性モーメント I は，その剛体の重心 G を通りその軸に平行な直線のまわりの慣性モーメントを I_G とすると

$$I = I_G + Md^2 \tag{16.12}$$

で与えられる。ここで M は剛体の質量，d は2つの軸間の距離である。

(解) この軸を z 軸とする O-xyz 座標をとり，原点 O から質量 m_i の微小部分 i の位置ベクトルを $\vec{r_i} = (x_i, y_i, z_i)$，O から重心 G への位置ベクトルを $\vec{R} = (X, Y, Z)$，G から i への位置ベクトルを $\vec{r_i}' = (x_i', y_i', z_i')$ とする。このとき $(x_i, y_i, z_i) = (X + x_i', Y + y_i', Z + z_i')$ であり，z 軸から i と G までの距離 r_i と d はそれぞれ

$$r_i^2 = x_i^2 + y_i^2$$
$$d^2 = X^2 + Y^2$$

である。z 軸のまわりの慣性モーメント I は

$$I = \sum_i m_i r_i^2$$
$$= \sum_i m_i (x_i^2 + y_i^2)$$
$$= \sum_i m_i ((X + x_i')^2 + (Y + y_i')^2)$$
$$= \sum_i m_i (X^2 + Y^2)$$
$$+ \sum_i m_i (x_i'^2 + y_i'^2)$$
$$+ 2X \sum_i m_i x_i' + 2Y \sum_i m_i y_i'$$

のようになる。題意より $M = \sum_i m_i$ であるから，右辺第1項は Md^2 と書ける。右辺第2項は $x_i'^2 + y_i'^2$ が z 軸に平行で G を通る軸 (z' 軸とする) と i との距離であるから，z' 軸に関する慣性モーメント I_G となる。右辺第3項と第4項は G のまわりの質量分布になるから 0 である。したがって

$$I = I_G + Md^2$$

(b) (定理2) 薄板における直交軸の定理

薄い板状の剛体の1点を通り，この薄板に垂直な軸 (z 軸とする) のまわりの剛体の慣性モーメント I_z は，この点を通り薄板の面内にある互いに垂直な2本の軸 (x 軸と y 軸) にまわりの慣性モーメント (I_x と I_y) の和 $I_z = I_x + I_y$ に等しい。

(解) 薄板内の直交する2軸 x 軸と y 軸をとり，質量 m_i の微小部分 i の位置ベクトルを $\vec{r_i} = (x_i, y_i)$ とする。z 軸まわりの慣性モーメントは

$$I_z = \sum_i m_i r_i^2$$
$$= \sum_i m_i (x_i^2 + y_i^2)$$
$$= \sum_i m_i x_i^2 + \sum_i m_i y_i^2$$
$$= I_x + I_y$$

のように x 軸と y 軸まわりの慣性モーメントの和として表すことができる。

(c) (定理 3) 和の定理

剛体 A が 2 つの部分 B と C に分けられるとき，一つの軸のまわりの剛体 A の慣性モーメント I_A は，同じ軸に関する部分 B と C の慣性モーメント I_B と I_C の和 $I_A = I_B + I_C$ に等しい。

(解) 剛体 A 全体の慣性モーメントを定義に従って書き下し，これを 2 つの部分 B と C に分けてみる。B と C の部分の微小質量をそれぞれ m_{Bj} と m_{Ck}，これらの軸からの距離をそれぞれ r_{Bj} と r_{Ck} とすると

$$I_A = \sum_i m_i r_i{}^2$$
$$= \sum_j m_{Bj} r_{Bj}{}^2 + \sum_k m_{Ck} r_{Ck}{}^2$$
$$= I_B + I_C$$

4. (二原子分子の慣性モーメント):

質量 m_1 の原子 A と質量 m_2 の原子 B が，図 16.1 のように長さ l だけ離れている二原子分子がある。この分子の結合軸方向 (①) と原子 A を通り結合軸に垂直な軸 (②) 及びこの分子の重心 G を通り結合軸に垂直な軸 (③) のまわりの慣性モーメントを求めなさい。

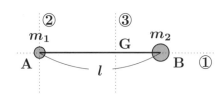

図 16.1 二原子分子の慣性モーメント

(解) 質量 m_i の質点が固定軸から距離 r_i にあるとき，この質点系の固定軸まわりの慣性モーメントは $I = \sum_{i=1}^{n} m_i r_i{}^2$ と与えられる。題意の軸①の場合，2 個の原子はいずれも軸上に位置しているから軸からの距離は 0 である。したがって

$$I_① = m_1 \times 0 + m_2 \times 0 = 0$$

軸②の場合，原子 A は軸上にあり，原子 B は軸②から距離 l の位置にある。したがってこのときの慣性モーメントは

$$I_② = m_1 \times 0 + m_2 \times l^2 = m_2 l^2$$

原子 A を基点に重心 G を求めると，重心の定義から G は A から $\dfrac{m_2}{m_1 + m_2} l$ の結合軸上にある。したがって距離 GB は $l - \dfrac{m_2}{m_1 + m_2} l = \dfrac{m_1}{m_1 + m_2} l$ となる。したがって軸③まわりの慣性モーメントは

$$I_③ = m_1 \left(\frac{m_2}{m_1 + m_2} l \right)^2$$
$$+ m_2 \left(\frac{m_1}{m_1 + m_2} l \right)^2$$
$$= \frac{m_1 m_2}{m_1 + m_2} l^2$$
$$= \mu l^2$$

となる。ここで $\mu = \dfrac{m_1 m_2}{m_1 + m_2}$ はこの系の換算質量である。

5. (細い一様な棒の慣性モーメント):

図 16.2 のような質量 M，長さ l の一様な細い棒 AB について，棒を通る AB 方

向の軸 (①) と棒の一端 A から距離 a を通り棒に垂直な軸 (②) のまわりの慣性モーメントを求めなさい。

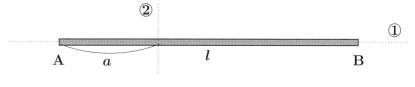

図 16.2　細い一様な棒の慣性モーメント

(解) 微小質量 dm が固定軸から距離 r の位置にある連続体の慣性モーメントは

$$I = \int r^2 \, dm$$

で与えられる。問題の棒の太さを無視すると, 軸①の場合には棒のすべての点は軸上にあると考えることができるから, 軸との距離は 0 である。したがって

$$I_① = 0$$

一方, 棒は質量 M で長さ l の一様な棒であるから, 棒の線密度は $\lambda = \dfrac{M}{l}$ である。軸②から $[x, x+dx]$ にある微小部分の質量は $dm = \lambda dx = \dfrac{M}{l} dx$ である。図 16.3 のように軸②と棒の交点を原点 O にとると, $[x, x+dx]$ での軸②まわりの慣性モーメントは $x^2 dm = x^2 \lambda dx$ であるから, 題意の棒全体の軸②まわりの慣性モーメントは

$$\begin{aligned}
I_② &= \int_M x^2 \, dm \\
&= \int_{-a}^{l-a} x^2 \frac{M}{l} \, dx \\
&= \frac{M}{l} \int_{-a}^{l-a} x^2 \, dx \\
&= \frac{M}{l} \left[\frac{1}{3} x^3 \right]_{-a}^{l-a} \\
&= \frac{M}{3} (l^2 - 3la + 3a^2)
\end{aligned}$$

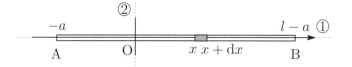

図 16.3　細い一様な棒の慣性モーメントの解説図

6. (薄い長方形の板の慣性モーメント):

質量 M, 縦 $AB = CD = a$, 横 $BC = DA = b$ の薄い一様な薄い長方形の板 ABCD がある。辺 AB と辺 BC を軸とする慣性モーメント I_{AB} と I_{BC} をそれぞれ求めなさい。これらの値をもとに, この板の重心 G を通り, 板面に垂直な軸に関する慣性モーメント I_{Gz} を求めなさい。板は一様なので, 板の重心 G は板の対角線 AC と BD の交点であることを利用してよい。

(解) 図 16.4 のように, 板面に O(B)-xy 座標を決める。I_{AB} は y 軸, I_{BC} は x 軸まわりの慣性モーメントとなる。板は一様なので板の面密度は $\sigma = \dfrac{M}{ab}$ で一定で

ある。I_{AB} を求めるために，$[x, x+dx]$ に縦 a，幅 dx の細い帯を考える。この帯の面積は $dS = adx$ であるから，質量は $dm = \sigma dS = \dfrac{M}{b}dx$ である。この帯の y 軸はすべての部分が，y 軸から等距離にあるので，y 軸に関する慣性モーメントは $dI = x^2 dm = \dfrac{M}{b}x^2 dx$ となる。この dI を 0 から b について積分すると

$$I_{AB} = \int_0^b \frac{M}{b}x^2\,dx$$
$$= \frac{M}{b}\int_0^b x^2\,dx$$
$$= \frac{M}{b}\left[\frac{1}{3}x^3\right]_0^b$$
$$= \frac{1}{3}Mb^2$$

I_{BC} については，$[y, y+dy]$ に縦 dy，幅 b の帯を考えると

$$I_{BC} = \int_0^a y^2 \sigma b\,dy$$
$$= \frac{M}{a}\int_0^a y^2\,dy$$
$$= \frac{M}{a}\left[\frac{1}{3}y^3\right]_0^a$$
$$= \frac{1}{3}Ma^2$$

次に辺 AB，BC，CD，DA の中点をそれぞれ W，X，Y，Z とし，WY と XZ を軸と

する慣性モーメントをそれぞれ I_{Gx} と I_{Gy} とする。軸 WY と XZ は x 軸と y 軸からそれぞれ $\dfrac{a}{2}$ と $\dfrac{b}{2}$ だけ離れているから，平行軸の定理から

$$I_{BC} = I_{Gx} + M\left(\frac{a}{2}\right)^2$$
$$I_{Gx} = I_{BC} - M\frac{a^2}{4} = \frac{1}{12}Ma^2$$
$$I_{AB} = I_{Gy} + M\left(\frac{b}{2}\right)^2$$
$$I_{Gy} = I_{AB} - M\frac{b^2}{4} = \frac{1}{12}Mb^2$$

となる。したがって，G を通り板面に垂直な軸に関する慣性モーメント I_{Gz} は薄板における直交軸の定理から

$$I_{Gz} = I_{Gx} + I_{Gy}$$
$$= \frac{1}{12}M(a^2+b^2)$$

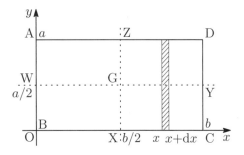

図 16.4　薄い長方形の板の慣性モーメントの解説図

---

7. **(軽い棒の振り子):**

質量 M の質点が，重さの無視できる伸び縮みや変形のない長さ l の軽い棒の一端に固定され，棒の他端は点 O につながっている。この棒は，O を通る垂直面内を抵抗なく O を中心として回転できるものとする。鉛直線に対する棒の振れ角 ϕ が $\sin\phi \approx \phi$ と近似できるくらい小さいとき，この質点の O のまわりの回転に関する運動方程式を明らかにして，質点の振動の周期 T を求めなさい。重力加速度の大きさを g とする。

(解) O を原点とする右手系の O-xyz 座標を，x 軸が鉛直下向き，y 軸が水平方向になるようにとる。この振り子の O に関する

慣性モーメントの定義より $I = Ml^2$ である。質点に働く力で，有限な大きさを持つ力は重力 Mg であり，その力のモーメント

は $\vec{N} = (0, 0, -Mgl\sin\phi)$ となる。O のまわりの回転の運動方程式は

$$I\frac{d^2\phi}{dt^2} = -Mgl\sin\phi$$

$I = Ml^2$ と，題意から $\sin\phi \approx \phi$ なので

$$\frac{d^2\phi}{dt^2} = -\frac{Mgl}{I}\sin\phi = -\frac{g}{l}\sin\phi$$
$$= -\frac{g}{l}\phi$$

この式は角振動数 $\omega = \sqrt{\frac{g}{l}}$ の単振動の運動方程式であるから周期 T は

$$T = \frac{2\pi}{\omega} = 2\pi\sqrt{\frac{l}{g}}$$

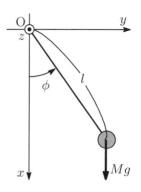

図 16.5　軽い棒の振り子の解説図

16.1.5　発展問題

1. (三原子分子の慣性モーメント)：
底辺の長さ l，高さ h の二等辺三角形 ABC の頂点 A に質量 m_1 の原子，頂点 B と C に質量 m_2 の原子がそれぞれ配置している。この分子の重心 G を通り底辺に平行な軸のまわりの慣性モーメントを求めなさい。

(解) 図 16.6 のように座標を決め，まず重心 G を求める。O から A, B, C の各原子への位置ベクトルをそれぞれ $\vec{r}_1$, $-\vec{r}_2$, $\vec{r}_2$ とすると，重心の位置ベクトル $\vec{R}$ は

$$M\vec{R} = \sum_i m_i \vec{r}_i$$
$$(m_1 + 2m_2)\vec{R} = m_1\vec{r}_1 - m_2\vec{r}_2 + m_2\vec{r}_2$$
$$\vec{R} = \frac{m_1}{m_1 + 2m_2}h\vec{e}_y$$
(16.13)

ここで $\vec{e}_y$ は y 方向の単位ベクトルである。したがって重心を通り底辺に平行な軸のまわりの慣性モーメント I は

$$I = \sum_i m_i r_i^2$$

(別解) この系の重心 G は AO 上にあり，式 (16.13) から OG 間の距離 d は

$$d = |\vec{R}| = \frac{m_1}{m_1 + 2m_2}h$$

$$= m_1\left(h - \frac{m_1}{m_1 + 2m_2}h\right)^2$$
$$+ 2m_2\left(\frac{m_1}{m_1 + 2m_2}h\right)^2$$
$$= \frac{2m_1 m_2}{m_1 + 2m_2}h^2$$

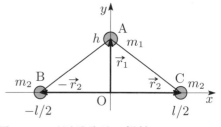

図 16.6　三原子分子の慣性モーメントの解説図

である。ところで，この系の BC(底辺) を軸とするときの慣性モーメント I_{BC} は，頂点 A の質点のみを考えればよいから

$$I_{\text{BC}} = m_1 h^2$$

となる.求めたいのは G を通り BC に平行な軸のまわりの慣性モーメントで I あり,これは平行軸の定理から $I_{\mathrm{BC}} = I + (m_1 + 2m_2)d^2$ の関係にあるから

$$I = I_{\mathrm{BC}} - (m_1 + 2m_2)d^2$$
$$= \frac{2m_1 m_2}{m_1 + 2m_2}h^2$$

2. (一様な薄い円板の慣性モーメント):
質量 M,半径 a の一様な薄い円板について,円板の中心 O を通り円板に垂直な軸 (①) と,O を通り円板面内の軸 (②) のまわりの慣性モーメントを求めなさい.

(解) 図 16.7(a) のように,円板の中心 O を原点とし②軸に一致して r 軸をとる.円板の (面) 密度 σ は

$$\sigma = \frac{M}{\pi a^2}$$

である.図 16.7(b) から $[r, r+\mathrm{d}r]$ の部分の円環の面積 $\mathrm{d}S$ は

$$\mathrm{d}S = 2\pi r\,\mathrm{d}r$$

であり,したがって,この部分の質量 $\mathrm{d}m$ は

$$\mathrm{d}m = \sigma\,\mathrm{d}S = \frac{M}{\pi a^2}2\pi r\,\mathrm{d}r = \frac{2M}{a^2}r\,\mathrm{d}r$$

となる.図 2(a) の O を通り円板に垂直な軸 (①) のまわりの慣性モーメント $I_{①}$ は

$$\begin{aligned}I_{①} &= \int_M r^2\,\mathrm{d}m = \int_S r^2 \sigma\,\mathrm{d}S \\ &= \int_0^a r^2 \frac{2M}{a^2}r\,\mathrm{d}r \\ &= \frac{2M}{a^2}\left[\frac{1}{4}r^4\right]_0^a \\ &= \frac{1}{2}Ma^2\end{aligned}$$

一方,円板は O に対して等方的であるので,O を通る円板内の直交する 2 軸に対する慣性モーメントは等しい.したがって,薄板における直交軸の定理より,O を通り円板内に回転軸 (②) に対する慣性モーメント $I_{②}$ は

$$I_{②} = \frac{1}{2}I_{①} = \frac{1}{4}Ma^2$$

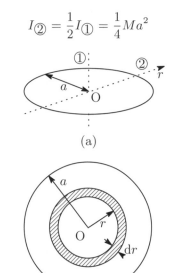

図 16.7 一様な薄い円板の慣性モーメントの解説図

3. (薄い円環の慣性モーメント):
質量 m で半径 r の一様な薄い円板の,円の中心を通り円板に垂直な軸のまわりの慣性モーメントは $\frac{1}{2}mr^2$ である.いま質量 M,外径 a,内径 b の薄い円環について,円の中心を通り円環に垂直な軸のまわりの慣性モーメントを求めなさい.

(解) 円環の面密度は $\rho = \dfrac{M}{\pi(a^2-b^2)}$ である.この面密度の同じ物質で半径 b の穴を埋めたときの半径 a の円板の質量 M' と,半径 b の円板の質量 m' はそれぞれ

$$M' = \sigma\pi a^2 = \frac{Ma^2}{a^2-b^2}$$

$$m' = \sigma\pi b^2 = \frac{Mb^2}{a^2-b^2}$$

となる．それぞれの円板について円の中心を通り円板に垂直な軸のまわりの慣性モーメント $I_{M'}$ と $I_{m'}$ は

$$I_{M'} = \frac{1}{2}M'a^2 = \frac{1}{2}\frac{Ma^4}{a^2-b^2}$$

$$I_{m'} = \frac{1}{2}mb^2 = \frac{1}{2}\frac{Mb^4}{a^2-b^2}$$

したがって，題意の円環の慣性モーメント I は，慣性モーメントの和の定理より

$$I = I_{M'} - I_{m'} = \frac{1}{2}M\frac{a^4-b^4}{a^2-b^2}$$
$$= \frac{1}{2}M(a^2+b^2)$$

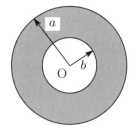

図 16.8 薄い円環の慣性モーメントの解説図

4. (穴の開いた薄い円板の慣性モーメント)：

質量 m で半径 r の一様な薄い円板の，円板の直径まわりの慣性モーメントは $\frac{1}{4}mr^2$ である．いま面密度 σ，半径 $4a$ の薄い円板面内に中心を原点とする O-xy 座標をとる．この円板には $(0, 2a)$ と $(0, -2a)$ を中心とする半径 a の円形の穴が開いている．y 軸のまわりの慣性モーメントを求めなさい．

(解) 問題の図形は図 16.9 のようになる．面密度 σ を持つ穴の開いていない半径 $4a$ の薄い円板の質量 M と，面密度 σ で半径 a の薄い円板の質量 m' は，σ にそれぞれの面積をかけて

$$M = \sigma\pi(4a)^2 = 16\pi\sigma a^2$$

$$m' = \sigma\pi a^2 = \pi\sigma a^2$$

であるから，それぞれの円板の y 軸まわりの慣性モーメントをそれぞれ I_{4a}, I_a とすると

$$I_{4a} = \frac{1}{4}M(4a)^2 = 64\pi\sigma a^4$$

$$I_a = \frac{1}{4}m'a^2 = \frac{1}{4}\pi\sigma a^4$$

題意の薄い円板には y 軸上に半径 a の穴が 2 か所に開いているので，題意の慣性モーメント I は，慣性モーメントの和の定理より

$$I = I_{4a} - 2I_a = \frac{127}{2}\pi\sigma a^4$$

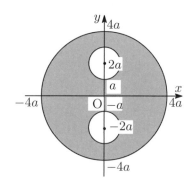

図 16.9 穴の開いた薄い円板の慣性モーメントの解説図

5. (一様な球の慣性モーメント)：

質量 M，半径 a の一様な球について，球の中心 O を通る軸のまわりの慣性モーメントを求めなさい．

(**解**) 図 16.10(a) のように球の中心を原点 O, 回転軸を z 軸とし, この軸に垂直に球を図 16.10(b) のように薄い円板に分ける。このとき, O から z のところにある円板の半径 r は
$$r = \sqrt{a^2 - z^2}$$
である。この円板の厚さを $\mathrm{d}z$ とすると, 円板の体積 $\mathrm{d}V$ は
$$\mathrm{d}V = \pi r^2 \, \mathrm{d}z$$
であり, 球の密度は $\rho = \dfrac{M}{\frac{4}{3}\pi a^3}$ であるから, 質量 $\mathrm{d}m$ は
$$\mathrm{d}m = \rho \, \mathrm{d}V = \frac{M}{\frac{4}{3}\pi a^3} \pi r^2 \, \mathrm{d}z$$
$$= \frac{3}{4} M \frac{a^2 - z^2}{a^3} \, \mathrm{d}z$$
で与えられる。薄い円板についての慣性モーメントは前問で得られているので, この円板についての慣性モーメント $\mathrm{d}I$ は
$$\mathrm{d}I = \frac{1}{2} \mathrm{d}m \times r^2 = \frac{3}{8} M \frac{(a^2 - z^2)^2}{a^3} \, \mathrm{d}z$$
となる。したがってこの球の慣性モーメント I は, 和の定理を用いて薄い円板の慣性モーメントを球全体について足し合わせる (積分する) ことにより求められる。
$$I = \int_{\text{球全体}} \mathrm{d}I$$
$$= \int_{-a}^{a} \frac{3}{8} M \frac{(a^2 - z^2)^2}{a^3} \, \mathrm{d}z$$
$$= \frac{3}{8} \frac{M}{a^3} \int_{-a}^{a} (a^4 - 2a^2 z^2 + z^4) \, \mathrm{d}z$$
$$= \frac{3}{8} \frac{M}{a^3} \left[a^4 z - \frac{2}{3} a^2 z^3 + \frac{1}{5} z^5 \right]_{-a}^{a}$$
$$= \frac{2}{5} M a^2$$

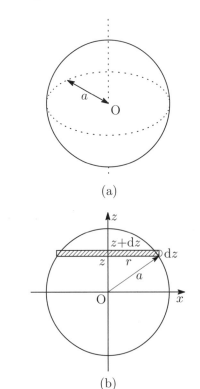

図 16.10 一様な球の慣性モーメントの解説図

---

6. (**実体振り子**):

重心 G を通らない水平軸 O のまわりで, 重力のみが働いて振動している質量 M の剛体 (実体振り子) を考える。この剛体の回転軸 O のまわりの慣性モーメントは I であり, OG 間の距離は h である。また鉛直線と直線 OG のなす角度 ϕ は $\sin \phi \approx \phi$ と近似できるくらい小さいとする。この剛体の O のまわりの回転に関する運動方程式を明らかにして, 剛体の振動の周期 T を求めなさい。重力加速度の大きさを g とする。

(**解**) 図 16.11 のように O-xyz 座標をとる。x 軸と重心 G が角度 ϕ をなすとき, 重心に働く重力のモーメント N_z は
$$N_z = -Mgh \sin \phi$$

回転運動の方程式は
$$I \frac{\mathrm{d}^2 \phi}{\mathrm{d}t^2} = -Mgh \sin \phi$$
振れ角 ϕ が小さいときには $\sin \phi \approx \phi$ と近

似できるから
$$I\frac{d^2\phi}{dt^2} = -Mgh\phi$$
$$\frac{d^2\phi}{dt^2} = -\frac{Mgh}{I}\phi$$

これは単振動を表す微分方程式と同じであるから、その一般解は
$$\phi = \phi_0 \sin(\omega t + \alpha)$$
$$\omega = \sqrt{\frac{Mgh}{I}}$$

となる。ここで ϕ_0 と α は任意の定数である。またその周期 T は
$$T = 2\pi\sqrt{\frac{I}{Mgh}}$$

であり、これを単振り子の周期 $2\pi\sqrt{\frac{l}{g}}$ と比較すると、次の関係が得られる。

$$l = \frac{I}{Mh}$$

この l を「相当単振り子の長さ」という

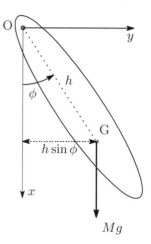

図 16.11 実体振り子の解説図

7. (滑車の運動):

伸び縮みのない重さの無視できる糸を半径 a の滑車にかけ、糸の両端に質量がそれぞれ m_1 と m_2 ($m_1 > m_2$) の質点をつるす。このときの質量 m_1 の質点の落下の加速度を求めなさい。ただし糸は滑車の上を滑らないとし、また滑車はその中心軸のまわりに摩擦なくなめらかに回転するとする。さらに滑車の中心軸に関する慣性モーメントは I とする。重力加速度の大きさを g とする。

(解)

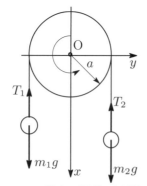

図 16.12 滑車の運動の解説図

図 16.12 のように座標軸をとり、質量 m_1 の質点につながる糸の張力を T_1、質量 m_2 の質点につながる糸の張力を T_2 とする。質量 m_1 と m_2 の質点に加わる力は張力のほかに重力があるから、それぞれの運動方程式は次のようになる。
$$m_1\frac{d^2x_1}{dt^2} = m_1g - T_1$$
$$m_2\frac{d^2x_2}{dt^2} = m_2g - T_2$$

また滑車の回転に関する運動方程式は、滑車を回転させる力が左右の糸の張力の差であり、これが滑車に働く力のモーメントとなるから
$$I\frac{d^2\phi}{dt^2} = a(T_1 - T_2)$$

となる。これから求める加速度は $\frac{d^2x_1}{dt^2}$ である。糸は伸び縮みがないので、常に
$$x_1 + x_2 = 一定$$

であり、両辺を時間 t で 2 回微分することにより

$$\frac{d^2 x_1}{dt^2} = -\frac{d^2 x_2}{dt^2}$$

が得られる。また滑車にかかっている糸はその上を滑らないので，滑車の回転角 ϕ と糸の変位 x_1 は

$$x_1 = a\phi$$

の関係があり，したがって糸の滑車における接線加速度は

$$\frac{d^2 x_1}{dt^2} = a\frac{d^2 \phi}{dt^2}$$

以上の関係から

$$\frac{d^2 x_1}{dt^2} = \frac{m_1 - m_2}{m_1 + m_2 + I/a^2} g$$

---

8. **(斜面を転がる円形物体)**：
半径 a で質量 M の円形物体が角度 (傾角) θ の斜面を転がり落ちるとき，この物体の転がり落ちるときの加速度を求めなさい。この円形物体の中心 (重心) のまわりの慣性モーメントを I_G とし，円形物体は斜面上を滑らないとする。重力加速度の大きさを g とする。

(解)

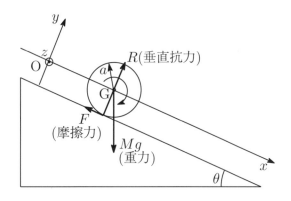

図 16.13 斜面を転がる円形物体の解説図

図 16.13 のように，斜面に平行下向きに x 軸，斜面に垂直上向きに y 軸，紙面に垂直で紙面奥から手前の向きに z 軸をとる。円形物体の回転軸は，G を通り z 軸に平行な軸である。円形物体の働く力は

重力　　　　　　：　Mg
斜面との摩擦力　：　F
垂直抗力　　　　：　R

である。これら 3 力のうちこの物体を回転させるための力は，力の作用線が回転軸を通らない摩擦力だけであり，その力のモーメントの z 成分は

$$(\vec{r} \times \vec{F})_z = -aF$$

である。以上から，重心の並進運動と中心 (重心) のまわりの回転運動に関する運動方程式はそれぞれ

$$x\text{ 方向}: M\frac{d^2 x}{dt^2} = Mg\sin\theta - F$$

$$y\text{ 方向}: M\frac{d^2 y}{dt^2} = R - Mg\cos\theta$$

$$\text{回転}: I_G \frac{d^2 \phi}{dt^2} = -aF$$

円形物体は斜面上から離れたり，斜面にめり込んだりしないので，y 方向の変位はなく

$$R = Mg\cos\theta$$

また物体は滑らないので，回転角 ϕ と回転に伴う中心 (重心) の変位 x は

$$x = -a\phi$$

の関係にあり，これより

$$\frac{d^2 x}{dt^2} = -a\frac{d^2 \phi}{dt^2}$$

となる．以上の関係から

$$\frac{d^2x}{dt^2} = \frac{M}{M + I_G/a^2} g\sin\theta$$

9. (ヨーヨー)：

質量が M で，糸を巻き付ける軸の半径が a であるようなヨーヨーがある．糸を引っ張り上げて，その重心の位置を不動に保つようにして回転させるには，どのような速さで上向きに糸を引っ張り上げればよいか求めなさい．ヨーヨーの中心軸のまわりの慣性モーメントを I，重力加速度の大きさを g とする．糸は伸び縮みせず，また太さは無視する．

(解) 図16.14のようにヨーヨーの中心を原点Oとし，鉛直下向きに x 軸，水平方向に y 軸をとる．糸がヨーヨーの軸に接している点をPとする．糸を引き上げる力の大きさを F とすると，ヨーヨーに働く力は，重力と糸の張力であり斜面に平行下向きに軸，斜面に垂直上向きに軸をとる．円形物体に働く力は

重力： $\vec{F}_g = (Mg, 0, 0)$

張力： $\vec{F}_T = (-F, 0, 0)$

Oは動かないので，鉛直方向に働く力の合力は $\vec{0}$ であるから

$$F = Mg$$

Oは回転軸なので，ヨーヨーに加わる力のモーメントは $\vec{F}_T$ しか持たない．点P位置は

$$\vec{r}_T = (0, a, 0)$$

ヨーヨーの (並進) 運動の運動方程式は

$$M\frac{d^2X}{dt^2} = 0$$

ヨーヨーに働く力のモーメントは
$$\vec{N} = \vec{r}_T \times \vec{F}_T$$
$$= (yF_z - zF_y, zF_x - xF_z, xF_y - yF_x)$$
$$= (0, 0, 0 - a(-F))$$
$$= (0, 0, aF)$$

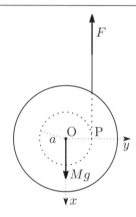

図16.14　ヨーヨーの解説図

ヨーヨーのOに関する回転の運動方程式は

$$I\frac{d^2\phi}{dt^2} = aF = Mga$$

であり，$t = 0$ で $\frac{d\phi}{dt} = 0$ とすると

$$\frac{d\phi}{dt} = \frac{Mga}{I}t$$

回転角 ϕ とその時引き出される糸の長さ x には $x = a\phi$ の関係があるから

$$v = \frac{dx}{dt} = a\frac{d\phi}{dt} = \frac{Mga^2}{I}t$$

以上から，大きさ Mg の力で速さ $\frac{Mga^2}{I}t$ で引っ張り上げればよい．

第III部

電磁気学分野

第 17 章

静電気と単位

この章では，電荷とその基本的性質，及び電磁気分野に関する国際単位系を学ぶ。

17.1.1 この章の学習目標
1. 電気や電荷がどのようなものかを知る。
2. 電磁気現象でどのような単位が使われるかを理解する。

17.1.2 基礎的事項

摩擦電気 ：
雷などの現象でみられるような摩擦で生じた電気をいう。

電荷 ：
物体に生じた電気のことを**電荷**という。また，電荷の量のことを電気量あるいは単に電荷という。電荷には「正」と「負」がある。電荷の単位は **C (クーロン)** であり，たとえば電子の電荷は $-e = -1.60 \times 10^{-19}$ C である。

電荷保存の法則 ：
正電荷と負電荷の代数和は一定である，または全電荷は一定である。

帯電 ：
物質に電荷が溜まることを，物質が「帯電する」という。

導体と絶縁体 ：
電気を良く通す物体を**導体**。電気を通さない (通しにくい) 物体を**絶縁体** (あるいは**誘電体**)，導体と絶縁体の中間に位置する物体を**半導体**という。

17.1.3 自己学習問題
1. (電磁気学の単位)：
電磁気学で用いられる物理量の国際単位系 (SI) を調べ，以下の問に答え，[ ] に適切な記号，( ) に適切な語句を入れなさい。
   (a) 電流の単位の記号は [1] で表され，(2) と呼ばれる。
   (b) 電気量あるいは電荷の単位の特別名称の記号は [3] で表され，(4) と呼ばれる。[3] は時間と電流の単位を用いて [5] と表される。

(c) 電位あるいは電圧の単位の特別名称の記号は [6] で表され，(7) と呼ばれる。[6] は仕事と電気量の単位を用いて [8] と表される。

(d) 静電容量の単位の特別名称の記号は [9] で表され，(10) と呼ばれる。[9] は電気量と電位あるいは電圧の単位を用いて [11] と表される。

(e) 電気抵抗の単位の特別名称の記号は [12] で表され，(13) と呼ばれる。[12] は電位あるいは電圧と電流の単位を用いて [14] と表される。

(f) E-H 対応の磁荷 (磁気量) や磁束の単位の特別名称の記号は [15] で表され，(16) と呼ばれる。

(g) 磁場の強さの単位は電流の単位と長さの単位を用いて [17] で表される。

(h) 磁束密度の単位の特別名称の記号は [18] で表され，(19) と呼ばれる。

(i) インダクタンスの単位の特別名称の記号は [20] で表され，(21) と呼ばれる。

(解)
(a) 1. A
2. アンペア
(b) 3. C
4. クーロン
5. A s
(c) 6. V
7. ボルト
8. J/C
(d) 9. F
10. ファラド
11. C/V
(e) 12. Ω
13. オーム
14. V/A
(f) 15. Wb
16. ウェーバー
(g) 17. A/m
(h) 18. T
19. テスラ
(i) 20. H
21. ヘンリー

2. (電磁気量と単位):
以下の問に単位も付して答えなさい。

(a) 導線中を 2 A の電流が 5 s 間流れるとき，導線中を移動する電荷 (電気量) を求めなさい。

(b) 1 個の電子が 1 kV の電位差の電極間を運動するとき，電子の得る運動エネルギーを求めなさい。

(c) 静電容量 250 μF のキャパシタに 20 V の電圧をかけるとき，キャパシタに蓄えられる電荷を求めなさい。

(d) ある電気抵抗に 40 V の電圧をかけ 20 mA の電流が流れるとき，この電気抵抗の値を求めなさい。

(解)
(a) $Q = I\Delta t = 2\,\text{A} \times 5\,\text{s} = 10\,\text{C}$
(b) $K = eV = (1.6 \times 10^{-19}\,\text{C}) \times (1 \times 10^3\,\text{V}) = 1.6 \times 10^{-16}\,\text{J}$
(c) $Q = CV = (250 \times 10^{-6}\,\text{F}) \times 20\,\text{V} = 5.0 \times 10^{-3}\,\text{C}$
(d) $R = \dfrac{V}{I} = \dfrac{40\,\text{V}}{20 \times 10^{-3}\,\text{A}} = 2.0 \times 10^3\,\Omega = 2.0\,\text{k}\Omega$

第18章

クーロンの法則と電場

この章では，電荷間に働くクーロン力，電場と電気力線，電位と等電位面(線)を学ぶ。

18.1.1 この章の学習目標
1. 電荷間に働くクーロン力の特徴を理解し，その重ね合わせができるようになる。
2. クーロン力が電場を通して電荷に働くことを理解し，電場の重ね合わせができる。

18.1.2 基礎的事項

電荷に関するクーロンの法則：

真空中にある電荷 q と q' の間には，q が q' から見て位置 $\vec{r}$ にあるとき

$$\vec{F} = \frac{1}{4\pi\varepsilon_0}\frac{qq'}{r^2}\frac{\vec{r}}{r} \quad \left(F = \frac{1}{4\pi\varepsilon_0}\frac{qq'}{r^2}\right) \tag{18.1}$$

で与えられる力 (クーロン力) が働く。ここで $r = |\vec{r}|$，ε_0 は電気定数 (真空の誘電率) である。同種の電荷 (正電荷と正電荷，負電荷と負電荷) 間の力は反発力 (斥力) であり，異種の電荷 (正電荷と負電荷) 間の力は引力となる。

クーロン力の重ね合わせの原理：

電荷 q がその周囲にある電荷 q_1, q_2, $\cdots$, q_N から受ける力 $\vec{F}$ は

$$\vec{F} = \sum_{i=1}^{N}\frac{1}{4\pi\varepsilon_0}\frac{qq_i}{|\vec{r}-\vec{r}_i|^2}\frac{\vec{r}-\vec{r}_i}{|\vec{r}-\vec{r}_i|} \tag{18.2}$$

である。$\vec{r}$ と $\vec{r}_i$ は，それぞれ原点 O を始点とする q と q_i の位置ベクトルである。

【基本問題 P.142 問 1，P.143 問 2】【発展問題 P.144 問 1】

電場 (電界)：

真空中にある電荷 q' が，q' から $\vec{r}$ に位置する電荷 q に及ぼすクーロン力 $\vec{F}$ を

$$\vec{F} = q\vec{E} \tag{18.3}$$

のように表し，ベクトル $\vec{E}$ を電荷 q' が $\vec{r}$ に作る電場 (あるいは電界) という。

$$\vec{E} = \frac{1}{4\pi\varepsilon_0}\frac{q'}{r^2}\frac{\vec{r}}{r} \quad \left(E = \frac{1}{4\pi\varepsilon_0}\frac{q'}{r^2}\right) \tag{18.4}$$

電場の重ね合わせの原理：

位置 $\vec{r}_1$, $\vec{r}_2$, $\cdots$, $\vec{r}_N$ にある電荷 q_1, q_2, $\cdots$, q_N が，$\vec{r}$ にある電荷 q に及ぼす

クーロン力 $\vec{F}$ は，各電荷が q に及ぼす力 $\vec{F_1}, \vec{F_2}, \ldots, \vec{F_N}$ の合力なので

$$\vec{F} = \vec{F_1} + \vec{F_2} + \cdots + \vec{F_N} = \sum_{i=1}^{N} \vec{F_i} \tag{18.5}$$

$$= q\vec{E_1} + q\vec{E_2} + \cdots + q\vec{E_N} = q\sum_{i=1}^{N} \vec{E_i} = q\vec{E} \tag{18.6}$$

すなわち，複数の電荷がつくる電場は，各電荷がつくる電場のベクトル和となる。$\vec{r}$ と $\vec{r_i}$ は，それぞれ原点 O を始点とする q と q_i の位置ベクトルとすると

$$\vec{E} = \sum_{i=1}^{N} \frac{q_i}{4\pi\varepsilon_0} \frac{\vec{r} - \vec{r_i}}{|\vec{r} - \vec{r_i}|^3} \tag{18.7}$$

【基本問題 P.143 問 3】

電気力線 ：

任意の点の接線方向がその点での電場の方向に一致するような曲線

1. 正電荷から発して負電荷で終わる。
2. 正 (負) 電荷が 1 個のみの電気力線は，正電荷 (無限遠) から発して無限遠 (負電荷) で終わる。
3. 途中で切れたり，電荷以外のところで交差したり，枝分かれすることはない。

点電荷のつくる静電位 ：

真空中にある点電荷 q が電荷からの距離 r の点に作る静電位 $V(r)$ は，r の関数で与えられ，無限遠での電位を 0 とすると，次式で与えられる。

$$V(r) = \frac{1}{4\pi\varepsilon_0} \frac{q}{r} \tag{18.8}$$

複数の点電荷がある位置に作る電位は，各電荷がその位置に作る電位の和となる。

【発展問題 P.144 問 2】

等電位面 (線) ：

電位が同じ点を結んで得られる面 (あるいは線)

1. 電場は等電位面に垂直である。電気力線も，各点での接線方向がその点での電場の方向に一致するので等電位面に垂直となる。
2. 電場は電位の減少する方向に向く。

18.1.3 自己学習問題

1. (クーロン力と万有引力の大きさの違い) ：
真空中に 10^{-10} m だけ離れて存在する陽子 ($M_\mathrm{p} = 1.67 \times 10^{-27}$ kg, $e = 1.60 \times 10^{-19}$ C) と電子 ($m_\mathrm{e} = 9.11 \times 10^{-31}$ kg, $-e = -1.60 \times 10^{-19}$ C) の間に働くニュートンの万有引力 F_g とクーロン力 F_C を求め，さらに両者の比 $|F_\mathrm{C}/F_g|$ を求めなさい。ここで真空の誘電率は $\varepsilon_0 = 8.85 \times 10^{-12}$ F/m, 万有

引力定数を $G = 6.67 \times 10^{-11}\,\mathrm{N\,m^2/kg^2}$ とする。

(解) 陽子と電子間に働く万有引力とクーロン力はそれぞれ

$$F_g = G\frac{M_\mathrm{p} m_\mathrm{e}}{r^2} = \frac{6.67 \times 10^{-11} \times 1.67 \times 10^{-27} \times 9.11 \times 10^{-31}}{(10^{-10})^2} \approx 1.01 \times 10^{-47}\,\mathrm{N}$$

$$F_\mathrm{C} = \frac{1}{4\pi\varepsilon_0}\frac{e^2}{r^2} = -\frac{(1.60 \times 10^{-19})^2}{4 \times 3.14 \times 8.85 \times 10^{-12} \times (10^{-10})^2} \approx -2.30 \times 10^{-8}\,\mathrm{N}$$

であり，両者に力の大きさの比は

$$\left|\frac{F_\mathrm{C}}{F_g}\right| = \frac{1}{4\pi\varepsilon_0 G}\frac{e^2}{M_\mathrm{p} m_\mathrm{e}} \approx 2.27 \times 10^{39}$$

このように陽子-電子間に働くクーロン力はニュートンの万有引力よりも非常に大きい。

2. **(電場と電気力線)：**
真空中に正と負の点電荷がそれぞれ孤立して存在しているとき，それぞれの点電荷のまわりの電場と電気力線はどのようになるか説明しなさい。

(解) 真空中に点電荷が孤立して存在するとき，そのまわりの電場は電荷が正あるいは負であっても点電荷の位置を中心に球対称となっている。ただし電気力線は，正電荷の場合には，電荷から発して無限遠に向かう向きを持ち，負電荷の場合は無限遠から発して電荷で終わる向きを持つ。

18.1.4 基本問題

1. **(点電荷間に働く反発力のつり合い)：**
真空中で長さの等しい糸の先に，それぞれ質量 m の小球をつけて点 O からつり下げ，それぞれの小球に同符号の電荷 Q_1 と Q_2 を与えたところ，小球間の距離が r になって静止した。このときの糸のなす角度 θ を求めなさい。

(解) 1つの小球には，鉛直下向きの力(重力) mg，糸の張力 T，クーロン力 F_C の3つの力が働き，つり合っている。これらの力を鉛直，水平成分に分けて考えると T の鉛直成分が mg とつり合い，T の水平成分が F_C とつり合っている(図18.1を参照)。

鉛直成分：$T\cos\dfrac{\theta}{2} = mg$ \quad (18.9)

水平成分：$T\sin\dfrac{\theta}{2} = F_\mathrm{C}$

$\qquad\qquad\qquad = \dfrac{Q_1 Q_2}{4\pi\varepsilon_0 r^2}$ \quad (18.10)

式(18.9)，式(18.10)より T を消去して

$$\tan\frac{\theta}{2} = \frac{1}{4\pi\varepsilon_0}\frac{Q_1 Q_2}{mgr^2}$$

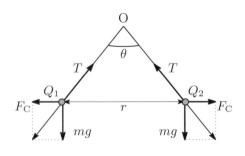

図 18.1 点電荷間に働く反発力のつり合いの解説図

2. (クーロン力の間のつり合い 1)：

1 辺の長さが 10 cm の正三角形 ABC の各頂点 A，B，C にそれぞれ -8.0×10^{-6} C, 2.0×10^{-6} C, 4.0×10^{-6} C の点電荷が置かれている。頂点 B に置かれている点電荷が受ける力を求めなさい。

(解) 図 18.2 のように，B の電荷は，A と C の電荷からそれぞれ $\vec{F}_{AB}$ と $\vec{F}_{CB}$ の力を受ける。したがって，B に働く力はこれらの合力 $\vec{F}$ となる。クーロンの法則より

$$|\vec{F}_{CB}| = F_{CB} = \frac{2.0 \times 10^{-6} \times 4.0 \times 10^{-6}}{4 \times 3.14 \times 8.85 \times 10^{-12} \times (10^{-1})^2} \approx 7.2\,\mathrm{N}$$

$$|\vec{F}_{AB}| = F_{AB} = \frac{2.0 \times 10^{-6} \times |-8.0 \times 10^{-6}|}{4 \times 3.14 \times 8.85 \times 10^{-12} \times (10^{-1})^2} \approx 14\,\mathrm{N}$$

$\vec{F}_{AB}$ の水平成分の大きさは

$$F_{AB} \cos 60° \approx 7.2\,N$$

となり $\vec{F}_{CB}$ とつり合う。したがって，合力 $\vec{F}$ の大きさ F は $\vec{F}_{AB}$ の鉛直成分に等しく，有効数字 2 桁で示すと以下のようになる。

$$|\vec{F}| = F = F_{AB} \sin 60° \approx 12\,\mathrm{N}$$

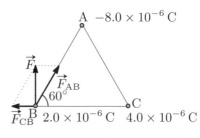

図 18.2 クーロン力の間のつり合い 1 の解説図

3. (電場)：

一辺の長さが a の正三角形 ABC の 2 つの頂点 B と C にそれぞれ $+Q$ と $-Q$ の点電荷をおいたとき，もう一つの頂点に生じる電場を求めなさい。

(解) まず頂点 B と C の電荷が頂点 A の作る電場 ($\vec{E}_B$ と $\vec{E}_C$) をそれぞれ求め，その後，両電場のベクトル和をとる。ABC は正三角形であり頂点 B と C にある電荷の絶対値はともに Q であるから，これらの電場の大きさはともに等しく

$$|\vec{E}_B| = |\vec{E}_C| = \frac{1}{4\pi\varepsilon_0}\frac{Q}{a^2}$$

である。$\vec{E}_B$ の向きは点 B から点 A に向かう方向であり，$\vec{E}_C$ は点 A から点 C に向かう向きである。この 2 つの電場ベクトルの和は以下の通りであり，これを図 18.3 に示す。

大きさ：$E = \dfrac{1}{4\pi\varepsilon_0}\dfrac{Q}{a^2}$

方向：BC に平行な方向

向き：A を始点とする B から C に向う向き

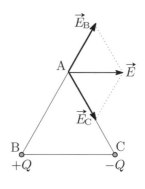

図 18.3 電場の解説図

18.1.5 発展問題

1. **(クーロン力間のつり合い 2)**：
   一辺 a の正三角形の頂点 A, B, C にそれぞれ点電荷 $q,\ q,\ -Q\,(q, Q > 0)$ をおいた。AB の中点を D として CD の延長線上で DP=b となる点 P に点電荷 $q'\,(>0)$ をおいたところ，ちょうど静止した。電荷の比 $\dfrac{|-Q|}{q}$ を求めなさい。

   (解) 各電荷間に働く力は図 18.4 のようになる。題意から $\vec{F}_{\mathrm{AP}}$ と $\vec{F}_{\mathrm{BP}}$ の合力 $\vec{F}$ と $\vec{F}_{\mathrm{CP}}$ がつり合えばよい。それぞれの力の大きさは以下の通りである。

   $$|\vec{F}_{\mathrm{AP}}| = |\vec{F}_{\mathrm{BP}}| = \frac{1}{4\pi\varepsilon_0}\frac{qq'}{\left(\frac{a}{2}\right)^2 + b^2}$$

   $$|\vec{F}_{\mathrm{CP}}| = \frac{1}{4\pi\varepsilon_0}\frac{|-Q|q'}{\left(\frac{\sqrt{3}}{2}a + b\right)^2}$$

   $$|\vec{F}| = 2|\vec{F}_{\mathrm{AP}}| \times \frac{b}{\sqrt{\left(\frac{a}{2}\right)^2 + b^2}}$$

   $$= \frac{2b}{4\pi\varepsilon_0}\frac{qq'}{\left(\left(\frac{a}{2}\right)^2 + b^2\right)^{\frac{3}{2}}}$$

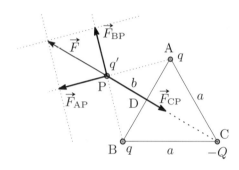

図 18.4 クーロン力間のつり合い 2 の解説図

   $|\vec{F}| = |\vec{F}_{\mathrm{CP}}|$ から

   $$\frac{|-Q|}{q} = \frac{2b\left(\frac{\sqrt{3}}{2}a + b\right)^2}{\left(\left(\frac{a}{2}\right)^2 + b^2\right)^{\frac{3}{2}}}$$

2. **(電気双極子)**：
   真空中の点 $\mathrm{A}(-a, 0)$ に点電荷 $-q$，点 $\mathrm{B}(a, 0)$ に点電荷 q をおいたとき，この平面上の点 $\mathrm{P}(x, y)$ における電位を求めなさい（図 18.5）。ただし，$r = \sqrt{x^2 + y^2} \gg a$ とする。真空の誘電率を ε_0 とする。

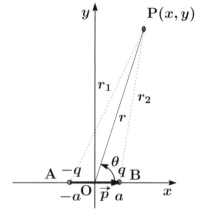

図 18.5 電気双極子

(解) 2点間の距離 AP 及び BP をそれぞれ r_1 及び r_2 とする。このとき，2つの点電荷が点 P に作る電位はそれぞれ

$$V_1 = \frac{1}{4\pi\varepsilon_0}\frac{-q}{r_1} \quad (18.11)$$

$$V_2 = \frac{1}{4\pi\varepsilon_0}\frac{q}{r_2} \quad (18.12)$$

である。P での正味の電位 V は，2つの電荷 q と $-q$ がそれぞれ P に作る電位 V_1 と V_2 の和として

$$V = V_1 + V_2 \quad (18.13)$$

で与えられる。また，r_1 及び r_2 はそれぞれ

$$r_1 = \sqrt{(x+a)^2 + y^2}$$
$$r_2 = \sqrt{(x-a)^2 + y^2}$$

となる。上式に条件 $a \ll r$ を用いると，$\frac{1}{r_1}$ と $\frac{1}{r_2}$ はそれぞれ次のように近似できる。

$$\frac{1}{r_1} = \frac{1}{\sqrt{(x+a)^2 + y^2}}$$
$$= \frac{1}{\sqrt{(x^2+y^2) + 2ax + a^2}}$$
$$= \frac{1}{\sqrt{r^2 + 2ax + a^2}}$$
$$= \frac{1}{r}\frac{1}{\sqrt{1 + 2\frac{ax}{r^2} + (\frac{a}{r})^2}}$$
$$\approx \frac{1}{r}\frac{1}{\sqrt{1 + 2\frac{ax}{r^2}}}$$
$$= \frac{1}{r}\left(1 + 2\frac{ax}{r^2}\right)^{-\frac{1}{2}}$$
$$\approx \frac{1}{r}\left(1 - \frac{ax}{r^2}\right) \quad (18.14)$$

$$\frac{1}{r_2} = \frac{1}{\sqrt{(x-a)^2 + y^2}}$$
$$= \frac{1}{\sqrt{(x^2+y^2) - 2ax + a^2}}$$
$$= \frac{1}{\sqrt{r^2 - 2ax + a^2}}$$
$$= \frac{1}{r}\frac{1}{\sqrt{1 - 2\frac{ax}{r^2} + (\frac{a}{r})^2}}$$
$$\approx \frac{1}{r}\frac{1}{\sqrt{1 - 2\frac{ax}{r^2}}}$$
$$= \frac{1}{r}\left(1 - 2\frac{ax}{r^2}\right)^{-\frac{1}{2}}$$
$$\approx \frac{1}{r}\left(1 + \frac{ax}{r^2}\right) \quad (18.15)$$

(18.14) と (18.15) を，それぞれ (18.11) と (18.12) に代入し，(18.13) を求めると

$$V = \frac{-q}{4\pi\varepsilon_0}\frac{1}{r}\left(1 - \frac{ax}{r^2}\right) + \frac{q}{4\pi\varepsilon_0}\frac{1}{r}\left(1 + \frac{ax}{r^2}\right)$$
$$= \frac{q}{4\pi\varepsilon_0}\frac{1}{r}\left(-\left(1 - \frac{ax}{r^2}\right) + \left(1 + \frac{ax}{r^2}\right)\right)$$
$$= \frac{q}{2\pi\varepsilon_0}\frac{1}{r}\frac{ax}{r^2}$$
$$= \frac{q}{2\pi\varepsilon_0}\frac{ax}{r^3}$$
$$= \frac{1}{4\pi\varepsilon_0}\frac{p\cos\theta}{r^2}$$
$$\left(p = 2aq,\ \cos\theta = \frac{x}{r}\right)$$

第 19 章

ガウスの法則と静電ポテンシャル

この章では，ガウスの法則を用いて電場を求める方法と，電場と電位の関係を学ぶ。

19.1.1 この章の学習目標

1. 静電場に関するガウスの法則を理解し，電荷分布が対称的な系にガウスの法則を適用して問題を解くことができる。
2. 電場を位置で積分することにより，電位を求めることができる。
3. 得られた電場や電位を位置の関数として図示できる。

19.1.2 基礎的事項

ガウスの法則 ：

真空中で，閉曲面 S_0 上の微小面積 dS の電場 $\vec{E}$ のうち，dS に垂直な電場成分を E_n とし，E_n の符号を S_0 の内から外に向かう向きを正として，$E_n dS$ を S_0 上でたし合わせた値は S_0 で囲まれた領域内に含まれる電荷の総和 q に比例する。

$$\int_{S_0} E_n \, dS = \frac{q}{\varepsilon_0} \tag{19.1}$$

ここで ε_0 は電気定数 (真空の誘電率) である。

【基本問題 P.147 問 1，P.148 問 3，P.149 問 4】

【発展問題 P.150 問 1，P.151 問 2，P.153 問 3】

静電位 (静電ポテンシャル) ：

単位正電荷 (+1 C の電荷) が静電場 $\vec{E}$ により，点 A (位置 $\vec{r}_A$) から点 B (位置 $\vec{r}_B$) まで変位するとき，$\vec{E}$ が電荷にする仕事はその移動経路に関係なく両端の位置のみの関数となる。この関数を $V(\vec{r})$ で表すと，仕事は

$$\int_{\vec{r}_A}^{\vec{r}_B} \vec{E} \cdot d\vec{r} = V(\vec{r}_A) - V(\vec{r}_B) \tag{19.2}$$

となる。この $V(\vec{r})$ を静電位または静電ポテンシャルといい，2 点間の静電位の差を電圧という。

【基本問題 P.147 問 2】

19.1.3 基本問題

1. (点電荷がつくる電場と電位)：
真空中におかれた点電荷 Q が作る電場 E を，Q からの距離 r の関数として求めなさい。また，無限遠での電位を $0(V(\infty) = 0)$ として，点電荷周囲の電位 $V(r)$ を求めなさい。真空の誘電率を ε_0 とする。

(解) 電荷 Q の位置を点 O とする。O を中心とする半径 r の球を考え，この球の表面を閉曲面 S_0 としてここにガウスの法則

$$\int_{S_0} E_n \, dS = \frac{q}{\varepsilon_0} \quad (19.3)$$

を適用する。式 (19.3) の q は S_0 に含まれる電荷であり，この場合には Q のみであるから

$$q = Q$$

である。ところで Q は点電荷であるから，その作る電場 E は O について球対称に分布している。方向により区別する必要がないから，半径 r の球面上の電場 $\vec{E}$ はこの球面のどこにおいても同じ大きさを持ち，球面に対して垂直なベクトルになっている ($r =$ 一定 ならば $E_n = E(r) =$ 一定)。したがって式 (19.3) の左辺の面積分は

$$\int_{S_0} E_n \, dS = E(r) \int_{S_0} dS = 4\pi r^2 E(r)$$

となる。二番目の積分は，単に閉曲面 S_0(この問題では半径 r の球面) の面積を求めることに相当する。以上の結果から，点電荷 Q が距離 r に作る電場の大きさ E は

$$E(r) = \frac{1}{4\pi\varepsilon_0} \frac{Q}{r^2}$$

電場は球対称で距離 r のみの関数であるから，電位も r の関数である。電位の定義から

$$\int_{\infty}^{r} E(r) \, dr = V(\infty) - V(r)$$
$$= -V(r)$$
$$V(r) = -\int_{\infty}^{r} E(r) \, dr$$
$$= -\frac{Q}{4\pi\varepsilon_0} \int_{\infty}^{r} \frac{1}{r^2} \, dr$$
$$= \frac{Q}{4\pi\varepsilon_0} \left[\frac{1}{r}\right]_{\infty}^{r}$$
$$= \frac{1}{4\pi\varepsilon_0} \frac{Q}{r}$$

2. (電場と等電位面)：
電場 $\vec{E}$ は等電位面に直交し，電位が減少する向きを持つことを示しなさい。

(解) $+1\,\mathrm{C}$ の電荷が電場 $\vec{E}$ により，点 A (位置 $\vec{r}_A$) から点 B (位置 $\vec{r}_B$) まで運動するとき，電場と電位 $V(\vec{r})$ には定義から

$$\int_{\vec{r}_A}^{\vec{r}_B} \vec{E} \cdot d\vec{r} = V(\vec{r}_A) - V(\vec{r}_B) \quad (19.4)$$

の関係がある。いま A と B を一つの等電位面上に隣接する 2 点とすると，A と B の電場は同じ ($V(\vec{r}_A) = V(\vec{r}_B)$) と考えて良く，$\delta\vec{r} = \vec{r}_B - \vec{r}_A$ とすると，式 (19.4) は

$$\int_{\vec{r}_A}^{\vec{r}_B} \vec{E} \cdot d\vec{r} \approx \vec{E} \cdot \delta\vec{r} = 0$$

となる。$\vec{E}$ と $d\vec{r}$ の内積が 0 となることから，$\vec{E}$ と $\delta\vec{r}$ は互いに直交する。$\delta\vec{r}$ は等電位面上のベクトルであるから，電場は等電位面に直交する。

次に，隣接する 2 つの等電位面上に直交する電場を $\vec{E}$ とし，それぞれの等電位面上の点 P (位置 $\vec{r}_P$) と Q (位置 $\vec{r}_Q$) を $\delta\vec{r} = \vec{r}_Q - \vec{r}_P$ が $\vec{E}$ に平行となるようにとる。このとき式 (19.4) の左辺は

$$\int_{\vec{r}_P}^{\vec{r}_Q} \vec{E} \cdot d\vec{r} \approx \vec{E} \cdot \delta\vec{r} = |\vec{E}||\delta\vec{r}|\cos\theta$$

となるから，$\vec{E}$ と $\delta\vec{r}$ の内積は

$$|\vec{E}||\delta\vec{r}|\cos\theta = V(\vec{r}_P) - V(\vec{r}_Q) \quad (19.5)$$

となる。ここで θ は $\vec{E}$ と $\delta\vec{r}$ のなす角度で、設定条件から 0 か π である。ここで $V(\vec{r}_P) > V(\vec{r}_Q)$ とすると、式 (19.5) は正であるから $\theta = 0$ であり、$\vec{E}$ と $\delta\vec{r}$ は同じ向き (P から Q の向き) を持つ。

$V(\vec{r}_P) < V(\vec{r}_Q)$ の場合には、式 (19.5) は負であるから $\theta = \pi$ であり、$\vec{E}$ は Q から P の向きとなる。いずれの場合も電場 $\vec{E}$ は電位が減少する向きとなる。

以上から、$\vec{E}$ は等電位面に直交し、電位が減少する向きを持つことが示された。

3. (一様な電荷密度を持つ球がつくる電場と電位) :(発展問題の 2 と同じ内容)

真空中におかれた半径 a の球全体に、一定の電荷密度 ρ で電荷を与える。ガウスの法則を用いて球内と球外での電場を求め、さらにそれぞれの領域の電位を求めて、それぞれ球の中心 O からの距離 r の関数として表しなさい。ここで、無限遠での電位を 0 とし、真空の誘電率を ε_0 とする。

(解)

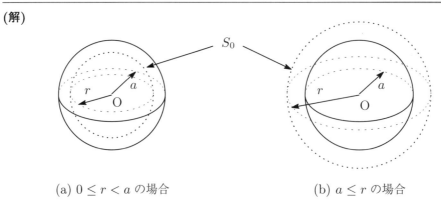

(a) $0 \leq r < a$ の場合   (b) $a \leq r$ の場合

図 19.1 一様に電荷が分布する球にガウスの法則を適用するときの閉曲面

電荷は球対称に分布しているから、電場も球対称であり、半径方向と一致する成分しか持たない。

球内 ($0 \leq r < a$) では図 19.1(a) のように、題意の球の内部に点 O を中心とする半径 r の同心球 (点線で示される球) を考え、この球の表面を閉曲面 S_0、S_0 で囲まれた領域内に含まれる電荷の総和を q として、ガウスの法則

$$\int_{S_0} E_n \, dS = \frac{q}{\varepsilon_0} \quad (19.6)$$

を適用する。電荷密度は ρ は一定であるから S_0 で囲まれた領域内に含まれる電荷 q は

$$q = \rho \times \frac{4}{3}\pi r^3 = \frac{4}{3}\pi r^3 \rho$$

である。この電荷は点 O について球対称に分布しているから、半径 r の球面上の電場 $\vec{E}$ はこの球面のどこにおいても同じ大きさ E を持ち、球面に対して垂直なベクトルになっている。したがって式 (19.6) の左辺の面積分は

$$\int_{S_0} E_n \, dS = E \int_{S_0} dS = 4\pi r^2 E$$

となる。以上の結果から $0 \leq r < a$ での電場の大きさ E は

$$E = \frac{\rho}{3\varepsilon_0} r$$

球外 ($a \leq r$) のときも $0 \leq r < a$ と同様に、図 19.1(b) のような題意の球の外部に O を中心とする半径 $r(\geq a)$ の同心球 (点線で示される球) を考え、この球の表面を S_0 としてガウスの法則を適用する。この場合、半径 r の球に含まれる電荷 q は半径 a の**球全体の電荷 (総電荷)** となり

$$q = \rho \times \frac{4}{3}\pi a^3 = \frac{4}{3}\pi a^3 \rho$$

である。ガウスの法則の左辺の面積分の考え方は $0 \leq r < a$ と同様であるから $a \leq r$ のときの電場の大きさ E は

$$E = \frac{\rho}{3\varepsilon_0}\frac{a^3}{r^2}$$

電場が r の関数として $E(r)$ となることから，電位も r の関数として $V(r)$ のようになる。電位の基準を無限遠にとるので，$V(r)$ は

$$\int_{\vec{r}_A}^{\vec{r}_B} \vec{E} \cdot d\vec{r} = V(\vec{r}_A) - V(\vec{r}_B)$$

$$\int_\infty^r E(r)\,dr = V(\infty) - V(r)$$

$$V(r) = -\int_\infty^r E(r)\,dr$$

で与えられる。したがって $0 \leq r < a$ での電位は

$$V(r) = -\int_\infty^r E(r)\,dr$$

$$= -\int_\infty^a E(r)\,dr - \int_a^r E(r)\,dr$$

$$= -\int_\infty^a \frac{\rho}{3\varepsilon_0}\frac{a^3}{r^2}\,dr - \int_a^r \frac{\rho}{3\varepsilon_0}r\,dr$$

$$= -\left[-\frac{\rho}{3\varepsilon_0}\frac{a^3}{r}\right]_\infty^a - \left[\frac{\rho}{6\varepsilon_0}r^2\right]_a^r$$

$$= \frac{\rho}{2\varepsilon_0}a^2 - \frac{\rho}{6\varepsilon_0}r^2$$

また，$a \leq r$ での電位は

$$V(r) = -\int_\infty^r E(r)\,dr$$

$$= -\int_\infty^r \frac{\rho}{3\varepsilon_0}\frac{a^3}{r^2}\,dr$$

$$= -\left[-\frac{\rho}{3\varepsilon_0}\frac{a^3}{r}\right]_\infty^r$$

$$= \frac{\rho}{3\varepsilon_0}\frac{a^3}{r}$$

4. (無限に長い直線状電荷がつくる電場と電位)：

真空中にある無限に長い1本の直線上に正の電荷が一定の線密度 λ で静止して並んでいるとき，この直線状電荷がつくる電場を求めなさい。さらに直線状電荷からの距離が a と $b\,(a < b)$ の2点間の電位差を求めなさい。真空の誘電率を ε_0 とする。

(解) 直線状電荷がつくる電場の電気力線は，この直線に垂直で，放射状に発している。中心軸が直線状電荷と一致する半径 r，長さ L の直円柱を考え，この直円柱の表面を S_0 としてガウスの法則を適用するとする。この直円柱の底面は電場に平行なので，底面に垂直な電場成分は0である。側面の電場は面に垂直であり，その大きさはどこでも一定で，r の関数となる。直円柱の含まれる電荷 q は，電荷の線密度が λ であるから，$q = \lambda L$ となる。

$$\int_{S_0} E_n\,dS = \frac{q}{\varepsilon_0}$$

$$\int_{S(上底面)} E_n\,dS + \int_{S(下底面)} E_n\,dS + \int_{S(側面)} E_n\,dS = \frac{q}{\varepsilon_0}$$

$$\int_{S(上底面)} 0\,dS + \int_{S(下底面)} 0\,dS + E(r)\int_{S(側面)} dS = \frac{q}{\varepsilon_0}$$

$$E(r) \times 2\pi r L = \frac{\lambda L}{\varepsilon_0}$$

$$E(r) = \frac{\lambda}{2\pi\varepsilon_0 r}$$

また，電位の定義
$$\int_a^b E(r)\,\mathrm{d}r = V(a) - V(b)$$
より，a での電位を基準とした ab 間の電位差 V は
$$\begin{aligned}V &= V(a) - V(b)\\ &= \int_a^b E(r)\,\mathrm{d}r\end{aligned}$$

$$\begin{aligned}&= \int_a^b \frac{\lambda}{2\pi\varepsilon_0 r}\,\mathrm{d}r\\ &= \frac{\lambda}{2\pi\varepsilon_0} \int_a^b \frac{1}{r}\,\mathrm{d}r\\ &= \frac{\lambda}{2\pi\varepsilon_0} [\log|r|]_a^b\\ &= \frac{\lambda}{2\pi\varepsilon_0}(\log|b| - \log|a|)\\ &= \frac{\lambda}{2\pi\varepsilon_0} \log\frac{b}{a}\end{aligned}$$

19.1.4 発展問題

1. (球の表面のみに一様に分布する電荷がつくる電場と電位)：
真空中におかれた半径 a の球殻に電荷 Q を与え，電荷が球殻に一様に分布した場合を考える。球の中心 O からの距離を r として，以下の問に答えなさい。球殻の厚さは無視し，真空の誘電率を ε_0 とする。

(a) ガウスの法則を用いて i. $0 \leq r < a$ と ii. $a \leq r$ でのそれぞれの電場を r の関数として求めなさい。

(b) この電場を r の関数として図示しなさい。

(c) 無限遠での電位を 0 ($V(\infty) = 0$) として，i. $0 \leq r < a$ と ii. $a \leq r$ でのそれぞれの電位を r の関数として求めなさい。

(d) この電位を r の関数として図示しなさい。

(解)

(a) 電荷は球の表面のみに球対称に分布しているため，この電荷がつくる電場 $\vec{E}$ も球対称である。図 19.1 のようにこの球と同心の球面 (点線で示される球) を考え，これを閉曲面 S_0 とすると，$\vec{E}$ の方向は常に S_0 に垂直であり，その大きさは S_0 上の任意の点で同じであるから O からの距離 r のみの関数となり $E(r)$ と表すことができる。ここにガウスの法則 $\int_{S_0} E_\mathrm{n}\,\mathrm{d}S = \dfrac{q}{\varepsilon_0}$ を適用する。

i. $0 \leq r < a$ では，図 19.1(a) の S_0 で囲まれた領域内に電荷はないから
$$\int_{S_0} E_\mathrm{n}\,\mathrm{d}S = \frac{q}{\varepsilon_0} = \frac{0}{\varepsilon_0}$$
$$E(r)\int_{S_0}\mathrm{d}S = 0$$
$$E(r) = 0$$

ii. $a \leq r$ では，図 19.1(b) の S_0 で囲まれた領域内に含まれる電荷は Q であるから
$$\int_{S_0} E_\mathrm{n}\,\mathrm{d}S = \frac{q}{\varepsilon_0} = \frac{Q}{\varepsilon_0}$$
$$E(r)\int_{S_0}\mathrm{d}S = \frac{Q}{\varepsilon_0}$$
$$4\pi r^2 E(r) = \frac{Q}{\varepsilon_0}$$
$$E(r) = \frac{Q}{4\pi\varepsilon_0}\frac{1}{r^2}$$

(b) 図 19.2(a) を参照。

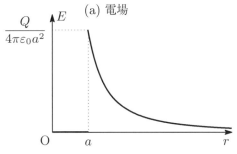
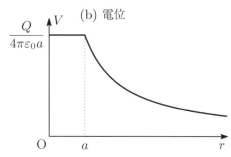

図 19.2 球の表面に電荷が一様に分布するときの (a) 電場と (b) 電位

(c) 電場は球対称であり，r のみの関数であるから，電位も球対称で r のみの関数である。無限遠を基準 ($V(\infty) = 0$) とした静電ポテンシャル $V(r)$ は

$$\int_\infty^r E(r)\,dr = V(\infty) - V(r)$$

$$V(r) = -\int_\infty^r E(r)\,dr \tag{19.7}$$

i. $0 \leq r < a$ での電位
式 (19.7) の積分は無限遠での電位を基準にしている。電場の r 依存性は球表面 ($r = a$) を境に，$0 \leq r < a$ では $E(r) = 0$，$a \leq r$ では $E(r) = \dfrac{Q}{4\pi\varepsilon_0}\dfrac{1}{r^2}$ あるから，積分範囲 $[\infty, r]$ を $[\infty, a]$ と $[a, r]$ に分けて考える。

$$V(r) = -\int_\infty^r E(r)\,dr$$

$$= -\int_\infty^a E(r)\,dr - \int_a^r E(r)\,dr$$

$$= -\int_\infty^a \frac{Q}{4\pi\varepsilon_0}\frac{1}{r^2}\,dr$$

$$= \frac{Q}{4\pi\varepsilon_0}\frac{1}{a}$$

ii. $a \leq r$ での電位
電場は $E(r) = \dfrac{Q}{4\pi\varepsilon_0}\dfrac{1}{r^2}$ であるから

$$V(r) = -\int_\infty^r \frac{Q}{4\pi\varepsilon_0}\frac{1}{r^2}\,dr = \frac{Q}{4\pi\varepsilon_0}\frac{1}{r}$$

(d) 図 19.2(b) を参照。

2. (球全体に一様に分布する電荷が作る電場と電位)：
真空中におかれた半径 a の球に電荷 Q を与え，電荷が球全体に一様に分布した場合を考える。球の中心 O からの距離を r として，以下の問に答えなさい。真空の誘電率を ε_0 とする。

(a) ガウスの法則を用いて i. $0 \leq r < a$ と ii. $a \leq r$ でのそれぞれの電場を r の関数として求めなさい。

(b) この電場を r の関数として図示しなさい。

(c) 無限遠での電位を 0 ($V(\infty) = 0$) として，i. $0 \leq r < a$ と ii. $a \leq r$ でのそれぞれの電位を r の関数として求めなさい。

(d) この球が導体のとき，電荷はどのように分布するか電位を用いて議論しなさい。

(解)

(a) 電荷 Q は半径 a の球に一様に分布しているから，この球内の電荷密度 ρ は

$$\rho = \frac{Q}{\frac{4}{3}\pi a^3} = \frac{3}{4\pi}\frac{Q}{a^3}$$

i. $0 \leq r < a$ では図 19.1(a) のように，球内部に中心を同じ点 O とする半径 r の同心球を考え，この球の表面を閉曲面 S_0 としてガウスの法則

$$\int_{S_0} E_n \, dS = \frac{q}{\varepsilon_0} \quad (19.8)$$

を適用する．式 (19.8) の q は閉曲面 S_0 で囲われた領域内に含まれる電荷であるから，今の場合には電荷密度 ρ に半径 r の球の体積を掛ければよい．すなわち

$$q = \rho \times \frac{4}{3}\pi r^3 = \frac{r^3}{a^3}Q$$

である．ところで電荷は点 O について球対称に分布しているから，半径 r の球面上の電場 $\vec{E}$ は球面上の任意の点で球面に対して垂直であり，その大きさは同一の球面上では同じであるので r の関数として $E(r)$ と表すことができる．したがって式 (19.8) の左辺の面積分は

$$\int_{S_0} E_n \, dS = E(r) \int_{S_0} dS$$
$$= 4\pi r^2 E(r)$$

となる．以上の結果から $0 \leq r < a$ での電場の大きさ E は

$$E(r) = \frac{Q}{4\pi\varepsilon_0}\frac{r}{a^3}$$

ii. $a \leq r$ でも図 19.1(b) のように，問題の球の外部に O を中心とする半径 r の球を考え，この球の表面にガウスの法則を適用する．この場合，半径 r の球に含まれる電荷は全電荷となり，式 (19.8) の q は Q である．左辺の面積分の考え方は $0 \leq r < a$ と同様であるから，$a \leq r$ での電場の大きさ $E(r)$ は

$$E(r) = \frac{Q}{4\pi\varepsilon_0}\frac{1}{r^2}$$

(b) 図 19.3(a) を参照．

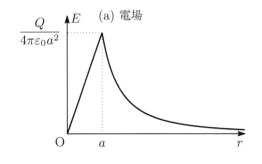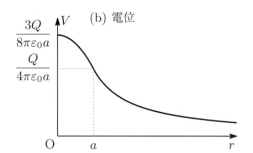

図 19.3 球全体に電荷が一様に分布するときの (a) 電場と (b) 電位

(c) 電場は球対称であり，r のみの関数であるから，電位も球対称で r のみの関数である．無限遠を基準とした静電ポテンシャル $V(r)$ は

$$\int_\infty^r E(r) \, dr = V(\infty) - V(r)$$

より，$V(\infty) = 0$ であるから次式で与えられる。

$$V(r) = -\int_\infty^r E(r)\,dr \tag{19.9}$$

i. $0 \leq r < a$ での電位

式 (19.9) の積分は無限遠での電位を基準にしている。電場の r 依存性は球表面 $(r = a)$ を境に，$0 \leq r < a$ では $E(r) = \dfrac{Q}{4\pi\varepsilon_0}\dfrac{r}{a^3}$，$a \leq r$ では $E(r) = \dfrac{Q}{4\pi\varepsilon_0}\dfrac{1}{r^2}$ あるから，積分範囲 $[\infty, r]$ を $[\infty, a]$ と $[a, r]$ に分けて考える。

$$\begin{aligned}V(r) &= -\int_\infty^r E(r)\,dr\\&= -\left(\int_\infty^a E(r)\,dr\right.\\&\quad \left.+ \int_a^r E(r)\,dr\right)\end{aligned}$$

$$\begin{aligned}&= -\int_\infty^a \frac{Q}{4\pi\varepsilon_0}\frac{1}{r^2}\,dr\\&\quad - \int_a^r \frac{Q}{4\pi\varepsilon_0}\frac{r}{a^3}\,dr\\&= \frac{Q}{4\pi\varepsilon_0}\frac{1}{a} - \frac{Q}{4\pi\varepsilon_0 a^3}\int_a^r r\,dr\\&= \frac{Q}{8\pi\varepsilon_0 a}\left(3 - \frac{r^2}{a^2}\right)\end{aligned}$$

ii. $a \leq r$ での電位

電場は $E(r) = \dfrac{Q}{4\pi\varepsilon_0}\dfrac{1}{r^2}$ であるから

$$V(r) = -\int_\infty^r \frac{Q}{4\pi\varepsilon_0}\frac{1}{r^2}dr = \frac{Q}{4\pi\varepsilon_0}\frac{1}{r}$$

(d) 前問の結果を図にすると図 19.3(b) のようになる。図から，球に一様に電荷が分布している場合の電位は球の中心が最も高い。この球が導体の場合，球内の電荷は自由に動くことができるから，電荷は電位の低い方向，すなわち球の表面に移動する。この電荷の移動は球内の電位が一定になるまでおきるので，球の表面のみに一様に分布する。

3. (平面電荷の電場)：

真空中にある無限に広い平面上に，面密度 σ で正電荷が一様に分布しているときの電場 $\vec{E}$ を求めなさい。真空の誘電率を ε_0 とする。

(解)

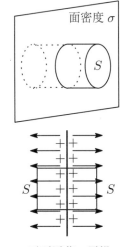

図 19.4 平面電荷の電場の解説図

正電荷が無限に広い平面に一様に分布していることから電荷から発する電気力線は，対称性から平面に垂直で，すべて平行となる。ここで底面積が S の直円柱を考え，2つの底面が題意の平面に平行で等距離となるように垂直に置く (図 19.4 を参照)。この円柱表面にガウスの法則を適用する。円柱の側面に垂直な電場の成分は，図 19.4 からわかるように電場の対称性から 0 である。円柱の底面については

$$\int_{S_0} E_n\,dS = \frac{q}{\varepsilon_0}$$

$$2ES = \frac{\sigma S}{\varepsilon_0}$$

$$E = \frac{\sigma}{2\varepsilon_0}$$

となる．この場合の電場 $\vec{E}$ は，電荷が分布している平面からの距離によらず，平面を除く空間のすべての点で大きさは一定であり，電荷が分布している平面に垂直となる．

4. (平行平面電荷の電場)：
真空中に無限に広い平面 A と B が平行においてあり，平面 A が一様な電荷面密度 $+\sigma$ に，平面 B が一様な電荷面密度 $-\sigma$ にそれぞれ帯電している．ここで $\sigma > 0$ である．AB 間の電場 $\vec{E}$ を求めなさい．また，AB 間の距離が d のとき，AB 間の電位差 V を求めなさい．真空の誘電率を ε_0 とする．

(解) 無限に広い平面 A と B にそれぞれ正と負の電荷が一様な電荷密度で分布しているから，それぞれの電荷が作る電場は 3.(平面電荷の電場) の場合と同様に考えることができる．すなわち，A の正電荷が作る電場 $\vec{E_A}$ の電気力線は，電荷から平面 A に垂直ですべて平行に発し無限遠で終わる (図 19.5)．一方，B の負電荷が作る電場 $\vec{E_B}$ の電気力線は，無限遠から発して平面 B に垂直ですべて平行に終わる (図 19.6)．そこで，図 19.4 と同じ底面積が S の円柱を考え，平面から電気力線が発する向きを電場の正として，この円柱表面にガウスの法則を適用する．円柱の側面に垂直な電場の成分は電場の対称性から 0 である．A の正電荷と B の負電荷が，円柱の底面に垂直に作る電場をそれぞれ E_+ と E_- とすると

(a) 平面 A の場合には，正電荷なので

$$\int_{S_0} E_n \, dS = \frac{q}{\varepsilon_0}$$
$$2E_+ S = \frac{\sigma S}{\varepsilon_0}$$
$$E_+ = \frac{\sigma}{2\varepsilon_0}$$

(b) 平面 B の場合には，負電荷なので

$$\int_{S_0} E_n \, dS = \frac{q}{\varepsilon_0}$$
$$2E_- S = \frac{-\sigma S}{\varepsilon_0}$$
$$E_- = \frac{-\sigma}{2\varepsilon_0}$$

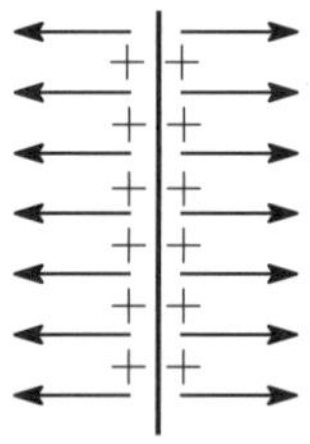

図 19.5 平面電荷が正の場合の電場

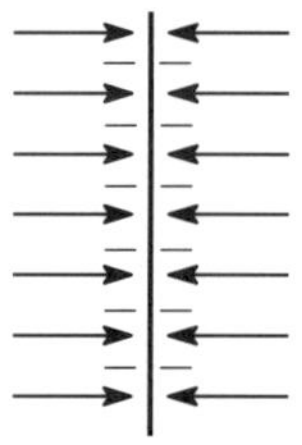

図 19.6 平面電荷が負の場合の電場

となる．したがって，無限に広い平行平面電荷が作る電場 $\vec{E}$ の AB 間の電場 E_in は，平面 A と B の電荷がつくる電場がどちらも A から B に向かうので

$$E_\text{in} = E_+ - E_- = \frac{\sigma}{\varepsilon_0}$$

となる．AB 間の外の電場 E_out は，平面 A と B の電荷がつくる電場が逆向きなので

$$E_\text{out} = E_+ + E_- = 0$$

となる．ここで図 19.7 のように平面 A と B に直交するように x 軸をとり，A の位置を原点 O とする．A と B の電位をそれぞれ V_A と V_B とし，B の電位を基準にとると AB 間の電位差 V_{AB} は

$$V_B - V_A = \int_d^0 E_{\text{in}}\,dx$$
$$V_{AB} = V_A - V_B = -\int_d^0 E_{\text{in}}\,dx$$
$$V_{AB} = \int_0^d \frac{\sigma}{\varepsilon_0}\,dx$$
$$V_{AB} = \frac{\sigma d}{\varepsilon_0}$$

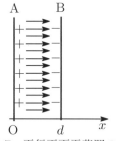

図 19.7　平行平面電荷間の電場

5. (無限に長い円柱内外の電位)：

図 19.8 のような真空中に z 軸上におかれた半径 a の無限に長い円柱に一様に電荷密度 ρ の電荷を与える。円柱の中心 O からの距離を r として，円柱内外の電場と電位を r の関数として求めなさい。電位は円柱の表面 $r=a$ を基準とし，真空の誘電率を ε_0 とする。

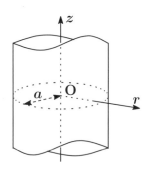

図 19.8　無限に長い円柱内外の電位

(解) 対称性から電場は円筒の軸に垂直に放射状に生じ，その強さは軸からの距離 r のみの関数 $E(r)$ となることがわかる。閉曲面 S_0 として電荷の分布する円筒と同軸の半径 r，長さ l の円筒面を選び，ガウスの法則を適用する。電場 E の面積分は

$$\int_{S_0} E_n\,dS = E(r)2\pi r l$$

S_0 内の電荷は $0 \leq r < a$ のとき $\rho\pi r^2 l$，$a \leq r$ のとき $\rho\pi a^2 l$ となり，電場 $E(r)$ は

$$E(r) = \begin{cases} \dfrac{\rho}{2\varepsilon_0}r & (0 \leq r < a) \\ \dfrac{\rho a^2}{2\varepsilon_0 r} & (a \leq r) \end{cases}$$

電位 V は，$r=a$ を基準として求めると，$V(a)=0$ より

$$\int_a^r E(r)\,dr = V(a) - V(r)$$

$$V(r) = -\int_a^r E(r)\,dr$$

(a) $0 \leq r < a$ での電位
$$V(r) = -\int_a^r E(r)\,dr$$
$$= -\frac{\rho}{2\varepsilon_0}\int_a^r r\,dr$$
$$= \frac{\rho}{4\varepsilon_0}(a^2 - r^2)$$

(b) $a \leq r$ での電位
$$V(r) = -\int_a^r E(r)\,dr$$
$$= -\frac{\rho a^2}{2\varepsilon_0}\int_a^r \frac{1}{r}\,dr$$
$$= \frac{\rho a^2}{2\varepsilon_0}\log\left|\frac{a}{r}\right|$$
$$= \frac{\rho a^2}{2\varepsilon_0}\log\frac{a}{r}$$

最後の式変形では，$a>0$，$r>0$ より $a/r>0$ を用いて絶対値を外した。

第20章

静電容量

この章では，平行平板キャパシタの特徴と，静電容量の合成方法を学ぶ．

20.1.1 この章の学習目標
1. 静電容量の極板面積やその間隔などの依存性を理解できる．
2. 直列接続や並列接続されたキャパシタの合成静電容量を求めることができる．

20.1.2 基礎的事項

静電容量 :

電位差 V の導体に蓄えられる電荷 Q は比例関係にある．
$$Q = CV \tag{20.1}$$
この比例定数 C を静電容量あるいは電気容量という．単位は F (ファラッド) であり，$1\,\mathrm{F} = 1\,\mathrm{C/V}$ である．電気をたくさん蓄えられるようにしたものを**キャパシタ**あるいは**コンデンサ**という．
【基本問題 P.158 問 1, P.160 問 4】

静電誘導 :

導体に正 (負) の電荷を帯びた帯電体を近づけると，物体表面には帯電体に近い側に帯電体の電荷と異種の電荷，帯電体と遠い側に同種の電荷が移動して分布する．この現象を静電誘導といい，物体表面に現れた電荷を真電荷という．

誘電分極 :

電場中に置かれた誘電体 (絶縁体) の表面に生じる電荷を分極電荷といい，この現象を誘電分極という．等方的な誘電体では誘電分極は電場に比例する．
$$\vec{P} = \chi_e \varepsilon_0 \vec{E} \tag{20.2}$$
で定義される $\vec{P}$ を誘電分極 (分極ベクトル)，χ_e を電気感受率という．真空では $\chi_e = 0$ である．

電束密度 (電気変位) :

電場 $\vec{E}$ 中に置かれた誘電体に生じた誘電分極が $\vec{P}$ であるとき
$$\vec{D} = \varepsilon_0 \vec{E} + \vec{P} = (1 + \chi_e)\varepsilon_0 \vec{E} = \varepsilon_r \varepsilon_0 \vec{E} = \varepsilon \vec{E} \tag{20.3}$$

で定義される $\vec{D}$ を電束密度あるいは電気変位という．$\varepsilon_r = 1 + \chi_e$ を比誘電率，ε をその物質の誘電率という．

静電容量の合成：

静電容量 $C_1, C_2, \cdots, C_n$ のキャパシタを直列または並列につないだときの合成静電容量 C は

① 直列接続の場合

$$\frac{1}{C} = \frac{1}{C_1} + \frac{1}{C_2} + \cdots + \frac{1}{C_n} \quad (20.4)$$

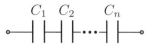

② 並列接続の場合

$$C = C_1 + C_2 + \cdots + C_n \quad (20.5)$$

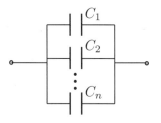

【基本問題 P.159 問 2】【発展問題 P.160 問 3】

電場のエネルギー：

1. 静電容量 C のキャパシタに電圧 V で電荷 Q が蓄えられているときにキャパシタが蓄えているエネルギー

$$W = \frac{1}{2}QV = \frac{1}{2}CV^2 = \frac{Q^2}{2C} \quad (20.6)$$

2. 静電場のエネルギー密度

$$w = \frac{1}{2}\vec{D} \cdot \vec{E} = \frac{1}{2}\varepsilon E^2 = \frac{1}{2}ED = \frac{1}{2\varepsilon}D^2 \quad (20.7)$$

【基本問題 P.163 問 4】

20.1.3 自己学習問題

1. (キャパシタの直列接続と並列接続)：

電圧が V のとき電荷を Q だけ蓄えることのできるキャパシタ 3 個を ① 直列接続と ② 並列接続し，その両端に電圧を V 加えたとき，それぞれの接続で 1 個のキャパシタが蓄える電荷を求めなさい．

(解) このキャパシタの静電容量を C とすると $Q = CV$ である．直列接続と並列接続した場合に，電圧 V で 1 個のキャパシタが蓄える電荷をそれぞれ $Q_①$ と $Q_②$ とする．直列接続では全体にかかる電圧が V であるから，1 個のキャパシタにかかる電圧は $\frac{V}{3}$ であり

$$Q_① = C\frac{V}{3} = \frac{Q}{V}\frac{V}{3} = \frac{Q}{3}$$

並列接続では，3 個のキャパシタにかかる電圧はすべて V であるから

$$Q_② = CV = \frac{Q}{V}V = Q$$

(別解) このキャパシタの静電容量を C とすると $Q = CV$ である。直列接続と並列接続した場合の静電容量をそれぞれ $C'_①$ と $C'_②$, 電圧 V で全体で蓄える電荷をそれぞれ $Q'_①$ と $Q'_②$ とすると

$$C'_① = \frac{C}{3} = \frac{Q}{3V}$$
$$Q'_① = C'_① V = \frac{Q}{3}$$

$$C'_② = 3C = \frac{3Q}{V}$$
$$Q'_② = C'_② V = 3Q$$

直列接続した場合に 1 個のキャパシタに蓄えられた電荷は全体の電荷と同じであるから $\frac{Q}{3}$, 並列接続の場合には 3 個のキャパシタで $3Q$ の電荷が蓄えられたから, 1 個のキャパシタに蓄えられた電荷は Q である。

2. (地球の示す静電容量):
地球を半径 6.38×10^6 m の導体球と考えてその静電容量を求めなさい。

(解) 導体球では, 球の表面のみに一様に電荷が分布する。半径 a の導体球の表面に電荷 Q が一様に分布しているとき, 無限遠を基準とする球外の電位は

$$V = -\int_\infty^a \frac{1}{4\pi\varepsilon_0} \frac{Q}{r^2} \, dr = \frac{Q}{4\pi\varepsilon_0 a}$$

また, 静電容量 C は $C = \frac{Q}{V}$ で与えられるので, 半径 a の導体球の静電容量 C は

$$C = 4\pi\varepsilon_0 a$$

地球を半径 $a = 6.38 \times 10^6$ m の導体球と考えると

$C = 4 \times 3.14 \times 8.85 \times 10^{-12} \times 6.38 \times 10^6$
$\approx 7.09 \times 10^{-4}$ F

20.1.4 基本問題

1. (平行平板キャパシタ 1):

図 20.1 のように, 真空中に平行に対置した 2 枚の極板がある。極板の面積を S, 極板間の間隔を d とする。以下の問に答えなさい。真空の誘電率を ε_0 とする。極板の端の効果は無視してよい。

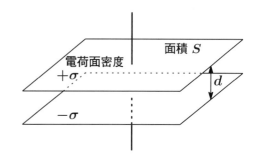

図 20.1 平行平板キャパシタ

(a) 極板に一定な面密度 σ で電荷を与えるとき, 極板に蓄えられる電荷 Q を求めなさい。
(b) このときの極板間の電場の強さ E を求めなさい。
(c) 両極板間の電位差 V を求めなさい。
(d) このキャパシタの静電容量 C を求めなさい。

(解)

(a) 面積 S の極板に一定な面密度 σ で電荷を与えるから極板の総電荷 Q は
$$Q = \sigma S$$

(b) 導体の表面上で電場は導体面に垂直で，その強さは導体表面にガウスの法則を適用し
$$E = \frac{\sigma}{\varepsilon_0}$$

(c) 2枚の導体板にはさまれた空間内でも，電場は板に対して垂直で一様であるから極板間の電位差は
$$V = Ed = \frac{\sigma d}{\varepsilon_0}$$

(d) 静電容量は $C = \dfrac{Q}{V}$ から
$$C = \frac{\varepsilon_0 S}{d}$$

2. **(キャパシタの合成)**：

静電容量 C_1 と C_2 のキャパシタを，(a) 直列接続した場合と (b) 並列接続した場合の合成静電容量 C を求めなさい。

(解) 静電容量 C_1 と C_2 のキャパシタを図 20.2(a) 直列接続と (b) 並列接続とし，その両端に電圧 V を印加する。

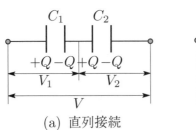

図 20.2 キャパシタの合成

(a) 直列接続では，内側の電極がつながっているので両キャパシタには等量の電荷 Q が蓄えられる。静電容量 C_1 と C_2 のキャパシタにかかる電圧をそれぞれ V_1 と V_2 とすると
$$Q = C_1 V_1$$
$$Q = C_2 V_2$$

である。合成静電容量を C とすると $Q = CV$ であり，電圧の関係 $V = V_1 + V_2$ より
$$\frac{Q}{C} = \frac{Q}{C_1} + \frac{Q}{C_2}$$
$$\frac{1}{C} = \frac{1}{C_1} + \frac{1}{C_2}$$
$$C = \frac{C_1 C_2}{C_1 + C_2}$$

(b) 並列接続では，静電容量 C_1 と C_2 のキャパシタにかかる電圧は V なので，それぞれ $Q_1 = C_1 V$ と $Q_2 = C_2 V$ の電荷が蓄えられる。合成静電容量 C は $Q = CV$ であり，蓄えられる電荷の関係は $Q = Q_1 + Q_2$ であるから
$$CV = C_1 V + C_2 V$$
$$C = C_1 + C_2$$

3. **(多数個のキャパシタの合成)**：

静電容量が C のキャパシタ 9 個を図 20.3 のように接続するとき，端子 AB 間の合成された静電容量を求めなさい。

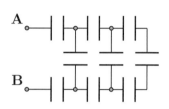

図 20.3 多数個のキャパシタの合成

(解) 問題の回路は図 20.4 のように描き直すと考えやすい。1a は直列接続であるから，この部分の合成静電容量は $C_{1a} = \dfrac{C}{3}$ である。この部分と 1b は並列接続なので，ここまでの合成静電容量は $C_1 = \dfrac{C}{3} + C = \dfrac{4}{3}C$ となる。2a は C_1 と 2 個の C が直列接続であるから，$\dfrac{1}{C_{1+2a}} = \dfrac{3}{4C} + \dfrac{2}{C} = \dfrac{11}{4C}$ である。さらに 2b は C_{1+2a} と C が並列接続となっているので，$C_2 = \dfrac{4}{11}C + C = \dfrac{15}{11}C$ となる。最後に 3a は C_2 と 2 個の C が直列接続である。このように順次，直列接続の式 (20.4) と並列接続の式 (20.5) を用いて計算すると合成静電容量 C_total は

$$\dfrac{1}{C_\text{total}} = \dfrac{11}{15C} + \dfrac{2}{C} \quad \text{より} \quad C_\text{total} = \dfrac{15}{41}C$$

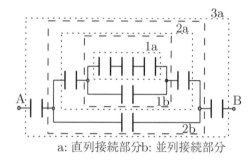

a: 直列接続部分 b: 並列接続部分

図 20.4 多数個のキャパシタの合成の解説図 (描き直した図)

4. **(誘電体で満たされた平行平板キャパシタ 1)**：

真空中におかれた場合の平行平板キャパシタの静電容量を C_0 とする。この平行平板キャパシタの電極間を，比誘電率 ε_r の誘電体で満たしたときの静電容量 C を求めなさい。

(解) 真空中に置かれた平行平板キャパシタの電極の面積を S，電極の間隔を d とすると，その静電容量 C_0 は

$$C_0 = \dfrac{\varepsilon_0 S}{d}$$

題意の誘電体の誘電率を $\varepsilon = \varepsilon_r \varepsilon_0$ とする。電極間にこの誘電体を満たしたとき，電極にはそれぞれ $+Q$ と $-Q$ の電荷が蓄えられているとする。ここで一方の電極を含み底面が電極に平行な閉曲面を考え，この閉曲面にガウスの法則を適用する。

$$\int_{S_0} E_n \, dS = ES = \dfrac{Q}{\varepsilon}$$

より

$$E = \dfrac{Q}{\varepsilon S}$$

電極間の電位 V は

$$V = \int_0^d E \, dx = Ed = \dfrac{Qd}{\varepsilon S}$$

$$C = \dfrac{Q}{V} = \dfrac{\varepsilon S}{d} = \dfrac{\varepsilon_r \varepsilon_0 S}{d} = \varepsilon_r C_0$$

20.1.5 発展問題

1. (非平行平板キャパシタ):
   真空中に辺の長さが a, b の長方形の電極からなるキャパシタがある。両電極間の間隔は正確に平行でなく，長さ a に沿う方向の間隔が一端が $d+\delta$，他端が $d-\delta$ となっている。このキャパシタの静電容量を求めなさい。また $\delta \ll d$ として $\dfrac{\delta}{d}$ の 2 次まで計算しなさい。真空の誘電率を ε_0 とする。

(解)
極板の一つに辺 a に沿うように x 軸をとると，このキャパシタは図 20.5 のようになっている。$[x, x+dx]$ の微小部分は平行平板キャパシタとみなすことができる。この部分の静電容量 dC は
$$dC = \frac{\varepsilon_0 b dx}{y}$$
このときの極板間の間隔 y は x の関数として $y = d - \dfrac{2\delta}{a} x$ である。求める静電容量 C は dC を $-\dfrac{a}{2}$ から $\dfrac{a}{2}$ で積分して
$$C = \int_{-\frac{a}{2}}^{\frac{a}{2}} \frac{\varepsilon_0 b}{d - \frac{2\delta}{a} x} dx$$
$$= -\varepsilon_0 b \frac{a}{2\delta} \left[\log\left| d - \frac{2\delta}{a} x \right| \right]_{-\frac{a}{2}}^{\frac{a}{2}}$$
$$= \frac{\varepsilon_0 a b}{2\delta} \log\left(\frac{d+\delta}{d-\delta} \right)$$
$$= \frac{\varepsilon_0 a b}{2\delta} \log\left(\frac{1+\delta/d}{1-\delta/d} \right)$$
となる。ここで $x \ll 1$ のとき
$$\log\left(\frac{1+x}{1-x} \right) \approx 2x \left(1 + \frac{x^2}{3} \right)$$
より，極板の面積を $S = ab$ とおいて
$$C \approx \frac{\varepsilon_0 ab}{2\delta} 2 \frac{\delta}{d} \left[1 + \frac{1}{3} \left(\frac{\delta}{d} \right)^2 \right]$$
$$= \frac{\varepsilon_0 S}{d} \left[1 + \frac{1}{3} \left(\frac{\delta}{d} \right)^2 \right]$$

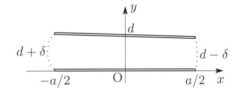

図 20.5 非平行平板キャパシタの解説図

2. (同心導体球殻の静電容量):
   真空中に半径がそれぞれ a と $b (a < b)$ の導体球殻 A と B が同心になっており，このキャパシタの外球殻 B は接地されている。内球殻 A に電荷 Q を与えるときの静電容量を求めなさい (図 20.6)。真空の誘電率を ε_0 とする。

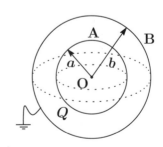

図 20.6 球殻キャパシタ

(解) 半径 $a < r < b$ で A や B と同心の球面 S_0 にガウスの法則を適用すると，この場合の電場は P.150 問 1 の $a \leq r$ と同様に考えることができる。

$$\int_{S_0} E_n dS = \frac{q}{\varepsilon_0}$$
$$4\pi r^2 E(r) = \frac{Q}{\varepsilon_0}$$

$$E(r) = \frac{Q}{4\pi\varepsilon_0 r^2}$$

電極 A と B の電位をそれぞれ V_A と V_B とする．図 20.6 から，B はアースにつながっているので，B を電位の基準として $V_B = 0$ とすると

$$V_B - V_A = \int_b^a E(r)\,dr$$

$$V_A = V = -\left[-\frac{Q}{4\pi\varepsilon_0 r}\right]_b^a$$

$$= \frac{Q}{4\pi\varepsilon_0 a} - \frac{Q}{4\pi\varepsilon_0 b}$$

$$C = \frac{Q}{V} = \frac{4\pi\varepsilon_0 ab}{b-a}$$

3. (誘電体で満たされた平行平板キャパシタ 2)：

極板面積 S で極板間距離 d の平行平板キャパシタの真空中での静電容量 C_0 は

$$C_0 = \frac{\varepsilon_0 S}{d} \tag{20.8}$$

である．ここで ε_0 は真空の誘電率である．この電極間に誘電率 ε の誘電体を図 20.7 のようにつめた場合の静電容量を求めなさい．

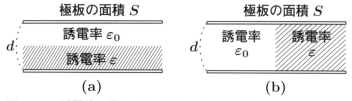

図 20.7 誘電体で満たされた平行平板キャパシタ 2

(a) 極板面全体 (面積 S) に，その間隔の半分の厚さ $\frac{d}{2}$ だけつめた場合

(b) 極板の面積の半分 $\frac{S}{2}$ を厚さ d だけつめた場合

(解)

(a) 極板面全体 (面積 S) に，その間隔の半分の厚さ $\frac{d}{2}$ だけつめた場合は，面積 S で極板間距離が $\frac{d}{2}$ で誘電率がそれぞれ ε_0 と ε の 2 つのキャパシタが直列に接続されていると考えることができる．それぞれの静電容量 C_1 と C_2 は

$$C_1 = \frac{\varepsilon_0 S}{\frac{d}{2}} = \frac{2\varepsilon_0 S}{d}$$

$$C_2 = \frac{\varepsilon S}{\frac{d}{2}} = \frac{2\varepsilon S}{d}$$

であるから

$$C = \frac{C_1 C_2}{C_1 + C_2} = \frac{2\varepsilon_0 \varepsilon S}{(\varepsilon_0 + \varepsilon)d}$$

(b) 極板の面積の半分 $\frac{S}{2}$ を厚さ d だけつめた場合は，面積 $\frac{S}{2}$ で極板間距離が d で誘電率がそれぞれ ε_0 と ε の 2 つのキャパシタが並列に接続されていると考えることができる．それぞれの静電容量 C_3 と C_4 は

$$C_3 = \frac{\varepsilon_0 \frac{S}{2}}{d} = \frac{\varepsilon_0 S}{2d}$$

$$C_4 = \frac{\varepsilon \frac{S}{2}}{d} = \frac{\varepsilon S}{2d}$$

であるから

$$C = C_3 + C_4 = \frac{(\varepsilon_0 + \varepsilon)S}{2d}$$

4. (導体球の持つ静電エネルギー)：

真空中に孤立した半径 a の導体に電荷 Q を与えたときの静電場のエネルギーを求めなさい。真空の誘電率を ε_0 とする。

(解) P.150 発展問題 1 から，導体球の電荷は球の表面のみに分布するので，$0 \leq r < a$ での電場は $E = 0$ である。$a \leq r$ での電場はガウスの法則より
$$\int_{S_0} E_n \, dS = 4\pi r^2 E(r) = \frac{Q}{\varepsilon_0}$$
なので
$$E(r) = \frac{1}{4\pi\varepsilon_0} \frac{Q}{r^2}$$
ここでのエネルギー密度 w は式 (20.7) より

$$w = \frac{1}{2}\varepsilon_0 E^2 = \frac{1}{32\pi^2\varepsilon_0} \frac{Q^2}{r^4}$$

このエネルギー密度を全空間について積分して
$$W = \int_{全体積} w \, dV = \int_a^\infty w \, 4\pi r^2 \, dr$$
$$= \frac{1}{8\pi\varepsilon_0} \frac{Q^2}{a}$$

第 21 章

直流回路

この章では，オームの法則とキルヒホッフの法則及び電気抵抗の合成方法を学ぶ。

21.1.1 この章の学習目標
1. オームの法則及びキルヒホッフの法則を用いて直流回路の特徴を理解する。
2. 直列接続や並列接続された電気抵抗の合成ができるようになる。

21.1.2 基礎的事項

オームの法則 ：

孤立導体中の電位差 V とその間に流れる電流 I は比例する。
$$V = RI \tag{21.1}$$
比例定数 R を電気抵抗といい，単位は Ω（オーム）である。$1\,\Omega = 1\,\text{V/A}$ である。
【基本問題 P.167 問 2】

電気抵抗 ：

長さ l，断面積 S の一様な導体の電気抵抗 R は
$$R = \rho \frac{l}{S} \tag{21.2}$$
この ρ をその導体の電気抵抗率あるいは比電気抵抗（比抵抗）という。また $\sigma = \dfrac{1}{\rho}$ を電気伝導率という。

合成電気抵抗 ：

電気抵抗 $R_1, R_2, \cdots, R_n$ を直列または並列につないだときの合成電気抵抗 R は

① 直列接続の場合
$$R = R_1 + R_2 + \cdots + R_n \quad (21.3)$$

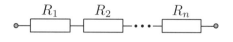

② 並列接続の場合
$$\frac{1}{R} = \frac{1}{R_1} + \frac{1}{R_2} + \cdots + \frac{1}{R_n} \quad (21.4)$$

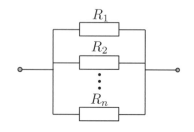

式 (21.3) と式 (21.4) の直列及び並列の電気抵抗の合成の関係は、それぞれ静電容量の合成の式 (20.4) と式 (20.5) の関係とは逆になっていることに注意する。

【基本問題 P.166 問 1】

電力：

単位時間あたりに電流がする仕事を電力という。単位は W (ワット) であり、単位時間あたりの仕事であるから、$1\,\text{W} = 1\,\text{J/s}$ となる。電圧 V の電源から電流 I が流れているとき、電力 P は

$$P = VI \tag{21.5}$$

と与えられる。式 (21.5) の関係より、$1\,\text{W} = 1\,\text{VA}$ とも書ける。

ジュール熱：

導体に電流を流すと、その電気抵抗により電力が消費される。このとき発生する熱をジュール熱という。電気抵抗により電力が全てジュール熱に変換された場合、導体の電気抵抗を R とすると $V = RI$ なので、単位時間あたりに発生するジュール熱 q、時間 Δt の間に発生するジュール熱 Q はそれぞれ

$$q = P = VI = RI^2 \tag{21.6}$$
$$Q = q\Delta t = VI\Delta t = RI^2\Delta t \tag{21.7}$$

キルヒホッフの法則：

1. **第 1 法則 (電流法則)**: 導線の任意の点から出て行く電流の総和はその点に入ってくる電流の総和に等しい。
2. **第 2 法則 (電圧法則)**: 任意の閉回路において、起電力の総和とその回路中にある電気抵抗での電圧降下の総和は等しい。

【発展問題 P.168 問 1】

21.1.3 自己学習問題

1. (電圧計)：

200 V まで測れる電圧計 A と B を直列接続し、これに 300 V の直流電源をつないだ。A と B の電気抵抗がそれぞれ 80 kΩ と 70 kΩ のとき、それぞれの電圧計が示す電圧値を求めなさい。

(**解**) 2 つの電圧計を流れる電流 I はオームの法則から

$$I = \frac{V}{R} = \frac{300}{80 \times 10^3 + 70 \times 10^3}$$
$$= 2 \times 10^{-3}\,\text{A}$$

であるから、A と B が示す電圧値はそれぞれ

$$V_\text{A} = (2 \times 10^{-3}) \times (80 \times 10^3) = 160\,\text{V}$$
$$V_\text{B} = (2 \times 10^{-3}) \times (70 \times 10^3) = 140\,\text{V}$$

2. (電流計)：

電流計 A に 80 Ω の電気抵抗 B を並列に接続して 1 mA の電流を流したところ、

電流計は $0.8\,\mathrm{mA}$ を示した。この電流計の内部の電気抵抗の値を求めなさい。

(解) 電流計の内部の電気抵抗の値を r とする。A と B は並列接続であり、A に流れる電流が $0.8\,\mathrm{mA}$ ならば B を流れる電流は
$$1.0 - 0.8 = 0.2\,\mathrm{mA}$$
であるが、両者に加わる電圧は同じなので
$$80 \times (1.0 - 0.8) \times 10^{-3} = r \times (0.8 \times 10^{-3})$$
より $r = 20\,\Omega$。

3. **(電力)** :

$10\,\Omega$ の電気抵抗を $100\,\mathrm{V}$ の電源につないだときの電力 P_1 を求めなさい。電源電圧を 2 倍にしたときの電力 P_2 は P_1 の何倍になるか求めなさい。

(解) 電気抵抗の値を R、電圧を V、電流を I_1 とすると P_1 は
$$P_1 = VI_1 = \frac{V^2}{R} = \frac{100^2}{10} = 10^3\,\mathrm{W}$$
電源電圧を 2 倍にしたときの電力 P_2 は、電流を I_2 とすると
$$P_2 = (2V)I_2 = \frac{(2V)^2}{R} = 4\frac{V^2}{R} = 4P_1$$
より 4 倍。

21.1.4 基本問題

1. **(電気抵抗の合成)** :

大きさが R_1 と R_2 の 2 つの電気抵抗を図 21.1 のように (a) 直列接続と (b) 並列接続した場合について、端子 AB 間の合成電気抵抗 R をそれぞれ求めなさい。

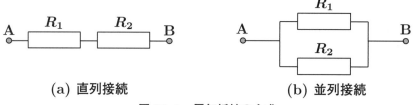

図 21.1 電気抵抗の合成

(解) 図 21.1 の各回路に、起電力 V の電池を図 21.2 のように接続する。このとき R_1 と R_2 に流れる電流をそれぞれ I_1 と I_2 とする。また、電池から流れる電流を I とする。

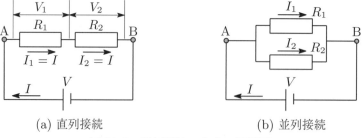

図 21.2 電気抵抗の合成の解説図

(a) 電気抵抗の直列接続

図 21.2(a) では、電流の連続性から
$$I = I_1 = I_2$$
である。キルヒホッフの電圧法則より

$$RI = V = V_1 + V_2$$
$$= R_1 I_1 + R_2 I_2$$
$$= (R_1 + R_2)I$$

となるから，直列接続の場合の合成電気抵抗は
$$R = R_1 + R_2$$

(b) 電気抵抗の並列接続

図 21.2(b) では，両電気抵抗に加わる電圧はともに V である．合成電気抵抗 R と R_1, R_2 の両電気抵抗のそれぞれに流れる電流 I と I_1, I_2 と，電圧 V との間にオームの法則から
$$V = RI$$
$$V = R_1 I_1$$
$$V = R_2 I_2$$

成り立つ．キルヒホッフの電流法則から
$$I = I_1 + I_2$$

の関係がある．上式を V, R, R_1, R_2 を用いて書き換えると，並列接続の場合の合成電気抵抗は
$$\frac{V}{R} = \frac{V}{R_1} + \frac{V}{R_2}$$
$$R = \frac{R_1 R_2}{R_1 + R_2}$$

2. (ホイートストンブリッジ)：

固定電気抵抗 R_1, R_2, R_3 と可変電気抵抗 R_x で作られる図 21.3 のようなブリッジ回路で，検流計 G に電流が流れないときの R_x を R_1, R_2, R_3 で表しなさい．

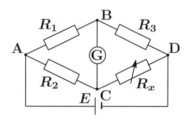

図 21.3 ホイートストンブリッジ

(解) R_1, R_2, R_3 と R_x に流れる電流をそれぞれ I_1, I_2, I_3 と I_x とする．検流計 G に電流が流れないということは，電流の連続性から R_1 と R_3 に同じ大きさの電流が流れ，R_2 と R_x にも同じ大きさの電流が流れるということである．すなわち
$$I_1 = I_3$$
$$I_2 = I_x$$

である．さらに，BC 間に電位差はないから，R_1 と R_2 による電圧降下は等しく，R_3 と R_x による電圧降下は等しい．
$$I_1 R_1 = I_2 R_2$$
$$I_1 R_3 = I_2 R_x$$

上式の辺々を割ることにより
$$R_x = \frac{R_2 R_3}{R_1}$$

21.1.5 発展問題

1. (直流回路)：

図 21.4 のような回路において，スイッチ S を閉じる (a) 前と (b) 後での各電気抵抗に流れる電流 I_1, I_2, I_3 を，キルヒホフの法則を用いて求めなさい。ここで E_1, E_2, E_3 は各電池の起電力であり，また電池の内部の電気抵抗は無視する。

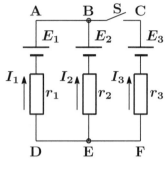

図 21.4 直流回路

(解)

(a) S を閉じる前の点 B と点 C にキルヒホフの電流法則を適用すると
$$I_1 + I_2 = 0$$
$$I_3 = 0$$
閉回路 ABED にキルヒホフの電圧法則を適用すると
$$E_1 - E_2 = -I_2 r_2 + I_1 r_1$$

以上から，I_1 と I_2 はそれぞれ
$$I_1 = \frac{E_1 - E_2}{r_1 + r_2}$$
$$I_2 = \frac{E_2 - E_1}{r_1 + r_2}$$

(b) S を閉じた後の点 B にキルヒホフの電流法則を適用すると
$$I_1 + I_2 + I_3 = 0$$
閉回路 ABED と BCFE にキルヒホフの電圧法則を適用すると
$$E_1 - E_2 = -I_2 r_2 + I_1 r_1$$
$$E_2 - E_3 = -I_3 r_3 + I_2 r_2$$

以上から，各電流値は
$$I_1 = \frac{E_1(r_2 + r_3) - E_2 r_3 - E_3 r_2}{r_1 r_2 + r_2 r_3 + r_3 r_1}$$
$$I_2 = \frac{E_2(r_3 + r_1) - E_3 r_1 - E_1 r_3}{r_1 r_2 + r_2 r_3 + r_3 r_1}$$
$$I_3 = \frac{E_3(r_1 + r_2) - E_1 r_2 - E_2 r_1}{r_1 r_2 + r_2 r_3 + r_3 r_1}$$

第22章

静磁気

この章では，磁気モーメントと磁場の強さについて学ぶ。

22.1.1 この章の学習目標
1. 磁場の強さや磁気モーメントがどのようなものかを知る。

22.1.2 基礎的事項

磁荷に関するクーロンの法則，磁場：

磁石のN極とS極に磁気というものがあると考え，その磁気量を磁荷とよぶ。この磁荷には電荷と同様にクーロンの法則が成り立つ。すなわち，距離 r 離れた2つの磁荷 (磁石の磁極) q_m と Q_m の間に働く力の大きさ F は

$$F = \frac{1}{4\pi\mu_0}\frac{q_\mathrm{m} Q_\mathrm{m}}{r^2} \tag{22.1}$$

である (磁荷に関するクーロンの法則)。磁荷の単位は Wb ($=$ Nm/A) (ウェーバ) である。ここで μ_0 は磁気定数 (真空の透磁率) である。また

$$\vec{F} = q_\mathrm{m}\vec{H} \tag{22.2}$$

で定義される $\vec{H}$ を磁場 (あるいは磁界) の強さといい，単位は A/m である。
【基本問題 P.169 問 1】

磁気モーメント：

磁荷 $-q_\mathrm{m}$ (S極) から $+q_\mathrm{m}$ (N極) への位置ベクトルを $\vec{l}$ とするとき

$$\vec{p}_\mathrm{m} = q_\mathrm{m}\vec{l} \tag{22.3}$$

を磁気 (双極子) モーメントという。磁場 $\vec{H}$ にある磁気モーメント $\vec{p}_\mathrm{m}$ が受ける偶力のモーメントは

$$\vec{N} = \vec{p}_\mathrm{m} \times \vec{H} \tag{22.4}$$

【基本問題 P.170 問 2】【発展問題 P.171 問 1】

22.1.3 基本問題

1. (磁石と磁荷)：
 次の ア ～ オ の空欄を埋めなさい。

棒磁石の重心部分を糸でつるすと，棒磁石は南北を向く。これは棒磁石の両端に磁極があるためであり，北をさす方の磁極を ア 極，南に来る方を イ 極と呼ぶ。磁極の磁気量を磁荷といい， ア 極には正の磁荷， イ 極には負の磁荷があるとすると，電荷の場合と同様に 2 つの磁荷の間には ウ の法則が成り立つ。真空中で，小さな磁極の磁荷 q_m' [Wb] から $\vec{r}$ の位置に，こちらも小さな磁極の磁荷 q_m があるとき，q_m' が q_m に及ぼす力 $\vec{F}$ は

$$\vec{F} = \frac{1}{4\pi\mu_0}\frac{q_m q_m'}{r^2}\frac{\vec{r}}{r} \qquad (r=|\vec{r}|) \tag{22.5}$$

となる。ここで μ_0 は真空の エ である。電荷と磁荷のもっとも大きな違いは電荷が正あるいは負の電荷を単独で得ることができるのに対して，磁荷は ア 極あるいは イ 極を単独で取り出すことができない点である。したがって磁荷には単独の磁極 (オ) が存在しない。

(解) [ア] N, [イ] S, [ウ] クーロン, [エ] 透磁率, [オ] 単 (磁) 極 (モノポール)

2. (磁場と磁気モーメント)：
次の ア ～ カ の空欄を埋めなさい。

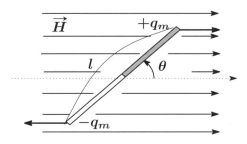

図 22.1　磁場中にある磁石が受ける力

磁極間に力が働くのは，一方の磁極がつくる ア を他方の磁極が感じるためと考える。電場 (の強さ) に対する $\vec{E}$ と同様に， ア の強さを表すベクトル場として $\vec{H}$ を定義する。強さが $\vec{H}$ の ア におかれた磁気量 (磁荷) q_m の小さい磁極が受ける力 $\vec{F}$ が

$$\vec{F} = \boxed{イ} \tag{22.6}$$

となるように $\vec{H}$ を定める。$\vec{H}$ の単位は N と Wb を用いて ウ = A/m である。N 極と S 極は必ず対で存在するから，一様な $\vec{H}$ 中に磁荷が q_m と $-q_m$ で長さ l の棒磁石が図 22.1 のようにあるとき，この棒磁石は $\vec{H}$ から磁石の中心の周りに回転させようとする力，すなわち エ を受ける。棒磁石と $\vec{H}$ のなす角度が θ のとき， エ の力のモーメントの大きさ N は

$$N = \boxed{オ} \tag{22.7}$$

となる。ここで S 極から N 極へ向かう大きさ $q_\mathrm{m} l$ のベクトル $\vec{p}_\mathrm{m}$ を定義し，これを カ という。$\vec{p}_\mathrm{m}$ を用いると エ の力のモーメント $\vec{N}$ は

$$\vec{N} = \vec{p}_\mathrm{m} \times \vec{H} \tag{22.8}$$

(解) [ア] 磁場, [イ] $q_\mathrm{m}\vec{H}$, [ウ] N/Wb, [エ] 偶力, [オ] $q_\mathrm{m} H l \sin\theta$, [カ] 磁気モーメント

22.1.4 発展問題

1. (磁気双極子のつくる磁位)：

電気の電位に対応する磁位 $V_\mathrm{m}(\vec{r})$ を考える。磁気量 q_m の孤立した小さな磁極から $\vec{r}$ の点での磁位は $V_\mathrm{m}(\vec{r}) = \dfrac{1}{4\pi\mu_0} \dfrac{q_\mathrm{m}}{|\vec{r}|}$ で与えられる。今，xy 平面上の点 $\left(\dfrac{\delta}{2}, 0, 0\right)$ に磁荷 q_m，点 $\left(-\dfrac{\delta}{2}, 0, 0\right)$ に磁荷 $-q_\mathrm{m}$ が接近して存在する小さな磁石 (磁気双極子) があるとき，この磁気双極子が xy 平面上の点 $\mathrm{P}(x, y, 0)$ につくる磁位 $V_\mathrm{m}(x, y, 0)$ を求めなさい。ここで $0 < \delta \ll r = \sqrt{x^2 + y^2}$ とする。

(解) 磁荷 q_m と $-q_\mathrm{m}$ が点 P に作る磁位の和が，磁気双極子が P に作る磁位である。

$$\begin{aligned}
V_\mathrm{m}(x, y, 0) &= \frac{1}{4\pi\mu_0}\left(\frac{q_\mathrm{m}}{\sqrt{(x-\delta/2)^2 + y^2}} + \frac{-q_\mathrm{m}}{\sqrt{(x+\delta/2)^2 + y^2}}\right) \\
&= \frac{q_\mathrm{m}}{4\pi\mu_0}\left(\left(x^2 + y^2 - x\delta + \frac{\delta^2}{4}\right)^{-\frac{1}{2}} - \left(x^2 + y^2 + x\delta + \frac{\delta^2}{4}\right)^{-\frac{1}{2}}\right) \\
&= \frac{q_\mathrm{m}}{4\pi\mu_0}\frac{1}{\sqrt{x^2+y^2}}\left(\left(1 - \frac{x\delta}{x^2+y^2} + \frac{\delta^2}{4(x^2+y^2)}\right)^{-\frac{1}{2}}\right.\\
&\qquad\qquad\left. - \left(1 + \frac{x\delta}{x^2+y^2} + \frac{\delta^2}{4(x^2+y^2)}\right)^{-\frac{1}{2}}\right)
\end{aligned}$$

$\delta \ll \sqrt{x^2+y^2}$ なので δ^2 の項を無視し，$x \ll 1$ に対して

$$(1 \pm x)^{-\frac{1}{2}} \approx 1 \mp \frac{x}{2} \quad \text{(複号同順)}$$

の近似式を用い，磁気双極子モーメントの大きさを $p_\mathrm{m} = q_\mathrm{m}\delta$ と表すと

$$\begin{aligned}
V_m(x, y, 0) &\approx \frac{q_\mathrm{m}}{4\pi\mu_0}\frac{1}{\sqrt{x^2+y^2}}\left(\left(1 + \frac{x\delta}{2(x^2+y^2)}\right) - \left(1 - \frac{x\delta}{2(x^2+y^2)}\right)\right) \\
&= \frac{q_\mathrm{m}}{4\pi\mu_0}\frac{x\delta}{\sqrt{(x^2+y^2)^3}} \\
&= \frac{q_\mathrm{m}\delta}{4\pi\mu_0}\frac{x}{r^3} \\
&= \frac{p_\mathrm{m}}{4\pi\mu_0}\frac{x}{r^3}
\end{aligned}$$

第 23 章

アンペールの法則

この章では，アンペールの法則やビオ・サバールの法則を用いて，**電流が作る磁場を求める方法**を学ぶ．

23.1.1 この章の学習目標

1. 電場や磁束密度が電荷に働く力 (ローレンツ力) を理解し，代表的問題を解くことができる．
2. アンペールの法則やビオ・サバールの法則を用いて，電流が作る磁束密度を求めることができる．

23.1.2 基礎的事項

磁束密度 ：

$\vec{B} = \mu_0 \vec{H} + \vec{P}_m$ で定義されるベクトル $\vec{B}$ を磁束密度といい，単位は T (テスラ) である．$\vec{P}_m$ は磁気分極であり，真空中では $\vec{B} = \mu_0 \vec{H}$ に等しい．

$$1\,\text{T} = 1\,\frac{\text{Wb}}{\text{m}^2} = 1\,\frac{\text{N}}{\text{A\,m}} \tag{23.1}$$

【発展問題 P.179 問 2】

ローレンツ力 ：

電荷 q の粒子が磁束密度 $\vec{B}$ 内を速度 $\vec{v}$ で運動するとき，この粒子は磁場から

$$\vec{F} = q\vec{v} \times \vec{B} \tag{23.2}$$

の力を受ける．電場 $\vec{E}$ と磁束密度 $\vec{B}$ の磁場が共存する中を電荷 q が速度 $\vec{v}$ で運動するとき，電荷が受ける力 $\vec{F}$ は

$$\vec{F} = q\left(\vec{E} + \vec{v} \times \vec{B}\right) \tag{23.3}$$

また，電荷の運動を導線を流れる電流 $\vec{I} = q\vec{v}$ と考えると，導線の長さ l に磁場が及ぼす力は $\vec{F}$ は

$$\vec{F} = l\vec{I} \times \vec{B} \tag{23.4}$$

となる．上式の関係は，左手の親指に $\vec{F}$，人差し指に $\vec{B}$，中指に $\vec{I}$ を対応させ，これらの指を互いに垂直になるように広げた状態に対応する．これをフレミングの

左手の法則という。

【基本問題 P.173 問 1，P.174 問 2，P.177 問 5】

ビオ・サバールの法則：

電流 I の微小区間 $\mathrm{d}\vec{s}$ が $\vec{r}$ の位置に作る磁束密度 $\mathrm{d}\vec{B}$ は

$$\mathrm{d}\vec{B} = \frac{\mu_0}{4\pi}\frac{I\mathrm{d}\vec{s}\times\vec{r}}{r^3} \tag{23.5}$$

【基本問題 P.175 問 3】

アンペールの法則：

閉曲線 c_0 を通る正味の電流が I であるとき，I が作る磁束密度 $\vec{B}$ は

$$\oint_{c_0} \vec{B}\cdot\mathrm{d}\vec{s} = \mu_0 I \tag{23.6}$$

を満たす。ここで $\mathrm{d}\vec{s}$ は c_0 に沿った微小片であり，積分は I を右ネジの向きに c_0 に沿って 1 周する形で行う。

【基本問題 P.176 問 4，P.177 問 5】【発展問題 P.178 問 1】

ソレノイド中の磁場：

導線を同一軸に沿って細長く巻きつけたコイルを**ソレノイド**という。単位長さあたりの巻き数が n で，流れる電流が I とき，ソレノイドに発生する磁束密度の大きさ B は

$$B = \mu_0 n I \tag{23.7}$$

23.1.3 自己学習問題

1. (ソレノイドの作る磁場 1)：

真空中にある 1 m あたりの巻き数が 1000 の十分に長いコイルに 2 A の電流を流したとき，磁場の強さと磁束密度のそれぞれの大きさを求めなさい。

(解)
$$H = nI = 1000\,\mathrm{m}^{-1} \times 2\,\mathrm{A} = 2\times 10^3\,\mathrm{A/m}$$
$$B = \mu_0 H = (4\pi\times 10^{-7}\,\mathrm{N/A^2}) \times (2.00\times 10^3\,\mathrm{A/m}) \approx 2.51\times 10^{-3}\,\mathrm{T}$$

23.1.4 基本問題

1. (磁場中を運動する電荷)：

速さ v の電子 (質量 m，電荷 $-e$) が均一な磁場 (磁束密度の大きさ B) の中へ，磁場と直角に入射した。この場合の電子軌道の半径と電子の回転周期を求めなさい。

(解) 運動方向と磁場は常に垂直なので，電子が受ける力 $\vec{F} = -e\vec{v}\times\vec{B}$ は，大きさが $F = evB$ の向心力の等速円運動となる。電子の軌道半径を r とすると，加速度 $\dfrac{v^2}{r}$ と F の関係から，r は

$$m\frac{v^2}{r} = evB$$
$$r = \frac{mv}{eB}$$

となる。電子は 1 周期 T の間に一定の速さ v で距離 $2\pi r$ を運動するから

$$T = \frac{2\pi r}{v}$$
T を m, e, B を用いて表すと
$$T = \frac{2\pi m}{eB}$$

2. (電場,磁場中を運動する電荷):
真空中に O-xyz 座標がある。この $z = 0$ の xy 平面上で $y = h$ の線上を,質量 m,電気量 $q\,(>0)$ の電荷 A が一定な速さ v_0 で,x 軸の正の方向に向かって運動している。以下の問に答えなさい。重力の影響は無視する。

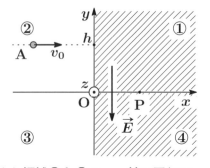 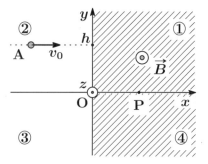

(a) 領域①と④に,y 軸に平行で逆向きに一様な電場 $\vec{E}$ がある場合

(b) 領域①と④に,z 軸に平行で正の向きに一様な磁束密度 $\vec{B}$ がある場合

図 23.1 電場,磁場中を運動する電荷

(a) 図 23.1(a) のように領域①と④に y 軸に平行で逆向きな一定な大きさ E の電場があるとき,ここで A が受ける力の方向,向き及びその大きさを答えなさい。

(b) 図 23.1(a) で A が領域①に入った後,x 軸上の点 P(h, 0) を通るときの電場の大きさ E を求めなさい。

(c) 図 23.1(b) のように領域①と④に z 軸に平行で正の向きに一定な大きさ B の磁束密度 $\vec{B}$ があるとき,A が領域①に入った直後に A が受ける受ける力の方向,向き及びその大きさを答えなさい。

(d) 図 23.1(b) で A が領域①に入った後,x 軸上の点 P(h, 0) を通るときの磁束密度の大きさ B を求めなさい。

(e) $E > 0$ の図 23.1(a) と $B > 0$ の図 23.1(b) で十分に時間が経った後,それぞれの場合の A はどの領域で,どのような運動しているか。理由を付して答えなさい。

(解)
(a) 方向は y 軸に平行,向きは y 軸の負の向き,大きさは qE
(b) x 方向は等速直線運動,y 方向は等加速度直線運動であり,①に入った時を $t = 0$ とすると,それぞれの位置は $x = v_0 t$, $y = -\dfrac{1}{2}\dfrac{qE}{m}t^2 + h$ であるから,軌道の式は $y = -\dfrac{1}{2}\dfrac{qE}{m{v_0}^2}x^2 + h$ となる。これが $(h, 0)$ を通るので E は $E = \dfrac{2m{v_0}^2}{qh}$ となる。

(c) y 軸に平行,逆向き (原点 O に向かう向き) で,大きさは $qv_0 B$

(d) 題意から A の回転半径が h であればよいから,その運動方程式は $m\dfrac{v_0{}^2}{h} = qv_0 B$ となり,$B = \dfrac{mv_0}{qh}$

(e) 図 1 では,①と④の領域では放物運動となるので,十分時間が経過した後の運動領域は④となる。

図 2 では,A が受ける力は運動方向に対して常に垂直であるので,$B > \dfrac{2mv_0}{qh}$ のときには領域②,$B = \dfrac{2mv_0}{qh}$ のときには x 軸上,$B < \dfrac{2mv_0}{qh}$ のときには領域③を x の負の方向に速さ v_0 で等速直線運動する。

3. (円形電流のつくる磁場):

真空中にある半径 a の円形電流 (強さ I) が,円の中心軸上で円の中心 O から z にある点 P につくる磁場を求めなさい。

(解)

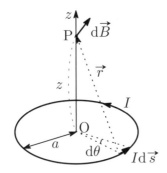
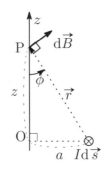

図 23.2 円形電流のつくる磁場の解説図

図 23.2 のように,円電流の中心 O を原点とする z 軸をとる。円電流の微小部分 $I\vec{ds}$ が点 P に作る磁束密度 $d\vec{B}$ は,$d\vec{s}$ から P への位置ベクトルを $\vec{r}$ とすると,ビオ・サバールの法則から

$$d\vec{B} = \frac{\mu_0}{4\pi} \frac{I d\vec{s} \times \vec{r}}{r^3}$$

である。求める磁場はこれを円電流に沿って積分したものになる。円電流に平行な磁場の成分は積分すると互いに打ち消しあうので,円電流に垂直な (z 軸方向) の成分のみが有効な寄与を与えるので,これを円電流全体で積分する。上式で $d\vec{s}$ と $\vec{r}$ は常に直交している。図 23.2 の右図では $I d\vec{s}$ は紙面手前から奥に向かっている。また

$$ds = a\, d\theta$$
$$r = \sqrt{z^2 + a^2}$$
$$\sin\phi = \frac{a}{\sqrt{z^2 + a^2}}$$

である。ここで $d\theta$ は円電流の中心に対する $d\vec{s}$ の中心角,ϕ は中心軸と $\vec{r}$ のなす角度である。これを平面角について積分すると

$$B = \int_0^{2\pi} \frac{\mu_0}{4\pi} \frac{Ia\, d\theta \sqrt{z^2+a^2}}{(z^2+a^2)^{3/2}} \frac{a}{\sqrt{z^2+a^2}}$$
$$= \frac{\mu_0 I}{4\pi} \frac{a^2}{(z^2+a^2)^{3/2}} \int_0^{2\pi} d\theta$$
$$= \frac{\mu_0 I}{2} \frac{a^2}{(z^2+a^2)^{3/2}}$$

4. (ソレノイドのつくる磁場 2)：

真空中にある無限に長いソレノイドの作る磁束密度について，以下の問に答えなさい。ソレノイドに流れる電流の大きさを I，単位長さ当たりの巻き数を n とする。

(a) 磁束密度の向きはソレノイドの中心軸に平行である。このことを用いて，ソレノイドの内部の磁束密度 $\vec{B}$ は一様であることを示しなさい。

(b) ソレノイドの外部の磁束密度 $\vec{B'}$ も一様であることを示しなさい。

(c) ソレノイドは円柱状の磁石と等価である。このことと上の結果を用いて，ソレノイド内部の磁束密度の大きさ B を求めなさい。

(d) 長さ $30\,\text{cm}$，半径 $2.0\,\text{cm}$，総巻き数 1.0×10^3 の中空のコイルに $I = 2.0\,\text{A}$ の電流を流した。コイル内部の磁束密度の大きさ B を求め，有効数字 2 桁で答えなさい。

(解)

(a) ソレノイドは無限に長いから，ソレノイドが作る磁束密度はその中心軸について回転対称になっている。ここでソレノイド内部に中心軸に平行な 2 辺を持つ長方形 (1 辺の長さ l) の閉曲線を考え，この閉曲線についてアンペールの法則を用いる。長方形の他の 2 辺は中心軸に垂直であり，この辺に沿う磁束密度 B_n は対称性から 0 である。平行な 2 辺に沿った磁束密度は対称性から同じ向きを持ち，それぞれの大きさを B_p1 と B_p2 とすると

$$\oint_{c_0} \vec{B} \cdot d\vec{s} = \mu_0 I'$$
$$B_\text{p1} l - B_\text{p2} l = 0$$
$$B_\text{p1} = B_\text{p2}$$

この閉曲線の取り方は任意なので，ソレノイド内部の磁束密度 $\vec{B}$ はソレノイドの中心軸に平行で一様である。

(b) ソレノイド外部に前問と同様の閉曲線を考えて，これにアンペールの法則を用いる。前問と同じ理由により，ソレノイドに垂直な磁束密度 B'_n は 0 であり，平行な 2 辺に沿った磁束密度は対称性から同じ向きを持ち，それぞれの大きさを B'_p1 と B'_p2 とすると

$$\oint_{c_0} \vec{B} \cdot d\vec{s} = \mu_0 I'$$
$$B'_\text{p1} l - B'_\text{p2} l = 0$$
$$B'_\text{p1} = B'_\text{p2}$$

この閉曲線の取り方は任意なので，ソレノイド外部の磁束密度 $\vec{B'}$ はソレノイドの中心軸に平行で一様である (ただし，(c) の結果から $\vec{B'} = \vec{0}$ である)。

(c) ソレノイド内部と外部にまたがる前問までと同様の閉曲線を考えて，これにアンペールの法則を用いる。ソレノイドに垂直な磁束密度は 0 であり，平行な 2 辺に沿った磁束密度のうちソレノイド内部のものを B と外部のものを B' とする。ソレノイドは円柱状磁石と等価であり，題意のソレノイドは無限に長いので，無限に長い円柱状磁石と考えられ，両端に現れる磁極は無限に遠方に存在することになり，この場合には磁石の外に現れる磁場は 0 と考えることができる ($B' = 0$)。したがって

$$\oint_{c_0} \vec{B} \cdot d\vec{s} = \mu_0 I'$$
$$B l = \mu_0 n l I$$
$$B = \mu_0 n I$$

(d) 題意から単位長さ当りの巻き数 n は
$$n = \frac{1.0 \times 10^3}{30 \times 10^{-2}\,\mathrm{m}} \approx 3.33 \times 10^3\,\mathrm{m}^{-1}$$
したがって，このソレノイドに $2.0\,\mathrm{A}$ 流したときに発生する磁束密度 B は
$$B = \mu_0 n I = (1.26 \times 10^{-6}\,\mathrm{N/A^2}) \times (3.33 \times 10^3\,\mathrm{m}^{-1}) \times 2.0\,\mathrm{A} \approx 8.4 \times 10^{-3}\,\mathrm{T}$$

5. (平行電流間に働く力)：

真空中に r 離れて無限に長い平行な導線 X と Y がある．両方の導線にはともに大きさ I の電流が流れており，その電流の向きは

  図 23.3(A)：　X と Y ともに紙面上を下から上向き (平行電流と呼ぶ)

  図 23.3(B)：　X では紙面上を下から上向き，Y では紙面上を上から下向き (反平行電流と呼ぶ)

のようになっている．以下の問に答えなさい．真空の透磁率を μ_0 とする．

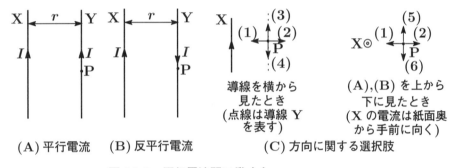

図 23.3 平行電流間に働く力

(a) 導線 A を流れる電流が導線 Y 上の点 P に作る磁束密度 $\vec{B}$ の大きさ B を答え，その向きを図 23.3(C) の (1) ～ (6) から選びなさい．

(b) 図 23.3(A) で，導線 B の長さ l の部分が導線 X から受ける力 $\vec{F}$ の大きさ F を答え，その向きを図 23.3(C) の (1) ～ (6) から選びなさい．

(c) 図 23.3(B) で，導線 B の長さ l の部分が導線 X から受ける力 $\vec{F}$ の大きさ F を答え，その向きを図 23.3(C) の (1) ～ (6) から選びなさい．

(d) 図 23.3(A) の平行電流で導線 X に流れる電流の大きさが I，導線 Y に流れる電流の大きさが $2I$ であるとき，X が Y の単位長さに及ぼす力と Y が X の単位長さに及ぼす力はどちらが大きいか．理由を付して答えなさい．

(解)

(a) アンペールの法則から $B = \dfrac{\mu_0 I}{2\pi r}$，向きは (5)

(b) $\vec{F} = l\vec{I} \times \vec{B}$ であり $\vec{I}$ と $\vec{B}$ は直交していることから，導線 B の長さ l の部分に働く力の大きさは $F = l\dfrac{\mu_0 I^2}{2\pi r}$，向きは (1)

(c) $F = l\dfrac{\mu_0 I^2}{2\pi r}$. (b) と同様に向きは (2)

(d) 作用・反作用の法則から，X が Y に及ぼす力の大きさと，Y が X に及ぼす力の大きさは同じである。

23.1.5 発展問題

1. (円柱導体中の磁束密度)：

真空中にある半径 a の無限に長い直円柱形の導体内を，その中心に沿って電流が流れている。円柱に垂直な断面での単位面積当たりの電流密度の大きさ j が中心軸からの距離 r の関数として (a)〜(c) のように与えられたとき，中心軸から距離 r の点での磁束密度の大きさ $B(r)$ を求めなさい。ここで j_0 と k は定数である。

(a) $j(r) = \begin{cases} j_0 & (0 \leq r \leq a) \\ 0 & (a < r) \end{cases}$

(b) $j(r) = \begin{cases} j_0 + kr & (0 \leq r \leq a) \\ 0 & (a < r) \end{cases}$

(c) $j(r) = \begin{cases} j_0 e^{kr^2} & (0 \leq r \leq a) \\ 0 & (a < r) \end{cases}$

(解) 円柱導体と同心の半径 r の円をとり，この円周を閉曲線 c_0 としてアンペールの法則を適用する。題意から電流により発生する磁場 (磁束密度) は，円柱の中心軸に回転対称になっており，磁束密度 $\vec{B}$ は常に c_0 の接線方向に向いている。すなわち，$\vec{B}$ と c_0 の微小部分 $\mathrm{d}\vec{s}$ は常に平行である。

(a) $j(r) = \begin{cases} j_0 & (0 \leq r \leq a,\ j_0\text{は定数}) \\ 0 & (a < r) \end{cases}$

i. $0 \leq r \leq a$ のとき：半径 r の円内を流れる電流は $I = \pi r^2 j_0$ なので，アンペールの法則から
$$\int_{c_0} \vec{B}\cdot\mathrm{d}\vec{s} = \mu_0 I$$
$$B(r)2\pi r = \mu_0 \pi r^2 j_0$$
$$B(r) = \frac{\mu_0 r j_0}{2}$$

ii. $a < r$ のとき：半径 r の円内を流れる電流は $I = \pi a^2 j_0$ なので，アンペールの法則から
$$\int_{c_0} \vec{B}\cdot\mathrm{d}\vec{s} = \mu_0 I$$
$$B(r)2\pi r = \mu_0 \pi a^2 j_0$$
$$B(r) = \frac{\mu_0 a^2 j_0}{2r}$$

(b) $j(r) = \begin{cases} j_0 + kr & (0 \leq r \leq a,\ j_0\text{と } k \text{ は定数}) \\ 0 & (a < r) \end{cases}$

i. $0 \leq r \leq a$ のとき：半径 r の円内を流れる電流は
$$I = \int_0^r (j_0 + kr')2\pi r'\,\mathrm{d}r'$$
$$= \pi\left(j_0 r^2 + \frac{2kr^3}{3}\right)$$

である。アンペールの法則から
$$\int_{c_0} \vec{B}\cdot\mathrm{d}\vec{s} = \mu_0 I$$
$$B(r)2\pi r = \mu_0 \pi\left(j_0 r^2 + \frac{2kr^3}{3}\right)$$
$$B(r) = \mu_0\left(\frac{j_0 r}{2} + \frac{kr^2}{3}\right)$$

ii. $a < r$ のとき: 半径 r の円内を流れる電流は
$$I = \pi a^2 \left(j_0 + \frac{2ka}{3} \right)$$
なので, アンペールの法則から

$$\int_{c_0} \vec{B} \cdot d\vec{s} = \mu_0 I$$
$$B(r) 2\pi r = \mu_0 \pi a^2 \left(j_0 + \frac{2ka}{3} \right)$$
$$B(r) = \mu_0 \left(j_0 + \frac{2ka}{3} \right) \frac{a^2}{2r}$$

(c) $j(r) = \begin{cases} j_0 e^{kr^2} & (0 \leq r \leq a,\ j_0 \text{と} k \text{は定数}) \\ 0 & (a < r) \end{cases}$

i. $0 \leq r \leq a$ のとき: 半径 r の円内を流れる電流は
$$I = \int_0^r j_0 e^{kr'^2} 2\pi r'\, dr'$$
$$= \frac{\pi j_0}{k} \left(e^{kr^2} - 1 \right)$$
である。アンペールの法則から
$$\int_{c_0} \vec{B} \cdot d\vec{s} = \mu_0 I$$
$$2\pi r B(r) = \mu_0 \frac{\pi j_0}{k} \left(e^{kr^2} - 1 \right)$$
$$B(r) = \mu_0 \frac{j_0}{2kr} \left(e^{kr^2} - 1 \right)$$

ii. $a < r$ のとき: 半径 r の円内を流れる電流は
$$I = \frac{\pi j_0}{k} \left(e^{ka^2} - 1 \right)$$
なので, アンペールの法則から
$$\int_{c_0} \vec{B} \cdot d\vec{s} = \mu_0 I$$
$$2\pi r B(r) = \mu_0 \frac{\pi j_0}{k} \left(e^{ka^2} - 1 \right)$$
$$B(r) = \mu_0 \frac{j_0}{2kr} \left(e^{ka^2} - 1 \right)$$

2. (ヘルムホルツコイル):

真空中にある無限に長いソレノイドコイルでは, ソレノイドの内部の磁束密度 $\vec{B}$ は一様で, ソレノイドの中心軸と平行である。しかし, 無限に長いソレノイドコイルを実現することはできない。一方, 比較的均一な磁束密度を実現する方法の1つとして, ヘルムホルツコイルがある。ヘルムホルツコイルとは半径 a の同じ円形コイルを, 中心軸を共通にして a の間隔で対置したものであり, 中心軸上の2つのコイルの中点付近に比較的均一な磁束密度がつくられる。これについて考察する。

z 軸上の点 C を中心とする半径 a の円電流 I が, z 軸に垂直な平面上を左回転で流れているとき, この円電流が C から距離 z にある z 軸上の点 P(CP $= z$) に作る磁束密度 $\vec{B}(z)$ は, P.175 問 3 から, z 軸の正方向を向き, その大きさ $B(z)$ は $A = \dfrac{\mu_0 I a^2}{2}$ とおいて

$$B(z) = \frac{A}{(a^2 + z^2)^{\frac{3}{2}}} = A(a^2 + z^2)^{-\frac{3}{2}} \tag{23.8}$$

である。いま, 図 23.4 のように半径 a の2つの円形コイルを, 中心を結ぶ軸を z 軸として, $-b$ と b に z 軸に垂直に置く。それぞれのコイルに同じ向きに大きさ I の電流を流すとき, これら2つの円電流が z 軸上の位置 z $(-b < z < b)$ の点 Q

に作る磁束密度 $\vec{B}(z)$ は，円形コイルが z 軸について回転対称に配置されているので，その方向は z 軸に一致し，向きは電流の流れる向きに右ねじを回したときにねじの進む向きとなる。$\vec{B}(z)$ の大きさ $B(z)$ について以下の問に答えなさい。コイルは常に真空中にあるとし，真空の透磁率を μ_0 とする。

(a) $z = -b$ にある円電流が Q に作る磁束密度の大きさ $B_-(z)$ は

$$B_-(z) = A\left(a^2 + (b+z)^2\right)^{-\frac{3}{2}} \quad (23.9)$$

となることを説明しなさい。

(b) $z = b$ にある円電流が Q に作る磁束密度の大きさ $B_+(z)$ を求めなさい。

(c) $B(z)$ を $B_-(z)$ と $B_+(z)$ を用いて表しなさい。

(d) $B(z)$ を $z = 0$ の近傍でマクローリン展開し，z^4 のオーダーまでの z のべき関数の和として求めなさい。

(e) この近似式から，円形コイルの設置間隔 $2b$ を円形コイルの半径 a と等しく $\left(b = \dfrac{a}{2}\right)$ したとき，どのようなことがいえるか答えなさい。

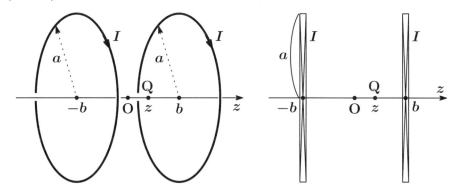

図 23.4　題意の 2 重コイル ($2b = a$ のときをヘルムホルツコイルという)

(解)
(a) 題意のコイルの z 座標は $-b$ であり，Q の位置までの距離は $b+z$ となるから，式 (23.8) の z を $b+z$ に置き換えればよく

$$B_-(z) = A\left(a^2 + (b+z)^2\right)^{-\frac{3}{2}} \equiv A f_+(z)$$

これが式 (23.9) の $B_-(z)$ である。

(b) z 座標が b のコイルと Q との距離は $b-z$ であるから，式 (23.8) の z を $b-z$ に置き換えて

$$B_+(z) = A\left(a^2 + (b-z)^2\right)^{-\frac{3}{2}} \equiv A f_-(z)$$

(c) 磁束密度の重ね合わせの原理より $\vec{B}(z)$ の大きさ $B(z)$ は両コイルが Q に作る磁束密度の和となり，$B(z) = B_-(z) + B_+(z)$。

(d) $B(z)$ を $z = 0$ の近傍でマクローリン展開するため，$f_+(z)$ と $f_-(z)$ について 4 階の導関数まで求める。

$$f_\pm{}'(z) = \mp 3(b \pm z)\left(a^2 + (b \pm z)^2\right)^{-\frac{5}{2}}$$

$$f_\pm{}''(z) = -3\left(a^2 + (b \pm z)^2\right)^{-\frac{5}{2}} + 15(b \pm z)^2\left(a^2 + (b \pm z)^2\right)^{-\frac{7}{2}}$$

$$f_\pm'''(z) = \pm 45(b\pm z)\bigl(a^2+(b\pm z)^2\bigr)^{-\frac{7}{2}} \mp 105(b\pm z)^3\bigl(a^2+(b\pm z)^2\bigr)^{-\frac{9}{2}}$$
$$f_\pm^{(4)}(z) = 45\bigl(a^2+(b\pm z)^2\bigr)^{-\frac{7}{2}} - 630(b\pm z)^2\bigl(a^2+(b\pm z)^2\bigr)^{-\frac{9}{2}}$$
$$+ 945(b\pm z)^4\bigl(a^2+(b\pm z)^2\bigr)^{-\frac{11}{2}}$$

これらは複合同順である。$z=0$ でのマクローリン展開に必要な z^4 までの z のべき乗の係数の値はそれぞれ

$$f_\pm(0) = (a^2+b^2)^{-\frac{3}{2}}$$
$$f_\pm{}'(0) = \mp 3b(a^2+b^2)^{-\frac{5}{2}}$$
$$f_\pm{}''(0) = -3(a^2+b^2)^{-\frac{5}{2}} + 15b^2(a^2+b^2)^{-\frac{7}{2}}$$
$$f_\pm{}'''(0) = \pm 45b(a^2+b^2)^{-\frac{7}{2}} \mp 105b^3(a^2+b^2)^{-\frac{9}{2}}$$
$$f_\pm^{(4)}(0) = 45(a^2+b^2)^{-\frac{7}{2}} - 630b^2(a^2+b^2)^{-\frac{9}{2}} + 945b^4(a^2+b^2)^{-\frac{11}{2}}$$

のように得られる。$f_\pm(z)$ の引数が $b-z$ と $b+z$ の場合で，z の偶数べきの項 z^0，z^2，z^4 の係数は同じ値となるが，奇数べきの項 z^1 と z^3 の係数の符号は逆となっており，打ち消し合う。したがって，マクローリン展開したときには偶数べきの項のみが残り，$B(z)$ のマクローリン展開は

$$B(z) = A\Bigl[2(a^2+b^2)^{-\frac{3}{2}} + \frac{2}{2!}\bigl(-3(a^2+b^2)^{-\frac{5}{2}} + 15b^2(a^2+b^2)^{-\frac{7}{2}}\bigr)z^2$$
$$+ \frac{2}{4!}\bigl(45(a^2+b^2)^{-\frac{7}{2}} - 630b^2(a^2+b^2)^{-\frac{9}{2}} + 945b^4(a^2+b^2)^{-\frac{11}{2}}\bigr)z^4\Bigr]$$
$$= \frac{2A}{(a^2+b^2)^{\frac{3}{2}}}\Bigl[1 - \frac{3(a+2b)(a-2b)}{2(a^2+b^2)^2}z^2 + \frac{15(a^4-12a^2b^2+8b^4)}{8(a^2+b^2)^4}z^4\Bigr]$$

(e) 同一の中心軸を持ち，この軸に垂直に対置した半径 a の 2 つの円形コイルについて，中心の磁束密度の大きさ $B(z)$ の z^4 の項ではコイル間隔が $b=\dfrac{a}{2}$ の場合でも z^4 の係数は 0 とならないが，z^2 の項では $b=\dfrac{a}{2}$ のとき係数が 0 となるので，$B(z)$ は z に依存しない値を持ち一定ということができる。

このような，同一の中心軸に垂直に対置した半径 a の 2 つの円形コイルでコイル間隔も a のコイルを，ヘルムホルツコイルといい，一様性の極めて高い磁束密度を作ることができる。

第 24 章

電磁誘導

この章では，電磁誘導現象とファラデーの電磁誘導の法則を学ぶ。

24.1.1 この章の学習目標

1. ファラデーの電磁誘導の法則を理解し，磁束密度が時間的に変化する代表的問題を解くことができる。
2. 変位電流の必要性を理解し，代表的問題を解くことができる。

24.1.2 基礎的事項

電磁誘導 :
　導線で作られた閉回路の作る面を磁束の量が時間的に変化するとき，閉回路中には電流が流れる。この現象を**電磁誘導**といい，この電流を**誘導電流**という。

ファラデーの電磁誘導の法則 :
　コイル内を貫く磁束 Φ が時間変化するとき，コイルの両端に生じる起電力 V は

$$V = -\frac{d\Phi}{dt} \tag{24.1}$$

【基本問題 P.182 問 1，P.184 問 2】【発展問題 P.184 問 1，P.187 問 4】

レンツの法則 :
　誘導電流は，その発生原因となった電流の磁束の変化を妨げるような方向に流れる。

アンペール・マクスウェルの法則 :

$$\oint_{c_0} \vec{H} \cdot d\vec{s} = \int_{S_0} \left(i_n + \frac{\partial D_n}{\partial t} \right) dS \tag{24.2}$$

S_0 は閉曲線 c_0 で囲まれた面積。右辺括弧内の第 1 項は dS に垂直な電流密度，第 2 項を**変位電流 (電束電流)** という。

【発展問題 P.185 問 2】

24.1.3 基本問題

1. (可動導線中での電磁誘導) :
   真空中に図 24.1(a) のような導線 ABCD がある。導線 AB と CD は平行であ

り，BC は AB, CD は直角に交わっている。導線 AB と CD には，これらに直交するように抵抗なく接する可動導線 PQ がある。区間 BC の長さは b で一定である。以下の問に答えなさい。

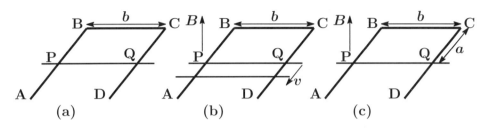

図 24.1 可動導線中での電磁誘導

(a) 図 24.1(b) のように回路全体が，ABCD 面に垂直で下から上向きの一様な磁場中におかれており，その磁束密度の大きさは B とする。ここでは可動導線 PQ は $t=0$ では BC と一致しているが，一定の速さ v で運動している。

　i. 時刻 t における長方形 PBCQ の面積を求めなさい。

　ii. 時間 $[t, t+dt]$ に長方形 PBCQ を貫く磁束の変化 $d\Phi$ を求めなさい。

　iii. PQ 間に生じる起電力の大きさ V とその起電力により生じる電流の向きを示しなさい。電流が P から Q に向かって流れる場合は「PQ の向き」のように書きなさい。

(b) 図 24.1(c) のように回路全体が，ABCD 面に垂直な磁場中におかれており，その磁束密度は $B = B_0 \cos t$ で時間変化している。ここでは可動導線 PQ は $BP = CQ = a = $ 一定 で固定されている。

　i. 時刻 t における長方形 PBCQ を貫く磁束 Φ を求めなさい。

　ii. PQ 間に生じる起電力 V を求めなさい。

(解)
(a) 　i. 面積を S とすると，$S = bvt$

　　ii. 磁束密度の大きさは B だから，$d\Phi = Bbvdt$

　　iii. $V = -\dfrac{d\Phi}{dt} = -Bbv$，回路 PBCQ 内の磁束が増加する方に変化しているから，PBCQ には逆向きの磁束が生じるように電流が流れるので，その向きは QP の向き

(b) 　i. PBCQ の面積に磁束密度の大きさ B をかけて，$\Phi = abB_0 \cos \omega t$

　　ii. Φ の時間変化を求めればよいから，Φ を t で微分して，$V = -\dfrac{d\Phi}{dt} = abB_0 \omega \sin \omega t$

2. (モーター):

半径が a で巻き数が N の円形のコイルがある。このコイルを一様な磁束密度 B の中で，B に対して垂直な直径を軸として角速度 ω で回転させる（図 24.2）。時刻 $t = 0$ でコイルを貫く磁束は 0 であるとし，さらにコイル内の誘導電流がつくる磁場の効果は無視する。以下の問に答えなさい。

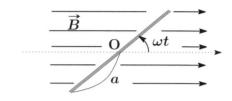

図 24.2　モーター

(a) 巻き数 N のコイルを貫いている磁束は，巻き数 1 の何倍か求めなさい。
(b) コイルを貫いている磁束 Φ と起電力 V の一般的関係を示しなさい。
(c) 時刻 t において巻き数 N のこのコイルを貫いている磁束 Φ を求めなさい。
(d) 巻き数 N のこのコイル内に発生する起電力 V を求めなさい。
(e) このコイルの全電気抵抗が R であるとき，コイルを流れる誘導電流の最大値 $I_{\max}$ を求めなさい。

(解)
(a) 導線 1 巻きの作る面積を磁束が貫き，同じ面積のコイルが N 個あると考えることができるから，巻き数 N のコイル全体を貫く磁束は巻き数 1 の場合の N 倍となる。

(b) ファラデーの電磁誘導の法則から，$V = -\dfrac{d\Phi}{dt}$

(c) コイルは半径 a の円形であるから，磁場方向から見たこのコイルの導線 1 巻きの作る閉曲線で囲まれた部分の最大面積は πa^2 であり，これを貫く磁束は $\pi a^2 B$ となる。最小はコイルの導線が磁場と平衡になったときで 0 である。このコイルは一様な磁束密度 B の磁場中で角速度 ω で回転しているからその面積は初期条件を考慮して $\pi a^2 \sin\omega t$ となり，時刻 t でコイル 1 巻きを貫いている磁束は $\pi a^2 B \sin\omega t$ となる。したがって，巻き数 N の場合には

$$\Phi = \pi a^2 B N \sin\omega t$$

(d) 上式をファラデーの電磁誘導の式に代入して計算し，$V = -\dfrac{d\Phi}{dt} = -\pi a^2 \omega B N \cos\omega t$

(e) 起電力 V は時間 t の余弦関数であるから，その最大値は $\pi a^2 \omega B N$ となる。コイルの全電気抵抗が R なので，オームの法則から誘導電流の最大値 $I_{\max}$ は

$$I_{\max} = \frac{V}{R} = \frac{\pi a^2 \omega B N}{R}$$

24.1.4 発展問題

1. (導体管内を落下する磁石):
銅 (Cu) やアルミニウム (Al) は，鉄とは異なり磁石に引き寄せられない物質である。しかし，磁石を Cu 管中で重力を受けて落下させるとき，磁石と管壁との摩擦

や空気抵抗などを考慮しても，その落下は自由落下よりも明らかに遅くなる．以下の問に答えなさい．

(a) 以下は，この現象の定性的説明である．文中の空欄に適当な語句または記号を記し，{ } の語句については適切なもの選択しなさい．

Cu 管を薄い"円形導線"の集合と考え，右図のように磁石の S 極を下にして落下させ，位置 P での"円形導線"を貫く磁束の変化を考える．磁石の外では，磁束線 (磁力線) は (①) 極から出て (②) 極に入るので，この図のように磁石の S 極が P を通過する前の P では，磁石の落下とともに { ア．上から下，イ．下から上 } 向きの磁束が { ウ．減少，エ．増加 } する傾向にある．

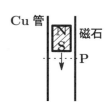

このとき P の"円形導線"には，この磁束の変化 { オ．を強める，カ．を打ち消す，キ．と無関係な } ような磁束を発生させる電流が流れる．このような電流は (③) と呼ばれる．閉電流は磁石と等価な磁気モーメントをもつので，磁石の S 極が P を通過する前には，"円形電流"の作る P の上側の磁極は (④) 極となり，磁石の (⑤) 極と { ク．引き合う，ケ．反発する } ため，これが抵抗力となり磁石の落下の速さは小さくなる．

(b) $[t, t+dt]$ 時間に，閉じた導線 (閉回路と呼ぶ) を貫く磁束が $[\Phi, \Phi+d\Phi]$ だけ変化するとき，この閉回路に生じる起電力 V を数式で表しなさい．

(c) 下線部は上の式中にどのような形で表れているか述べなさい．

(d) 下線部を特に何という法則か答えなさい．

(解)
(a) ① N，② S，③ 誘導電流 (うず電流)，④ S，⑤ S，正しい選択は，イ，エ，カ，ケ
(b) $V = -\dfrac{d\Phi}{dt}$
(c) 式中の負号 ($-$) に表れている．
(d) レンツの法則 (ファラデーの電磁誘導の法則では不十分)

---

2. (平行平板キャパシタの変位電流)：

静電容量 C の平行平板キャパシタに，図 24.3 のように振動電圧 $V = V_0 \sin \omega t$ を加えた．以下の問に答えなさい．ここで V_0 と ω は正の定数である．

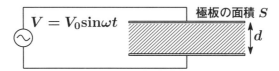

図 24.3 平行平板キャパシタの変位電流

(a) 極板の面積を S，極板の間隔を d とし，この中の物質の誘電率を ε とすると，このキャパシタの静電容量を求めなさい．

(b) 電位差 V での電場の強さ E を求めなさい．

(c) このときの電束密度の大きさ D を V を用いて表しなさい。
(d) キャパシタに流れる変位電流 i_d を求めなさい。

(解)

(a) 極板の端の効果を無視すると，電荷面密度 σ の平行平板キャパシタの電位は
$$E = \frac{\sigma}{\varepsilon}$$
であり，したがって，極板 (極板の面積 S, 間隔 d) 間の電位 V は

$$V = \int_0^d E\,\mathrm{d}x = \frac{\sigma d}{\varepsilon} = \frac{d}{\varepsilon S}S\sigma$$

となる。ここで $S\sigma$ は極板に蓄えられている電荷 Q である。静電容量 C は $\frac{Q}{V}$ で定義されるから

$$C = \frac{\varepsilon S}{d}$$

(b) 前問の議論から，$E = \dfrac{V}{d}$

(c) 電束密度は電場に誘電率を乗じたものであるから，$D = \varepsilon E = \dfrac{\varepsilon V}{d}$

(d) 電束密度は振動電圧とともに時間変化する。また，平行平板キャパシタの電束は DS であるから

$$i_d = \frac{\partial D}{\partial t}S = \frac{\varepsilon V_0 \omega}{d}S\cos\omega t$$
$$= \omega C V_0 \cos\omega t$$

3. (**LRC 回路の電気振動**)

図 24.4 のように抵抗体 (電気抵抗 R), コイル (自己インダクタンス L), キャパシタ (静電容量 C) 及び交流電源を直列につないだ電気回路がある。この回路を流れる電流を I として，I に関する方程式を導きなさい。ここで交流電源の電圧 V_ex は
$$V_\mathrm{ex} = V_0 \cos\omega t \quad (\omega\text{は正の定数})$$
とする。

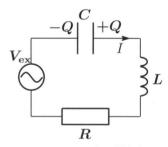

図 24.4　LRC 回路の電気振動

(解) この回路を電流 I が流れるとき，コイルでの誘導起電力 V は
$$V = -L\frac{\mathrm{d}I}{\mathrm{d}t}$$
であり，電気抵抗による電圧降下 V_R はオームの法則により
$$V_R = RI$$
である。電流 I によりキャパシタに電荷 Q が蓄えられたときのキャパシタ両端の電位差 V_C は
$$V_C = -\frac{Q}{C}$$
と表すことができる。また，交流電源の電圧 V_ex は

$$V_\mathrm{ex} = V_0 \cos\omega t$$

である。この回路の電位の関係は
$$-V + V_R + V_C = V_\mathrm{ex}$$
$$L\frac{\mathrm{d}I}{\mathrm{d}t} - \frac{Q}{C} + RI = V_0 \cos\omega t$$

となる。回路中を流れる電流 I は
$$I = -\frac{\mathrm{d}Q}{\mathrm{d}t}$$
で与えられるから
$$L\frac{\mathrm{d}^2 I}{\mathrm{d}t^2} + R\frac{\mathrm{d}I}{\mathrm{d}t} + \frac{1}{C}I = -V_0 \omega \sin\omega t$$

4. (誘導起電力)：

図 24.5 のような無限に長い直線状導線に垂直に閉回路 ABCD をおく。この直線状導線に交流電流 $I = I_0 \sin \omega t$ を与えるとき，閉回路 ABCD に生じる起電力を求めなさい。

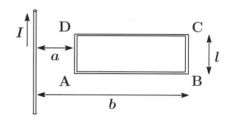

図 24.5　誘導起電力

(解) アンペールの法則より，直線電流から x の距離での磁束密度の大きさ B は
$$B = \frac{\mu_0 I}{2\pi x}$$
したがって閉回路 ABCD を貫く磁束 Φ は

$$\Phi = \frac{\mu_0 I_0 l \log(b/a)}{2\pi} \sin \omega t$$

これから起電力は
$$V = -\frac{d\Phi}{dt} = \frac{\mu_0 I_0 \omega l \log(b/a)}{2\pi} \cos \omega t$$

第25章

マクスウェル方程式

この章では，これまで学んだ電磁気学の法則がマクスウェル方程式として集約されることを学ぶ。

25.1.1 この章の学習目標

1. マクスウェル方程式がどのような法則を表すかを理解する。

25.1.2 基礎的事項

連続の方程式 ：

電流密度 $\vec{i}$ と電荷密度 ρ の間には次式が成り立つ。

$$\mathrm{div}\,\vec{i} + \frac{\partial \rho}{\partial t} = 0 \quad \text{(電荷保存則)} \tag{25.1}$$

マクスウェル方程式 ：

① ガウス・マクスウェルの式 (電荷に関するクーロンの法則に相当)，② 磁束の保存式 (磁気単極子が存在しないことを示唆)，③ ファラデー・マクスウェルの式 (電磁誘導の法則に相当)，④ アンペール・マクスウェルの法則 (電流及び変位電流がつくる磁場) を定式化した電磁気学の基礎方程式

微分形　　　　　　　積分形

① $\mathrm{div}\,\vec{D} = \rho$ 　　　　 $\displaystyle\int_{S_0} D_\mathrm{n}\, \mathrm{d}S = Q$

② $\mathrm{div}\,\vec{B} = 0$ 　　　　 $\displaystyle\int_{S_0} B_\mathrm{n}\, \mathrm{d}S = 0$

③ $\mathrm{rot}\,\vec{E} = -\dfrac{\partial \vec{B}}{\partial t}$ 　　 $\displaystyle\oint_{c_0} \vec{E}\cdot \mathrm{d}\vec{s} = -\int_S \dfrac{\partial B_\mathrm{n}}{\partial t}\mathrm{d}S$

④ $\mathrm{rot}\,\vec{H} = \vec{i} + \dfrac{\partial \vec{D}}{\partial t}$ 　 $\displaystyle\oint_{c_0} \vec{H}\cdot \mathrm{d}\vec{s} = I + \int_S \dfrac{\partial D_\mathrm{n}}{\partial t}\mathrm{d}S$

【基本問題 P.189 問 1】【発展問題 P.190 問 1】

物質の性質に関する関係 ：

ε, μ, σ をそれぞれ物質の誘電率，透磁率，電気伝導率とすると

$$\vec{D} = \varepsilon \vec{E} \tag{25.2}$$

$$\vec{B} = \mu \vec{H} \tag{25.3}$$

$$\vec{i} = \sigma \vec{E} \quad \text{(オームの法則)} \tag{25.4}$$

25.1.3 基本問題

1. (マクスウェル方程式):

   マクスウェル方程式は電磁気現象を説明する基本法則をまとめたものであり，その積分形あるいは微分形は次のように与えられる。

   積分形 / 微分形

   1. $\displaystyle\int_{S_0} D_\mathrm{n}\,\mathrm{d}S = Q$ \qquad $\mathrm{div}\vec{D} = \rho$
   2. $\displaystyle\int_{S_0} B_\mathrm{n}\,\mathrm{d}S = 0$ \qquad $\mathrm{div}\vec{B} = 0$
   3. $\displaystyle\oint_{c_0} \vec{E}\cdot\mathrm{d}\vec{s} = -\int_S \frac{\partial B_\mathrm{n}}{\partial t}\,\mathrm{d}S$ \qquad $\mathrm{rot}\vec{E} = -\dfrac{\partial \vec{B}}{\partial t}$
   4. $\displaystyle\oint_{c_0} \vec{H}\cdot\mathrm{d}\vec{s} = I + \int_S \frac{\partial D_\mathrm{n}}{\partial t}\,\mathrm{d}S$ \qquad $\mathrm{rot}\vec{H} = \vec{i} + \dfrac{\partial \vec{D}}{\partial t}$

   ここで $\vec{D} = \varepsilon\vec{E}$, $\vec{B} = \mu\vec{H}$ であり，ε は誘電率，μ は透磁率である。また，ρ は電荷密度，$\vec{i}$ は電流密度である。以下の問に答えなさい。

   (a) 1～4 の各方程式に対応する基本法則を述べなさい。
   (b) 1 の方程式で電荷密度 ρ と Q の関係を示し，Q の物理的意味を述べなさい。
   (c) 2 の方程式は 1 の方程式と形が非常に似ているが，右辺の値が 0 である。なぜ 0 なのかを磁石の特徴を考えながら説明しなさい。
   (d) 3 の方程式が示す負の符号の意味を簡単に述べなさい。
   (e) 4 の方程式で電流密度 $\vec{i}$ と I の関係を示し，I の物理的意味を述べなさい。
   (f) 4 の方程式の右辺第 2 項 $\displaystyle\int_{S_0} \frac{\partial D_\mathrm{n}}{\partial t}\,\mathrm{d}S$ あるいは $\dfrac{\partial \vec{D}}{\partial t}$ は何という物理量か述べなさい。

(解)

(a) 方程式 1～4 と以下の基本法則に対応。
   1. 電場に関するクーロンの法則あるいはガウスの法則
   2. 磁場に関するクーロンの法則あるいはガウスの法則
   3. アンペールの法則あるいはアンペール・マクスウェルの法則
   4. ファラデーの法則あるいはファラデー・マクスウェルの法則

(b) ρ は電荷密度であり，Q は閉曲面 S_0 内に含まれる電荷の量を表す。両者は $Q = \displaystyle\int_V \rho\,\mathrm{d}V$ の関係がある。ここで積分は S_0 内の体積 V について行う。

(c) 磁石は N 極と S 極が必ず対となって現れる。この点は正 (+) と負 (−) が単独で現れる電荷と全く異なる点である。この点が 1 と 2 の方程式の違いになっている。

(d) レンツの法則を表している。電磁誘導による誘導電流は磁場の変化を打ち消す向きに生じることを示している。

(e) $\vec{i}$ は電流密度であり，I は閉曲線 c_0 で囲まれた面 S を通過する電流を表す。両者は $I = \displaystyle\int_S \vec{i}\cdot\mathrm{d}\vec{S}$ の関係がある。ここで積分は c_0 で囲まれた面 S について行う。

(f) 変位電流 (前者) あるいは変位電流密度 (後者)

25.1.4 発展問題

1. (真空中の電磁波の波動方程式)：

真空 ($\rho = 0, \vec{i} = \vec{0}$) 中でのマクスウェル方程式から電磁波の波動方程式を求めなさい。また得られた波動方程式から電磁波の伝播速度が $c = \dfrac{1}{\sqrt{\varepsilon_0 \mu_0}}$ であり、これが真空中の光の速度と一致することを確かめなさい。

(解) 真空 ($\rho = 0, \vec{i} = \vec{0}, \varepsilon = \varepsilon_0, \mu = \mu_0$) 中では $\vec{D} = \varepsilon_0 \vec{E}$, $\vec{B} = \mu_0 \vec{H}$ であることに注意すると、微分形のマクスウェル方程式は

$$\mathrm{div}\, \vec{E} = 0 \tag{25.5}$$
$$\mathrm{div}\, \vec{H} = 0 \tag{25.6}$$
$$\mathrm{rot}\, \vec{E} = -\mu_0 \frac{\partial \vec{H}}{\partial t} \tag{25.7}$$
$$\mathrm{rot}\, \vec{H} = \varepsilon_0 \frac{\partial \vec{E}}{\partial t} \tag{25.8}$$

式 (25.7), (25.8) をそれぞれ t で微分すると

$$\begin{cases} \dfrac{\partial}{\partial t} \mathrm{rot}\, \vec{E} = -\mu_0 \dfrac{\partial}{\partial t} \dfrac{\partial \vec{H}}{\partial t} \\ \dfrac{\partial}{\partial t} \mathrm{rot}\, \vec{H} = \varepsilon_0 \dfrac{\partial}{\partial t} \dfrac{\partial \vec{E}}{\partial t} \end{cases}$$

ここで左辺の rot (座標に関する 1 階偏微分) と $\dfrac{\partial}{\partial t}$ (時間に関する 1 階偏微分) は交換できること、右辺は時間に関する 2 階偏微分 $\left(\dfrac{\partial^2}{\partial t^2}\right)$ であることに気をつけると

$$\begin{cases} \mathrm{rot}\, \dfrac{\partial}{\partial t} \vec{E} = -\mu_0 \dfrac{\partial^2 \vec{H}}{\partial t^2} \\ \mathrm{rot}\, \dfrac{\partial}{\partial t} \vec{H} = \varepsilon_0 \dfrac{\partial^2 \vec{E}}{\partial t^2} \end{cases}$$

さらに左辺の $\dfrac{\partial}{\partial t}\vec{E}$, $\dfrac{\partial}{\partial t}\vec{H}$ にそれぞれ、式 (25.8), (25.7) と適用し

$$\mathrm{rot}\,\mathrm{rot}\, \vec{H} = -\varepsilon_0 \mu_0 \frac{\partial^2 \vec{H}}{\partial t^2} \tag{25.9}$$
$$\mathrm{rot}\,\mathrm{rot}\, \vec{E} = -\varepsilon_0 \mu_0 \frac{\partial^2 \vec{E}}{\partial t^2} \tag{25.10}$$

ここで次のベクトルの演算の恒等式 (第 5 章 ベクトル解析序論、式 (2c))

$$\mathrm{rot}\,\mathrm{rot}\, \vec{A} = \mathrm{grad}\,\mathrm{div}\, \vec{A} - \nabla^2 \vec{A}$$

を用いて式 (25.9), (25.10) の左辺を変形し、式 (25.5), (25.6) を用いると、以下の波動方程式が得られる。

$$\frac{\partial^2 \vec{E}}{\partial t^2} = \frac{1}{\varepsilon_0 \mu_0} \nabla^2 \vec{E}$$
$$\frac{\partial^2 \vec{H}}{\partial t^2} = \frac{1}{\varepsilon_0 \mu_0} \nabla^2 \vec{H}$$

$\vec{E}$ と $\vec{H}$ の伝播の速さは $\dfrac{1}{\sqrt{\varepsilon_0 \mu_0}}$ であり、ε_0 と μ_0 にそれぞれ値を代入すると

$$c = \frac{1}{\sqrt{\varepsilon_0 \mu_0}}$$
$$= \frac{1}{\sqrt{8.85419 \times 10^{-12} \times 1.25664 \times 10^{-6}}}$$
$$\approx 2.99792 \times 10^8 \,\mathrm{m/s}$$

となって光の速度と一致している。マクスウェル方程式から得られる波動方程式が表す電場や磁場の波は光の速度で真空中を伝播することが確認された。

第 IV 部

付録

よくある質問と回答

質問：(スカラーとベクトルに関する質問)
- スカラーとベクトルの違いがよくわかりません。
- 位置と変位の違いがよくわかりません。

(回答)
簡単な定義としては

 スカラー 大きさのみを持つ数学的な量
 ベクトル 大きさと方向，向きを持つ数学的な量

となります。これについて数直線を使ってもう少し説明します。

1. 下図の (a) はスカラーを表している数直線で，座標軸の x 軸としています。スカラーはこの数直線上のそれぞれの点であり，その大きさは絶対値となります。
2. 図 (b) と (c) はベクトルを表している数直線です。数直線上でベクトルは，数直線上の 2 点を結ぶ矢印 (これを有効線分といいます。向きを持つ線分という意味です) で表します。

    数直線上のそれぞれの点が表すのがスカラー
(a) −3 は大きさ 3 のスカラー 2 は大きさ 2 のスカラー
  −4 −3 −2 −1 O 1 2 3 4 x

(b) 大きさ 3 で x 軸の正の方向を向くベクトル
  −4 −3 −2 −1 O 1 2 3 4 x

    数直線上の 2 点を結ぶ矢印で表すのがベクトル
(c) −4 −3 −2 −1 O 1 2 3 4 x
  大きさ 5 で x 軸の負の方向を向くベクトル

- 図 (a) では丸で囲った +2 や −3 等がスカラーであり，その大きさはそれぞれ 2 と 3 です。
- 図 (b) は始点が原点 O で終点が +3 であり，矢の向きは x 軸の正の向きなので，大きさは 3 で x 軸の正の向きを持つベクトルです。
- 図 (c) は始点が +1 で終点が −4 であり，矢の向きは x 軸の負の向きなので，大きさは 5 で x 軸の負の向きを持つベクトルです。

物理量は数学的な量で表すのが適しています。
- 位置は座標軸 (1 次元)，座標平面 (2 次元)，座標空間 (3 次元) 等の 1 点で表さ

れますが，その点は原点 O から見た点ですので，ベクトルとなります。
- 変位は 2 点の位置の差であり，これもベクトルとなります。
- 速度は位置の時間変化ですので，ベクトルです。
- 速さは速度の大きさを意味するので，スカラーです。
- 加速度は速度の時間変化ですので，ベクトルです。
- 力はニュートンの運動方程式で具体的に定義され，加速度に比例するので，ベクトルです。
- 時間は運動の変化のパラメータですので，スカラーです。「時間の矢」という言葉もあり，未来を向いて考えるのか，過去に向くのかということで，1 次元のベクトルと考えることもできますが，スカラーとするのがよいと思います。

質問: ベクトルの内積と外積の定義をはっきり示してください。

(回答)
内積の定義は

$\vec{0}$ でない 2 つのベクトル $\vec{a} = \overrightarrow{OA}$, $\vec{b} = \overrightarrow{OB}$ に対して，線分 OA と OB のなす角 θ のうち $0 \leq \theta \leq \pi$ であるものをベクトル $\vec{a}$ と $\vec{b}$ のなす角という。このベクトル $\vec{a}$ と $\vec{b}$ に対して

$$\vec{a} \cdot \vec{b} = |\vec{a}||\vec{b}|\cos\theta$$

をベクトル $\vec{a}$ と $\vec{b}$ の内積 (スカラー積) という。

であり，外積の定義は

$\vec{0}$ でない 2 つのベクトル $\vec{a}$ と $\vec{b}$ に対して

$$|\vec{c}| = |\vec{a}||\vec{b}|\sin\theta$$

の大きさを持ち，$\vec{a}$ と $\vec{b}$ に垂直で，$\vec{a}$ から $\vec{b}$ に右ねじを回した時にそのねじの進む向きを持つベクトル $\vec{c}$ を $\vec{a}$ と $\vec{b}$ の外積 (ベクトル積) といい

$$\vec{c} = \vec{a} \times \vec{b}$$

のように表す。

です。しかし，ベクトルの成分の関係で内積や外積を"定義"をする方法もみられます。これらは，2 つのベクトル $\vec{a} = (a_1, a_2, a_3)$ と $\vec{b} = (b_1, b_2, b_3)$ の内積を

$$\vec{a} \cdot \vec{b} = a_1 b_1 + a_2 b_2 + a_3 b_3$$

と定義し，同様にこれらの外積を

$$\vec{c} = \vec{a} \times \vec{b} = \begin{vmatrix} \vec{e}_x & \vec{e}_y & \vec{e}_z \\ a_1 & a_2 & a_3 \\ b_1 & b_2 & b_3 \end{vmatrix} = \begin{vmatrix} a_2 & a_3 \\ b_2 & b_3 \end{vmatrix} \vec{e}_x + \begin{vmatrix} a_3 & a_1 \\ b_3 & b_1 \end{vmatrix} \vec{e}_y + \begin{vmatrix} a_1 & a_2 \\ b_1 & b_2 \end{vmatrix} \vec{e}_z$$

$$= (a_2 b_3 - a_3 b_2)\vec{e}_x + (a_3 b_1 - a_1 b_3)\vec{e}_y + (a_1 b_2 - a_2 b_1)\vec{e}_z$$

のように定義するものです。ここで $\vec{e}_x$, $\vec{e}_y$, $\vec{e}_z$ はそれぞれ x 軸，y 軸，z 軸の正

の向きの単位ベクトルです。

ここでは，最初に示した内容が内積と外積の定義であり，後者の成分による表し方はそこからの結論であることを示します。まず，内積と外積の基本的な演算としてそれぞれ次の規則が成り立ちます。

$$交換則: \vec{A} \cdot \vec{B} = \vec{B} \cdot \vec{A}$$
$$分配則: \vec{A} \cdot (\vec{B} + \vec{C}) = \vec{A} \cdot \vec{B} + \vec{A} \cdot \vec{C}$$
$$結合則: k(\vec{A} \cdot \vec{B}) = (k\vec{A}) \cdot \vec{B} = \vec{A} \cdot (k\vec{B}) \quad (k \text{ は任意の定数})$$

$$交換則: \vec{A} \times \vec{B} = -\vec{B} \times \vec{A}$$
$$分配則: \vec{A} \times (\vec{B} + \vec{C}) = \vec{A} \times \vec{B} + \vec{A} \times \vec{C}$$
$$結合則: k(\vec{A} \times \vec{B}) = (k\vec{A}) \times \vec{B} = \vec{A} \times (k\vec{B}) \quad (k \text{ は任意の定数})$$

これらの関係のうち，交換則と結合則はそれぞれの定義から自明です。分配則は自明とは言えません。証明を別に与えていますので参考にしてください。まず，内積の成分表記について求めます。

ベクトルとして $\vec{a} = \overrightarrow{OA} = (a_1, a_2, a_3)$ と $\vec{b} = \overrightarrow{OB} = (b_1, b_2, b_3)$ を考えます。$\vec{a}$ と $\vec{b}$ のなす角を θ とします。△AOB を考えると三平方の定理から

$$\begin{aligned}
AB^2 &= (OA\sin\theta)^2 + (OB - OA\cos\theta)^2 \\
&= OA^2(\cos^2\theta + \sin^2\theta) + OB^2 - 2OA \times OB\cos\theta \\
&= OB^2 + OA^2 - 2OB\,OA\cos\theta
\end{aligned}$$

となります。これは三角形の余弦定理です。ここで

$$OA^2 = a_1{}^2 + a_2{}^2 + a_3{}^2$$
$$OB^2 = b_1{}^2 + b_2{}^2 + b_3{}^2$$
$$AB^2 = (a_1 - b_1)^2 + (a_2 - b_2)^2 + (a_3 - b_3)^2$$

であるから，$\cos\theta$ は

$$\cos\theta = \frac{OA^2 + OB^2 - AB^2}{2OA \times OB} = \frac{a_1 b_1 + a_2 b_2 + a_3 b_3}{\sqrt{a_1{}^2 + a_2{}^2 + a_3{}^2}\sqrt{b_1{}^2 + b_2{}^2 + b_3{}^2}}$$
$$= \frac{a_1 b_1 + a_2 b_2 + a_3 b_3}{|OA||OB|}$$

となります。いま $|\vec{a}| = |OA|$, $|\vec{b}| = |OB|$ だから

$$\vec{a} \cdot \vec{b} = |\vec{a}||\vec{b}|\cos\theta = a_1 b_1 + a_2 b_2 + a_3 b_3$$

が得られました。次に外積についてその成分表示を導出します。

まず，ベクトルとして $\vec{a} = (a_1, a_2, a_3)$ と $\vec{b} = (b_1, b_2, b_3)$ を $\vec{e}_x$, $\vec{e}_y$, $\vec{e}_z$ を用いて表します。

$$\vec{a} = a_1 \vec{e}_x + a_2 \vec{e}_y + a_3 \vec{e}_z, \quad \vec{b} = b_1 \vec{e}_x + b_2 \vec{e}_y + b_3 \vec{e}_z$$

ここで $\vec{a}$ と $\vec{b}$ の外積は分配則と結合則を用いて
$$\begin{aligned}\vec{c} &= \vec{a} \times \vec{b} \\ &= (a_1\vec{e}_x + a_2\vec{e}_y + a_3\vec{e}_z) \times (b_1\vec{e}_x + b_2\vec{e}_y + b_3\vec{e}_z) \\ &= a_1\vec{e}_x \times (b_1\vec{e}_x + b_2\vec{e}_y + b_3\vec{e}_z) \\ &\quad + a_2\vec{e}_y \times (b_1\vec{e}_x + b_2\vec{e}_y + b_3\vec{e}_z) \\ &\quad + a_3\vec{e}_z \times (b_1\vec{e}_x + b_2\vec{e}_y + b_3\vec{e}_z) \\ &= a_1 b_1 \vec{e}_x \times \vec{e}_x + a_1 b_2 \vec{e}_x \times \vec{e}_y + a_1 b_3 \vec{e}_x \times \vec{e}_z \\ &\quad + a_2 b_1 \vec{e}_y \times \vec{e}_x + a_2 b_2 \vec{e}_y \times \vec{e}_y + a_2 b_3 \vec{e}_y \times \vec{e}_z \\ &\quad + a_3 b_1 \vec{e}_z \times \vec{e}_x + a_3 b_2 \vec{e}_z \times \vec{e}_y + a_3 b_3 \vec{e}_z \times \vec{e}_z\end{aligned}$$
のようになります。$\vec{e}_x,\ \vec{e}_y,\ \vec{e}_z$ は大きさ1であり、互いのなす角は $\frac{\pi}{2}$ の単位ベクトルなので、外積の定義から次の関係が得られます。
$$\vec{e}_x \times \vec{e}_x = \vec{e}_y \times \vec{e}_y = \vec{e}_z \times \vec{e}_z = \vec{0}$$
$$\vec{e}_x \times \vec{e}_y = \vec{e}_z,\ \vec{e}_y \times \vec{e}_z = \vec{e}_x,\ \vec{e}_z \times \vec{e}_x = \vec{e}_y$$
交換則を用いて外積を整理すると
$$\vec{c} = \vec{a} \times \vec{b} = (a_2 b_3 - a_3 b_2)\vec{e}_x + (a_3 b_1 - a_1 b_3)\vec{e}_y + (a_1 b_2 - a_2 b_1)\vec{e}_z$$
の成分標記が得られました。

質問: (ベクトルの分配則に関する質問)

- 内積の分配則 $\vec{A} \cdot (\vec{B} + \vec{C}) = \vec{A} \cdot \vec{B} + \vec{A} \cdot \vec{C}$ が成り立つことを示してください。
- 外積の分配則 $\vec{A} \times (\vec{B} + \vec{C}) = \vec{A} \times \vec{B} + \vec{A} \times \vec{C}$ が成り立つことを示してください。

(回答) 内積の分配則の証明

下図のようにベクトル $\vec{A}$ とベクトル $\vec{B},\ \vec{C},\ \vec{B}+\vec{C}$ のなす角度を、それぞれ β, γ, θ とする。

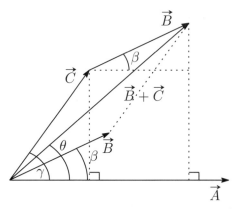

図からわかるように $\vec{B},\ \vec{C},\ \vec{B}+\vec{C}$ の $\vec{A}$ への正射影には次の関係がある。
$$|\vec{B}+\vec{C}|\cos\theta = |\vec{B}|\cos\beta + |\vec{C}|\cos\gamma$$

上式の両辺に $|\vec{A}|$ をかけると
$$|\vec{A}||\vec{B}+\vec{C}|\cos\theta = |\vec{A}||\vec{B}|\cos\beta + |\vec{A}||\vec{C}|\cos\gamma$$
となるから，この関係は内積に定義から
$$\vec{A}\cdot(\vec{B}+\vec{C}) = \vec{A}\cdot\vec{B} + \vec{A}\cdot\vec{C}$$
が成り立つことを示している。

(回答) 外積の分配則の証明

まず外積の意味について確認しておく。

下図のベクトル $\vec{A}$ とベクトル $\vec{B}$ のなす角度が θ のとき，両者の外積ベクトル $\vec{A}\times\vec{B}$ の大きさ
$$|\vec{A}\times\vec{B}| = |\vec{A}||\vec{B}|\sin\theta$$
は $|\vec{A}|$ と $|\vec{B}|$ を隣り合う2辺とする平行四辺形の面積に等しい。

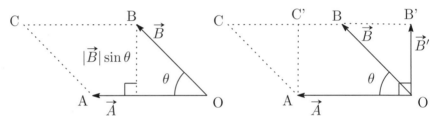

したがって，$\vec{A}$ と $\vec{B}$ のつくる平面内で，$\vec{A}$ に垂直な平面への $\vec{B}$ の正射影 $\vec{B}'$ と $\vec{A}$ の外積 $\vec{A}\times\vec{B}'$ は $\vec{A}\times\vec{B}$ と同じベクトルとなる。
$$\vec{A}\times\vec{B} = \vec{A}\times\vec{B}'$$
いま，下左図のようにベクトル $\vec{A}$, $\vec{B}$, $\vec{C}$ の始点を原点 O とし，z 軸を $\vec{A}$ の方向とする座標軸をとる。

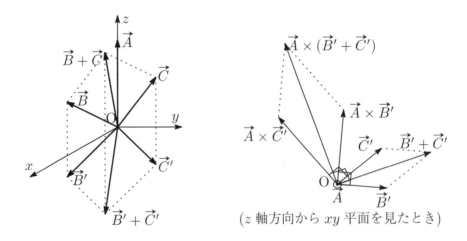

(z 軸方向から xy 平面を見たとき)

ベクトル $\vec{B}$ と $\vec{C}$ の xy 面への正射影をそれぞれベクトル $\vec{B}'$ と $\vec{C}'$ とすると，ベク

トルの加法から $\vec{B}+\vec{C}$ の xy 面への正射影 $(\vec{B}+\vec{C})'$ は
$$(\vec{B}+\vec{C})' = \vec{B}' + \vec{C}'$$
となる (上右図は z 軸の正の方向から xy 面を見た場合を表す)。$\vec{A}$ とこれらのベクトルとの外積は，定義から $\vec{A}$ と各ベクトルのつくる平面に対して垂直であり，それぞれの外積の xy 面への正射影は上図のようになる。
$$\vec{B}' \perp \vec{A} \times \vec{B}'$$
$$\vec{C}' \perp \vec{A} \times \vec{C}'$$
$$\vec{B}' + \vec{C}' \perp \vec{A} \times (\vec{B}' + \vec{C}')$$
$\vec{A} \times \vec{B}'$ と $\vec{A} \times \vec{C}'$ はそれぞれ $\vec{B}'$ と $\vec{C}'$ の定数 ($|\vec{A}|$) 倍であるから，$\vec{B}'$ と $\vec{C}'$ がつくる平行四辺形は $\vec{A} \times \vec{B}'$ と $\vec{A} \times \vec{C}'$ がつくる平行四辺形と相似である。したがって
$$\vec{A} \times (\vec{B}' + \vec{C}') = \vec{A} \times \vec{B}' + \vec{A} \times \vec{C}'$$
であるから
$$\vec{A} \times (\vec{B} + \vec{C}) = \vec{A} \times \vec{B} + \vec{A} \times \vec{C}$$
が成立する。

質問：関数 $y = f(x)$ の x に関する 1 階の導関数は
$$y' = \frac{dy}{dx}$$
2 階の導関数は
$$y'' = \frac{d^2y}{dx^2}$$
のように書きますが，どうして 2 階の導関数を表す"2"をこのように書くのですか。

(回答)

2 階の導関数は 1 階の導関数をもう一度 x で微分することです。すなわち
$$y'' = \frac{d}{dx}\frac{dy}{dx} = \frac{ddy}{dxdx}$$
です。右辺で，横線の上には d が 2 個で y が 1 個あり，横線の下には dx が 2 個あります。このような記号の数を表すと
$$y'' = \frac{ddy}{dxdx} = \frac{d^2y}{(dx)^2}$$
となりますが，横線の下の $(dx)^2$ のカッコは取って表すのが通例 (?) なので，y の x に関する 2 階の導関数は
$$y'' = \frac{d^2y}{dx^2}$$
のように表します。このような理由により，y の x に関する n 階の導関数は
$$y^{(n)} = \frac{d^ny}{dx^n}$$

と書きます。

質問：(三角関数の微分に関する質問)

- $y = \sin x$ の定義に従った微分がよくわかりませんでした。
- $y = \sin x$ の微分ででてきた $\lim_{h \to h} \dfrac{\sin h}{h} = 1$ がよくわかりません。
- $\lim_{h \to h} \dfrac{\sin h}{h} = 1$ の証明ででてきた $\dfrac{1}{2}\sin\theta\cos\theta < \dfrac{1}{2}\theta < \dfrac{1}{2}\tan\theta$ がよくわかりません。

(回答)

まず $y = \sin x$ の導関数の導出 ($y = \sin x$ の微分) 過程を示します。

$$\frac{dy}{dx} = \lim_{h \to 0} \frac{\sin(x+h) - \sin x}{h} \tag{1}$$

$$= \lim_{h \to 0} \frac{1}{h}\left(2\cos\left(x + \frac{h}{2}\right)\sin\frac{h}{2}\right) \tag{2}$$

$$= \lim_{h \to 0} \cos\left(x + \frac{h}{2}\right)\frac{\sin\frac{h}{2}}{\frac{h}{2}} \tag{3}$$

$$= \cos x \tag{4}$$

計算過程を少し詳しく説明します。

1. 式 (1) は導関数の定義です。x の値を x から $x+h$ だけ変化させたときに y の値が $\sin x$ から $\sin(x+h)$ に変化した時の平均変化率の h が 0 の時の極限として定義されています。右辺の分母は h ですが，これは $(x+h) - x$ の結果です。

2. 式 (2) は三角関数の (いわゆる) 和積の公式用いて変形しています。用いた和積の公式は

$$\sin(\alpha + \beta) - \sin(\alpha - \beta) = 2\cos\alpha\sin\beta \tag{5}$$

です。ここで $\alpha = x + \dfrac{h}{2}$, $\beta = \dfrac{h}{2}$ とおくと，式 (2) が得られます。式 (5) は加法定理

$$\sin(\alpha + \beta) = \sin\alpha\cos\beta + \cos\alpha\sin\beta$$
$$\sin(\alpha - \beta) = \sin\alpha\cos\beta - \cos\alpha\sin\beta$$

で 2 式の差をとったものです。

3. 式 (3) は，式 (2) の $\dfrac{2}{h}$ の逆数の形にして $\sin\dfrac{h}{2}$ と組み合わせただけです。

4. 式 (4) は式 (3) の $h \to 0$ の極限を $\cos\left(x + \dfrac{h}{2}\right) \to \cos x$, $\dfrac{\sin\frac{h}{2}}{\frac{h}{2}} \to 1$ として得られます。後者を下図を用いて説明します。

原点 O を中心とする半径 1 の円を考えます。第 1 象限に角度 θ をとると，ここに三角形 BOC，扇形 BOA，三角形 DOA ができます。それぞれの面積を

S_1, S_2, S_3 とすると，これらはそれぞれ θ を用いて

$$S_1 = \frac{1}{2}\sin\theta\cos\theta$$

$$S_2 = \pi r^2 \frac{r\theta}{2\pi r} = \frac{1}{2}r^2\theta = \frac{1}{2}\theta \quad (r=1)$$

$$S_3 = \frac{1}{2}\tan\theta$$

となります。これらの大小関係は図から明らかなように

$$S_1 < S_2 < S_3$$

となるので，S_1, S_2, S_3 を大小関係に代入することで

$$\sin\theta\cos\theta < \theta < \tan\theta = \frac{\sin\theta}{\cos\theta} \quad \text{(各項を}\sin\theta(>0)\text{で割る)}$$

$$\cos\theta < \frac{\theta}{\sin\theta} < \frac{1}{\cos\theta} \quad \text{(各項の逆数をとる)} \tag{6}$$

$$\frac{1}{\cos\theta} > \frac{\sin\theta}{\theta} > \cos\theta \tag{7}$$

が得られます。式 (7) では，式 (6) の各項の逆数をとったので，各項間の大小関係が逆転しています。式 (7) で $\theta \to 0$ の極限をとると，$\frac{1}{\cos\theta} \to 1$ で $\cos\theta \to 1$ ですから，これらに挟まれた $\frac{\sin\theta}{\theta}$ も $\theta \to 0$ の極限で 1 となります。この証明方法は，いわゆる「挟み撃ち法」です。

質問：力学的エネルギー導出過程の計算で

$$\frac{\mathrm{d}^2\vec{r}}{\mathrm{d}t^2} \cdot \frac{\mathrm{d}\vec{r}}{\mathrm{d}t} = \frac{1}{2}\frac{\mathrm{d}\vec{v}^2}{\mathrm{d}t} \tag{8}$$

のようになるのはなぜですか。

(回答)

最初に左辺について考えます。$\vec{v} = \frac{\mathrm{d}\vec{r}}{\mathrm{d}t}$ なので

$$\frac{\mathrm{d}^2\vec{r}}{\mathrm{d}t^2} \cdot \frac{\mathrm{d}\vec{r}}{\mathrm{d}t} = \frac{\mathrm{d}}{\mathrm{d}t}\frac{\mathrm{d}\vec{r}}{\mathrm{d}t} \cdot \frac{\mathrm{d}\vec{r}}{\mathrm{d}t} = \frac{\mathrm{d}\vec{v}}{\mathrm{d}t} \cdot \vec{v} \tag{9}$$

となります.

次に右辺について考えるため, $\vec{v}^2$ を t で微分します. 厳密なことは抜きにして, 形の上だけのことを考えると, $\vec{v}^2$ を合成関数とみなして

$$\frac{\mathrm{d}\vec{v}^2}{\mathrm{d}t} = \frac{\mathrm{d}\vec{v}^2}{\mathrm{d}\vec{v}} \cdot \frac{\mathrm{d}\vec{v}}{\mathrm{d}t} = 2\vec{v} \cdot \frac{\mathrm{d}\vec{v}}{\mathrm{d}t} \tag{10}$$

となります. したがって

$$\vec{v} \cdot \frac{\mathrm{d}\vec{v}}{\mathrm{d}t} = \frac{1}{2}\frac{\mathrm{d}\vec{v}^2}{\mathrm{d}t} \tag{11}$$

が得られ, 式 (9) と式 (11) から式 (8) が成立することが分かります.

ここでは $\vec{v}^2$ を $\vec{v}$ で微分するようなことを形式的に書きましたが, このようなことが許されるかどうかが問題です. 厳密に議論するのであれば, 加速度をベクトルそのものでなく, 成分で書いて, 個々の成分で上記と同じ議論するのがよいと思います. いずれにしても成立することが分かります.

質問:(偏微分と全微分に対する質問)

- 偏微分がよくわかりません.
- 偏微分と全微分の関係がわかりません.

(回答)

まず高校数学でやった微分 (常微分) について復習します.

高校数学の微分は 1 変数関数についての微分です. すなわち $y = f(x)$ のように, 変数 y が 1 個の変数 x の関数となっている場合の関数についての微分です. この場合の y の x に関する導関数は

$$\frac{\mathrm{d}y}{\mathrm{d}x} = \lim_{\Delta x \to 0} \frac{f(x + \Delta x) - f(x)}{\Delta x} \tag{12}$$

のように定義されます. 式 (12) は, x が x から $x + \Delta x$ に変化するときに y の値が $y = f(x)$ から $y + \Delta y = f(x + \Delta x)$ と変化するときの平均変化率 $\frac{\Delta y}{\Delta x} = \frac{(y + \Delta y) - y}{(x + \Delta x) - x} = \frac{f(x + \Delta x) - f(x)}{\Delta x}$ の Δx が 0 の極限として定義されたものです. したがって式 (12) は Δy を用いて

$$\frac{\mathrm{d}y}{\mathrm{d}x} = \lim_{\Delta x \to 0} \frac{\Delta y}{\Delta x} \tag{13}$$

と書くことができます. もし Δx が (有限の大きさで) 十分に小さい場合には, $\lim_{\Delta x \to 0}$ がなくても式 (12) が大体成り立ち

$$\frac{\mathrm{d}y}{\mathrm{d}x} \approx \frac{f(x + \Delta x) - f(x)}{\Delta x} = \frac{\Delta y}{\Delta x} \tag{14}$$

となり，これから
$$\Delta y = f(x+\Delta x) - f(x) \approx \frac{dy}{dx}\Delta x \tag{15}$$
と関係が得られます。ここで Δx を 0 に限り無く近づける ($\Delta x \to 0$) と Δx は無限小量 dx となり，式 (15) は
$$dy = \frac{dy}{dx}dx \tag{16}$$
のようになります。なお $\Delta x \to 0$ や $\lim_{\Delta x \to 0}$ は Δx を 0 にすることではなく，あくまでも限り無く 0 に近づけることです。だから無限小の量を dx と表すことが必要となります。dx と Δx の違いは，Δx が有限な量なのでその値と示せるのに対して，dx は無限小量なので特定の値を示せない点です。

次に多変数関数の微分すなわち偏微分を考えます。

多変数関数の例として 2 変数関数 $u = f(x, y)$ を考えます。変数 u は 2 個の変数 x と y の関数であるとします。この場合の u の導関数は，u を決める変数が x と y の 2 個であるため，x に関する導関数か，あるいは y に関する導関数かをはっきりさせなければなりません。ここでは x に関する (偏) 微分 ((偏) 導関数) を考えます。u の x に関する偏微分は式 (12) と同様に考えます。すなわち変数 x のみに関する変化率を考え，変数 y の部分は変化させません。そのために
$$\frac{\partial u}{\partial x} = \lim_{\Delta x \to 0} \frac{f(x+\Delta x, y) - f(x, y)}{\Delta x} \tag{17}$$
が u の x に関する偏導関数の定義であり，式 (17) を求めることが u を x で偏微分することです。同様に u の y に関する偏導関数は
$$\frac{\partial u}{\partial y} = \lim_{\Delta y \to 0} \frac{f(x, y+\Delta y) - f(x, y)}{\Delta y} \tag{18}$$
となります。また Δx や Δy が限り無く 0 に近くなくても十分に小さいならば，式 (14) の場合と同様に式 (17) と式 (18) はそれぞれ
$$\frac{\partial u}{\partial x} \approx \frac{f(x+\Delta x, y) - f(x, y)}{\Delta x} \tag{19}$$
$$\frac{\partial u}{\partial y} \approx \frac{f(x, y+\Delta y) - f(x, y)}{\Delta y} \tag{20}$$
と書くことができ，これから
$$f(x+\Delta x, y) - f(x, y) \approx \frac{\partial u}{\partial x}\Delta x \tag{21}$$
$$f(x, y+\Delta y) - f(x, y) \approx \frac{\partial u}{\partial y}\Delta y \tag{22}$$
が得られます。

最後に全微分を考えます。

全微分は，上でやった常微分や偏微分のように関数の導関数を求めることではなく，無限小の変数間の関係を求めることです。無限小の変数とは，du や dx, dy のように d で表される量のことです。

多変数関数の例として 2 変数関数 $u = f(x, y)$ の変化量について考えます。1 変数関数の場合と同様に，x が x から $x + \Delta x$，y が y から $y + \Delta y$ に変化するときに，u の値が $u = f(x, y)$ から $u + \Delta u = f(x + \Delta x, y + \Delta y)$ と変化するときの u の変化量 Δu は

$$\Delta u = (u + \Delta u) - u = f(x + \Delta x, y + \Delta y) - f(x, y)$$

となります。この右辺を次のよう変形します。

$$\Delta u = (f(x + \Delta x, y + \Delta y) - f(x, y + \Delta y)) + (f(x, y + \Delta y) - f(x, y)) \quad (23)$$

Δx と Δy が十分小さいとき式 (23) の右辺は，式 (21) と式 (22) を用いて

$$\Delta u \approx \frac{\partial u}{\partial x} \Delta x + \frac{\partial u}{\partial y} \Delta y \quad (24)$$

となります。ここで Δx と Δy を限り無く 0 に近づけると，Δx と Δy は無限小量となり，式 (24) は

$$du = \frac{\partial u}{\partial x} dx + \frac{\partial u}{\partial y} dy \quad (25)$$

となります。式 (25) が u の全微分となります。なお，式 (24) の右辺 1 項は正確には y でなく $y + \Delta y$ の時の偏導関数を用いたことになっていますが，Δy は非常に小さいので，y のときとほぼ同じであると考え，式 (21) をそのまま用いています。最終的には Δx も Δy も 0 の極限をとることで式 (25) が得られるので，問題はありません。

質問：偏微分の具体的方法がわかりません。

(回答)

まず高校数学でやった 1 変数関数の微分 (常微分) について復習します。

例として

$$y = ax \, (a \text{ は定数})$$

を考えます。この場合，y の x に関する 1 階の導関数は (y を x で 1 回微分すると)

$$\frac{dy}{dx} = a$$

となります。少し難しい関数として

$$y = \sin(x^2 + a^3) \, (a \text{ は定数})$$

を考えたとしても，y の x に関する 1 階の導関数は (y を x で 1 回微分すると)

$$\frac{dy}{dx} = 2x \cos(x^2 + a^3)$$

となることはわかると思います。この2つの例では，aは定数であることからxでの微分に直接関係してないため上記のような結果となります。

偏微分では微分する変数以外の変数は定数とみなすことから，上記の例と同様に考えることができます。例として上記と類似の2変数関数
$$u = xy$$
$$u = \sin(x^2 + y^3)$$
の2つを考えます。今uをxで偏微分することを考えると，x以外の変数(y)は定数とみなすので
$$\frac{\partial u}{\partial x} = y$$
$$\frac{\partial u}{\partial x} = 2x\cos(x^2 + y^3)$$
となります。これらの結果は，上の常微分の例のaをyに換えたものと同じです。難しいといえる点は，uがyでも偏微分できるという点です。

このように偏微分は高校数学でやったべき関数，三角関数，指数関数及び対数関数の1変数関数の微分の計算ができれば計算はできます。この点から怪しい場合には，これらを復習することを勧めます。

質問: なぜ，線積分 $\int_{\vec{r}_A}^{\vec{r}_B} \vec{F} \cdot d\vec{r}$ を，(高等学校のときに習った) 通常の積分 $\int_a^b f(x)\,dx$ と同じように書くのでしょうか。

(回答)
力 $\vec{F}$ が質点に働き，この質点が点 A (位置が $\vec{r}_A$ です) から点 B (こちらの位置は $\vec{r}_B$ です) まで運動する場合に $\vec{F}$ が質点にする仕事 W を考えます。点 A と点 B の変位は $\Delta \vec{r} = \vec{r}_B - \vec{r}_A$ ですが，$\vec{F}$ は一般に一定ではないので，W を
$$W = \vec{F} \cdot \Delta \vec{r}$$
としては不正確になります。そこで点 A と点 B の質点の経路 (軌道) を下図のように分け，分割した i 番目の点 (位置が $\vec{r}_i$) と $i+1$ 番目の点 (位置が $\vec{r}_{i+1}$) の間では力は一定であり，これを $\vec{F}_i$ とします。このとき，力 $\vec{F}_i$ が質点にした仕事 ΔW_i は
$$\Delta W_i = \vec{F}_i \cdot (\vec{r}_{i+1} - \vec{r}_i) = \vec{F}_i \cdot \Delta \vec{r}_i$$
となります。これをすべての分割で足し合わせると
$$\sum_{n=0}^{n-1} \Delta W_i = \sum_{n=0}^{n-1} \vec{F}_i \cdot \Delta \vec{r}_i$$
となります。ここでは AB 間を n 分割していて，$\vec{r}_A = \vec{r}_0$，$\vec{r}_B = \vec{r}_n$ としています。今，分割数 n が有限だと上記のように求めた仕事は求めたい W とは近い値ですが，正確な値で

はありません。そこで**分割数 n を無限に大きくすれば，正確な W** になります。すなわち

$$W = \lim_{n\to\infty}\sum_{n=0}^{n-1}\Delta W_i = \lim_{n\to\infty}\sum_{n=0}^{n-1}\vec{F}_i\cdot\Delta\vec{r}_i \tag{26}$$

です。上式は我々が知っている関数 $y = f(x)$ を a と b の間での**積分を区分求積により定義**した式

$$\int_a^b f(x)\,\mathrm{d}x = \lim_{n\to\infty}\sum_{n=0}^{n-1}f(x_i)\Delta x_i$$

と同じ形をしています。そこで式 (26) を我々が知っている積分記号を使って

$$\int_{\vec{r}_\mathrm{A}}^{\vec{r}_\mathrm{B}}\vec{F}\cdot\mathrm{d}\vec{r} = \lim_{n\to\infty}\sum_{n=0}^{n-1}\vec{F}_i\cdot\Delta\vec{r}_i$$

のように**定義している**のです。

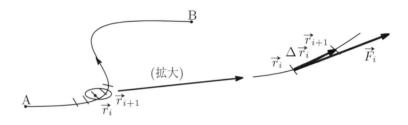

質問：換算質量を使うのはなぜですか。

(回答)

質量 m_1 と m_2 の 2 個の質点系で

$$\frac{1}{\mu} = \frac{1}{m_1} + \frac{1}{m_2} \quad \left(\mu = \frac{m_1 m_2}{m_1 + m_2}\right) \tag{27}$$

で定義される μ をこの質点系の換算質量として導入しました。まずこの導入過程を振り返ってみましょう。

2 個の質点の運動方程式は質点 1 と質点 2 の位置ベクトルをそれぞれ $\vec{r}_1$ と $\vec{r}_2$ とし，外力が働いていないとすると

$$m_1\frac{\mathrm{d}^2\vec{r}_1}{\mathrm{d}t^2} = \vec{F}_{21} \tag{28}$$

$$m_2\frac{\mathrm{d}^2\vec{r}_2}{\mathrm{d}t^2} = \vec{F}_{12} \tag{29}$$

となります。ここで $\vec{F}_{21}$ は質点 2 が質点 1 に及ぼす内力であり，$\vec{F}_{12}$ は質点 1 が質点 2 に及ぼす内力を表します。両者にはニュートンの運動の第 3 法則 (作用・反作用の法則) により

$$\vec{F}_{21} = -\vec{F}_{12} \tag{30}$$

の関係があります。式 (28) の両辺を m_1，式 (29) の両辺を m_2 で割って両式の差

をとると

$$\frac{\mathrm{d}^2\vec{r}_2}{\mathrm{d}t^2} - \frac{\mathrm{d}^2\vec{r}_1}{\mathrm{d}t^2} = \frac{1}{m_2}\vec{F}_{12} - \frac{1}{m_1}\vec{F}_{21}$$

$$\frac{\mathrm{d}^2}{\mathrm{d}t^2}(\vec{r}_2 - \vec{r}_1) = \left(\frac{1}{m_1} + \frac{1}{m_2}\right)\vec{F}_{12} \tag{31}$$

$$\frac{\mathrm{d}^2\vec{r}}{\mathrm{d}t^2} = \frac{1}{\mu}\vec{F}_{12} \tag{32}$$

$$\mu\frac{\mathrm{d}^2\vec{r}}{\mathrm{d}t^2} = \vec{F}_{12} \tag{33}$$

式 (31) では式 (30) を用いて右辺を整理し，式 (32) では相対座標

$$\vec{r} = \vec{r}_2 - \vec{r}_1$$

を導入して左辺を書き換え，右辺は式 (27) で定義される換算質量を用いました。このようにすることで，**質量 μ の 1 個の質点が力 $\vec{F}_{12}$ を受けて運動する形の運動方程式**を得ることができました。

上記の過程では換算質量 μ は，2 個の質点の相対運動 (1 個の質点の運動に焼き直すこととみなすことができる) を考えるときには，焼き直した後の質点の質量は m_1 でも m_2 でもなく μ でなければならない，ことから導入されたと考えることができます。これはこの 2 個の質点が独立に (無関係に) 運動するのでなく，**互いに力 (内力) を及ぼしていることから生じる**ものです。では，2 体問題を考えるときにはいつも換算質量で考えなければならないかというと，そうしなくてもよい場合があります。たとえば，太陽 (質量 M) を公転する地球 (質量 m) の運動を考えるとき，理科年表によれば $M = 332946m$ であるため，この場合の換算質量は

$$\mu = \frac{Mm}{M+m} \approx \frac{Mm}{M} = m \quad \left(\mu = \frac{Mm}{M+m} = \frac{332946}{332947}m = 0.999997m\right)$$

となり，換算質量をわざわざ考える必要はなくなります。

問題の性質を考えてみることが大切です。

質問：保存力であるかどうかはどのようにして判断するのですか。

(回答)

その力にポテンシャルがあるかどうかで判断します。保存力とポテンシャルの関係 (ポテンシャルの定義) が

$$\int_{\vec{r}_\mathrm{A}}^{\vec{r}_\mathrm{B}} \vec{F} \cdot \mathrm{d}\vec{r} = U(\vec{r}_\mathrm{A}) - U(\vec{r}_\mathrm{B}) \tag{34}$$

であることから，この回答はトートロジーのように思えるかもしれません。順を追って説明すると次のようになります。

まず，力 $\vec{F}$ が点 A と点 B の間で質点にした仕事 W は式 (34) の左辺

$$W = \int_{\vec{r}_A}^{\vec{r}_B} \vec{F} \cdot d\vec{r}$$

で与えられます。これは $\vec{F}$ が保存力であろうが無かろうが，求めることができます。その結果は一般に質点が運動した経路やその他，時間などにも依存している可能性があります。しかし，もしこの W が質点の動いた経路や時間でなく運動を始めた点 A と終了した点 B の位置だけに依存して

$$W = U(\vec{r}_A) - U(\vec{r}_B) = U(x_A, y_A, z_A) - U(x_B, y_B, z_B)$$

のように書ける力であった場合 (ということが重要です)，このような力 $\vec{F}$ を保存力と呼んでいます。ですから，$\vec{F}$ がした仕事がどのような変数の関数として表されているかで，それが保存力かどうかが判断できることになります。

質問： 角運動量の導出過程の計算で

$$\frac{d}{dt}(\vec{r} \times \vec{p}) = \frac{d\vec{r}}{dt} \times \vec{p} + \vec{r} \times \frac{d\vec{p}}{dt}$$

の右辺はどうして和となるのですか。

(回答)

質問の式は $\vec{r} \times \vec{p}$ を $\vec{r}$ と $\vec{p}$ の合成関数として，合成関数の微分を行っている形になっています。このようなことがベクトルの微分においても可能かどうかをということが質問の内容になっています。質問に答える前に，内積 (スカラー積) と外積 (ベクトル積) の次の基本的な計算規則を確認しておきましょう。

スカラー積

　　　　　交換則：$\vec{a} \cdot \vec{b} = \vec{b} \cdot \vec{a}$

　　　　　分配則：$\vec{a} \cdot (\vec{b} + \vec{c}) = \vec{a} \cdot \vec{b} + \vec{a} \cdot \vec{c}$

　　　　　スカラー倍：$n(\vec{a} \cdot \vec{b}) = (n\vec{a}) \cdot \vec{b} = \vec{a} \cdot (n\vec{b})$　　(n は任意の数)

ベクトル積

　　　　　交換則：$\vec{a} \times \vec{b} = -\vec{b} \times \vec{a}$

　　　　　分配則：$\vec{a} \times (\vec{b} + \vec{c}) = \vec{a} \times \vec{b} + \vec{a} \times \vec{c}$

　　　　　スカラー倍：$n(\vec{a} \times \vec{b}) = (n\vec{a}) \times \vec{b} = \vec{a} \times (n\vec{b})$　　(n は任意の数)

以上の計算規則をもとに質問の内容を考えてみます。

いま $\vec{r}$ や $\vec{p}$ は時間 t の関数になっていますから，これを以下のように明示することにします。

$$\vec{r} = \vec{r}(t)$$
$$\vec{p} = \vec{p}(t)$$

問題では $\vec{r} \times \vec{p}$ の時間微分を行っていますから，時間が t から $t + \Delta t$ と変化する

として，導関数の定義に従ってこれを求めることにします。

$$\frac{\mathrm{d}}{\mathrm{d}t}(\vec{r} \times \vec{p}) = \lim_{\Delta t \to 0} \frac{\vec{r}(t+\Delta t) \times \vec{p}(t+\Delta t) - \vec{r}(t) \times \vec{p}(t)}{\Delta t}$$

$$= \lim_{\Delta t \to 0} \frac{\vec{r}(t+\Delta t) \times \vec{p}(t+\Delta t) - \vec{r}(t) \times \vec{p}(t+\Delta t)}{\Delta t}$$

$$+ \lim_{\Delta t \to 0} \frac{\vec{r}(t) \times \vec{p}(t+\Delta t) - \vec{r}(t) \times \vec{p}(t)}{\Delta t}$$

$$= \lim_{\Delta t \to 0} \frac{\vec{r}(t+\Delta t) - \vec{r}(t)}{\Delta t} \times \vec{p}(t+\Delta t)$$

$$+ \vec{r}(t) \times \lim_{\Delta t \to 0} \frac{\vec{p}(t+\Delta t) - \vec{p}(t)}{\Delta t}$$

$$= \frac{\mathrm{d}\vec{r}}{\mathrm{d}t} \times \vec{p} + \vec{r} \times \frac{\mathrm{d}\vec{p}}{\mathrm{d}t}$$

上記の計算過程では，外積の分配則を使って式の整理を行っています．以上のように，外積の微分においても $\vec{r} \times \vec{p}$ を通常の合成関数とみて微分できることが分かります．

(別解) 上記の計算過程の見通しを少し良くするために，時間が t から $t+\Delta t$ に変化するときに，$\vec{r}$ が $\vec{r}+\Delta\vec{r}$ に，$\vec{p}$ が $\vec{p}+\Delta\vec{p}$ に変化すると考え，この間の平均変化率で上式の微分を考えてみましょう．

$$\frac{\mathrm{d}}{\mathrm{d}t}(\vec{r} \times \vec{p}) = \lim_{\Delta t \to 0} \frac{(\vec{r}+\Delta\vec{r}) \times (\vec{p}+\Delta\vec{p}) - \vec{r} \times \vec{p}}{\Delta t}$$

$$= \lim_{\Delta t \to 0} \frac{(\vec{r}+\Delta\vec{r}) \times (\vec{p}+\Delta\vec{p}) - \vec{r} \times (\vec{p}+\Delta\vec{p})}{\Delta t}$$

$$+ \lim_{\Delta t \to 0} \frac{\vec{r} \times (\vec{p}+\Delta\vec{p}) - \vec{r} \times \vec{p}}{\Delta t}$$

$$= \lim_{\Delta t \to 0} \frac{\Delta\vec{r}}{\Delta t} \times (\vec{p}+\Delta\vec{p}) + \vec{r} \times \lim_{\Delta t \to 0} \frac{\Delta\vec{p}}{\Delta t}$$

$$= \frac{\mathrm{d}\vec{r}}{\mathrm{d}t} \times \vec{p} + \vec{r} \times \frac{\mathrm{d}\vec{p}}{\mathrm{d}t}$$

国際単位系 (SI) と主な物理定数

物理量は (数値)+(単位) で構成される。数値には大きな数から小さな数まであるが，これらの表し方には，① 指数を用いる，② SI 接頭語を用いる，などの方法がある。後者について国際単位系では，下記の 24 個の接頭語が定められている。

10 の整数乗倍を表す SI 接頭語

倍数	名称		記号	倍数	名称		記号
10^{-1}	deci	(デシ)	d	10^{1}	deka	(デカ)	da
10^{-2}	centi	(センチ)	c	10^{2}	hecto	(ヘクト)	h
10^{-3}	milli	(ミリ)	m	10^{3}	kilo	(キロ)	k
10^{-6}	micro	(マイクロ)	μ	10^{6}	mega	(メガ)	M
10^{-9}	nano	(ナノ)	n	10^{9}	giga	(ギガ)	G
10^{-12}	pico	(ピコ)	p	10^{12}	tera	(テラ)	T
10^{-15}	femto	(フェムト)	f	10^{15}	peta	(ペタ)	P
10^{-18}	atto	(アト)	a	10^{18}	exa	(エクサ)	E
10^{-21}	zepto	(ゼプト)	z	10^{21}	zetta	(ゼタ)	Z
10^{-24}	yocto	(ヨクト)	y	10^{24}	yotta	(ヨタ)	Y
*10^{-27}	ronto	(ロント)	r	*10^{27}	ronna	(ロナ)	R
*10^{-30}	quecto	(クエクト)	q	*10^{30}	quetta	(クエタ)	Q

複数の SI 接頭語を並置して作られる接頭語記号は使用することはできない。1.2×10^3 km はよいが，1.2 kkm は用いることができず，1.2 Mm あるいは 1.2×10^6 m と表す。

キログラムは SI 単位の中で唯一名称と記号に接頭語が含まれている。このため，質量の表記については，単位名称 (記号) である「グラム (g)」に接頭語を結合して作る。例えば，10^{-6} kg は，1 マイクロキログラム (1μkg) でなく，1 ミリグラム (1 mg) と表記する。

*2022 年 11 月開催の第 27 回国際度量衡総会で追加が決定されたもの

国際単位系 (SI) の基本単位

物理量	記号	名称	定義
時間	s	(秒)	^{133}Cs の摂動を受けない基底状態の超微細構造遷移周波数を単位 Hz で表したときに，その数値を 9 192 631 770 と定める
長さ	m	(メートル)	真空中の光の速さ c を単位 m s^{-1} で表したときに，その数値を 299 792 458 と定める
質量	kg	(キログラム)	プランク定数 h を単位 J s で表したときに，その数値を $6.626\,070\,15 \times 10^{-34}$ と定める ($E = h\nu$ と $E = mc^2$ から，周波数が $c^2/(6.626\,070\,15 \times 10^{-34})$ Hz の光子のエネルギーと等価な質量)
電流	A	(アンペア)	電気素量 e を単位 C で表したときに，その数値を $1.602\,176\,634 \times 10^{-19}$ と定める (1 秒間に電気素量の $(1.602\,176\,634 \times 10^{-19})^{-1}$ 倍の電荷が流れることに相当する電流)
温度	K	(ケルビン)	ボルツマン定数 k を単位 J K^{-1} で表したときに，その数値を $1.380\,649 \times 10^{-23}$ と定める ($E = kT$ から，$1.380\,649 \times 10^{-23}$ J の熱エネルギーの変化に等しい)
物質量	mol	(モル)	1 mol には，厳密に $6.022\,140\,76 \times 10^{23}$ の要素粒子が含まれる
光度	cd	(カンデラ)	周波数 540×10^{12} Hz の単色放射の視感効果度 K_cd を単位 lm W^{-1}(あるいは cd sr W^{-1}) で表したときに，その数値を 683 と定める

上記の基本物理量の単位の定義は，2018 年 11 月の国際度量衡総会で合意され，2019 年 5 月に発効したものである．この改定により，SI 単位の定義は，次の 7 つの定義定数を用いて確立された．

1. セシウム 133 原子の摂動を受けない基底状態の超微細構造遷移周波数 $\quad \Delta\nu_\text{Cs} = 9\,192\,631\,770$ Hz
2. 真空中の光の速さ $\quad c = 299\,792\,458$ m/s
3. プランク定数 $\quad h = 6.626\,070\,15 \times 10^{-34}$ J s
4. 電気素量 $\quad e = 1.602\,176\,634 \times 10^{-19}$ C
5. ボルツマン定数 $\quad k = 1.380\,649 \times 10^{-23}$ J/K
6. アボガドロ定数 $\quad N_\text{A} = 6.022\,140\,76 \times 10^{23}$ mol^{-1}
7. 周波数 540×10^{12} Hz の単色放射の視感効果度 $\quad K_\text{cd} = 683$ lm/W

定義中に現れる組立単位と基本単位の関係は以下の通り．

Hz=s^{-1}, J=kg m^2 s^{-2}, C=A s, lm=cd (m^2 m^{-2})=cd sr, W=kg m^2 s^{-3}

固有の名称と記号を持つ物理量と組立単位

物理量	記号	名称	定義
平面角	rad	(ラジアン)	円の半径に等しい弧に対する中心角 (rad=m/m=1)
立体角	sr	(ステラジアン)	球の半径の二乗に等しい球面上の面積に対する中心立体角 (sr=m^2/m^2=1)
力	N	(ニュートン)	N=kg m s^{-2}
圧力, 応力	Pa	(パスカル)	Pa=N/m^2=kg m^{-1} s^{-2}
仕事, エネルギー	J	(ジュール)	J=N m=kg m^2 s^{-2}
仕事率, 電力	W	(ワット)	W=J/s=kg m^2 s^{-3}
振動数, 周波数	Hz	(ヘルツ)	Hz=s^{-1}
電荷	C	(クーロン)	C=A s
電圧	V	(ボルト)	V=J/C=kg m^2 s^{-3} A^{-1}
静電容量	F	(ファラド)	F=C/V=kg^{-1} m^{-2} s^4 A^2
電気抵抗	Ω	(オーム)	Ω=V/A=kg m^2 s^{-3} A^{-2}
コンダクタンス	S	(ジーメンス)	S=A/V=kg^{-1} m^{-2} s^3 A^2
磁束, 磁荷	Wb	(ウェーバ)	Wb=V s=J/A=kg m^2 s^{-2} A^{-1}
磁束密度	T	(テスラ)	T=Wb/m^2=N/(A m)=kg s^{-2} A^{-1}
インダクタンス	H	(ヘンリー)	H=V s/A=kg m^2 s^{-2} A^{-2}
セルシウス温度	°C	(セルシウス度)	°C=K
光束	lm	(ルーメン)	lm=cd sr=cd
照度	lx	(ルクス)	lx=lm/m^2=cd sr m^{-2}=cd m^{-2}
放射能	Bq	(ベクレル)	Bq=s^{-1}
吸収線量	Gy	(グレイ)	Gy=J/kg=m^2 s^{-2}
線量当量	Sv	(シーベルト)	Sv=J/kg=m^2 s^{-2}
酵素活性	kat	(カタール)	kat=mol s^{-1}

主な物理定数

物理量の名称と記号		数値	単位
万有引力定数	G	$6.67430(15) \times 10^{-11}$	$\mathrm{N\,m^2/kg^2}$
真空中の光速度 (定義値)	c	2.99792458×10^{8}	m/s
電気素量 (定義値)	e	$1.602176634 \times 10^{-19}$	C=A s
電気定数 (真空の誘電率)	ε_0	$8.8541878128(13) \times 10^{-12}$	F/m
磁気定数 (真空の透磁率)	μ_0	$1.25663706212(19) \times 10^{-6}$	$\mathrm{H/m=N/A^2}$
プランク定数 (定義値)	h	$6.62607015 \times 10^{-34}$	J s
ディラック定数	$\hbar$	$1.054571817 \times 10^{-34}$	J s
磁束量子	Φ_0	$2.067833848 \times 10^{-15}$	Wb
ボーア半径	a_0	$5.291772083 \times 10^{-11}$	m
ボーア磁子	μ_B	$9.27400899 \times 10^{-24}$	J/T
核磁子	μ_N	$5.05078317 \times 10^{-27}$	J/T
陽子の質量	M_p	$1.67262192369(51) \times 10^{-27}$	kg
電子の質量	m_e	$9.1093837015(28) \times 10^{-31}$	kg
微細構造定数	α	$7.2973525693(11) \times 10^{-3}$	-
微細構造定数の逆数	α^{-1}	$137.035999084(21)$	-
リュードベリ定数	R_∞	$1.0973731568160(21) \times 10^{7}$	1/m
原子質量定数	m_u	$1.66053906660(50) \times 10^{-27}$	kg
アボガドロ数 (定義値)	N_A	$6.02214076 \times 10^{23}$	1/mol
理想気体のモル体積		2.2413996×10^{-2}	$\mathrm{m^3/mol}$
ボルツマン定数 (定義値)	k	1.380649×10^{-23}	J/K
ファラデー定数	F	$9.648533212 \times 10^{4}$	C/mol
気体定数	R	8.314462618	J/(mol K)
水の三重点		273.16	K
セルシウス温度の零点	$0\,°\mathrm{C}$	273.15	K

(数値の一部は,国立研究開発法人産業技術総合研究所 計量標準総合センター Web サイトを参照)

電気定数 ε_0, 磁気定数 μ_0 は,現行の教科書の多くでそれぞれ「真空の誘電率」,「真空の透磁率」の名称が使われており,本書でも初出部分を除き後者を用いた。

( ) は標準不確かさを表す。万有引力定数を例にとると,$6.67430(15) \times 10^{-11}$ は値が 6.67430×10^{-11}, 標準不確かさが 0.00015×10^{-11} であることを意味している。

$$\hbar = \frac{h}{2\pi}, \quad \Phi_0 = \frac{h}{2e}, \quad a_0 = \frac{4\pi\varepsilon_0 \hbar^2}{m_e e^2}, \quad \mu_B = \frac{e\hbar}{2m_e}, \quad \mu_N = \frac{e\hbar}{2M_p}, \quad \alpha = \frac{e^2}{4\pi\varepsilon_0 \hbar c},$$

$$R_\infty = \frac{m_e e^4}{8\varepsilon_0^2 h^3 c}, \quad F = N_A e, \quad R = N_A k$$

ギリシヤ文字－読みとそれが表す代表的な物理量－

小文字	大文字	英語表記	読み	小文字が表す主な物理量等
α	A	alpha	アルファ	角度，未定係数，初期位相，加速度
β	B	beta	ベータ	角度，未定係数，初期位相，膨張率，$1/kT$
γ	Γ	gamma	ガンマ	未定係数，比熱比，抵抗力の比例係数
δ	Δ	delta	デルタ	微小な量
ϵ, ε	E	epsilon	イプシロン	誘電率，エネルギー，微小な量
ζ	Z	zeta	ゼータ	
η	H	eta	エータ	効率，粘性率
θ, ϑ	Θ	theta	シータ	角度
ι	I	iota	イオタ	
κ	K	kappa	カッパ	等温圧縮率
λ	Λ	lambda	ラムダ	波長，線密度，未定係数
μ	M	mu	ミュー	摩擦係数，透磁率，化学ポテンシャル
ν	N	nu	ニュー	振動数，周波数
ξ	Ξ	xi	クシー	変位
o	O	omicron	オミクロン	
π, ϖ	Π	pi	パイ	円周率
ρ, ϱ	P	rho	ロー	座標，密度，電気抵抗率，比電気抵抗 (比抵抗)
σ, ς	Σ	sigma	シグマ	面密度，ポアッソン比，電気伝導率
τ	T	tau	タウ	温度，時間，体積
υ	Y	upsilon	ウプシロン	
ϕ, φ	Φ	phi	ファイ	角度，(スカラー) ポテンシャル，(波動) 関数
χ	X	chi	カイ	感受率 (磁化率)
ψ	Ψ	psi	プサイ	角度，(波動) 関数
ω	Ω	omega	オメガ	角振動数，角周波数，角速度

参考図書

本書を作成するにあたって，参考にした教科書です．出版年が古いものが多いですが，いずれも良書です．物理学の体系をとらえるには，どの教科書もおすすめです．

[1] 小出昭一郎『物理学 [三訂版]』(裳華房，2011)
　　長年，本学で物理学の教科書として使ってきた良書です．多くの部分で参考としました．

[2] 原　康夫『第5版　物理学基礎』(学術図書出版社，2021)
　　現在の標準的な教科書の一つです．

[3] 加藤　潔『理工系 物理学講義 改訂版』(培風館，2008)
　　2018年まで本学夜間主コースで物理学の教科書として使用していた教科書です．

[4] 星崎憲夫，町田 茂『基幹物理学 -こつこつと学ぶ人のためのテキスト-』(てらぺいあ，2008)
　　物理学全般をカバーする丁寧に書かれた良書ですが，価格が高いです．ただ，力学部分のみの分冊もあります．

[5] 砂川重信『電磁気学 -初めて学ぶ人のために-』(培風館，1994)
　　物理物質システムコースの「電磁気学」の教科書として使用しています．

[6] E. R. Cohen, T. Cvitaš, J. G. Frey, B. Holmström, K. Kuchitsu, R. Maraquardt, I. Mills, F. Pavese, M. Quack, J. Stohner, H. L. Strauss, M. Takami and A. J. Thor 『Quantities, Units and Symbols in Physical Chemistry (3rd ed.)』(RSC Publishing, 2007)
((社) 日本化学会 監修, (独) 産業技術総合研究所 計量標準総合センター 訳『物理化学で用いられる量・単位・記号』(講談社サイエンティフィク，2009))
　　タイトルに「物理化学で」とありますが，現在，理工系分野で広く受け入れられている物理量の表記法に関する文献です．翻訳本は絶版のようですが，計量標準総合センターのwebサイトにPDF版が掲載されています．
(https://unit.aist.go.jp/nmij/public/report/others/)(2023年12月現在)

索引

2 点間の距離, 37

div(発散, ダイバージェンス), 25

grad(勾配, グラディエント), 25

Δ (ラプラシアン), 25

∇ (ナブラ), 25

rot(回転, ローテーション), 25

SI, 32
　　—接頭語, 208

アンペールの法則, 173
アンペール・マクスウェルの法則, 182
位置, 37
位置エネルギー, 81
インダクタンス, 210
運動エネルギー, 77
運動の法則, 51
運動方程式
　　単振動の—, 53
　　等加速度直線運動の—, 52, 57
　　等速円運動の—, 53
　　等速直線運動の—, 52, 56
　　バネの—, 65
運動量, 91, 94
円錐振り子, 97
オイラーの式, 17
オームの法則, 164

外積, 91
　　—の結合則, 194
　　—の交換則, 194, 206
　　—のスカラー倍, 206
　　—の成分表示, 92
　　—の定義, 91, 193
　　—の分配則, 194, 206
回転, 25
外力, 100
ガウスの法則, 146
角運動量, 92, 95
　　中心力場の—, 95
角周波数, 46, 53
角振動数, 46, 53
角速度, 46, 53
加速度, 38
　　回転座標系の—, 43
　　直角座標での—, 38
滑車の運動, 134
軽い棒の振り子, 129
換算質量, 100, 111
慣性, 51
　　—質量, 52
　　—の法則, 51
慣性モーメント
　　—に関する定理, 123
　　穴の開いた薄い円板の—, 132
　　一様な薄い円板の—, 131
　　一様な球の—, 132
　　一様な細い棒の—, 127
　　薄い円環の—, 131
　　固定軸のまわりの剛体の—, 123
　　三原子分子の—, 130
　　二原子分子の—, 127
　　薄い長方形の—, 128
キャパシタ, 156
　　平行平板—, 158
極形式, 17
距離の 2 乗に反比例する引力, 84
　　—のポテンシャル, 82
ギリシヤ文字, 212
キルヒホッフの法則, 165
クーロンの法則
　　磁荷に関する—, 169
　　電荷に関する—, 140
クーロン力, 140
　　—の重ね合わせの原理, 140
区分求積, 13
撃力, 104
剛体, 111
　　—のつり合い, 112
勾配, 25
国際単位系 (SI), 32
　　—と主な物理定数, 208
　　—の基本単位, 209
　　—の基本量, 32
　　—の組立単位, 32, 210
固定軸のまわりの剛体の運動, 122
固定軸のまわりの剛体の回転運動の運動エネルギー, 123
コンダクタンス, 210
コンデンサ, 156

座標系, 35
　　円筒—, 35

極—, 35
直角—, 35
直交直線—, 35
作用・反作用の法則, 52
三角関数
　　—の加法定理, 20
　　—の導関数, 11
磁気定数, 169, 211
磁気分極, 172
磁気モーメント, 169
次元, 32
　　—解析, 33
仕事, 77
　　向心力のする—, 84
　　非保存力のする—, 85
仕事率, 210
磁束密度 $\vec{B}$, 172
実体振り子, 133
質点, 35
質点系, 111
　　—の運動方程式, 122
　　—の運動量, 112
　　—の運動量保存則, 116
　　—の角運動量, 112
　　—の角運動量保存法則, 117
　　—の重心, 111
　　—の重心運動の運動方程式, 115
　　—の全角運動量の運動方程式, 116
磁場中を運動する電荷, 174
磁場の強さ $\vec{H}$, 169
斜面を転がる円形物体, 135
斜面を滑る物体の運動, 62
周期, 48, 66
重心
　　一様な細い棒の—, 114
　　円錐の—, 118
　　三原子分子の—, 117
　　二原子分子の—, 114
重心運動, 114
終速度, 68
終端速度, 68
周波数, 48, 210
重力, 52
　　—加速度, 52
　　—質量, 52
　　—のポテンシャル, 81
ジュール熱, 165
衝突
　　完全弾性—, 105
　　完全非弾性—, 105
　　弾性—, 91
　　二物体間の—, 104
　　非弾性—, 91, 105
常微分, 9
初期位相, 46
真空中の電磁波の波動方程式, 190
真電荷, 156
振動数, 48, 210
振幅, 46

スカラー関数, 24
スカラー積, 76
スカラー場, 24
静止, 45, 51
静電位, 146
　　点電荷のつくる—, 141
静電ポテンシャル, 146
静電誘導, 156
静電容量, 156
　　—の合成, 157
絶縁体, 138
全微分, 21
相対座標, 111
速度, 38
　　回転座標系の—, 42
　　瞬間の—, 38
　　直角座標での—, 38
ソレノイド, 173

帯電, 138
第2宇宙速度, 85
楕円軌道, 50
単振動, 48
　　—の運動方程式の解法, 70, 71
　　—の周期, 48
　　—のポテンシャル, 82
　　—の力学的エネルギー, 83
単振動 (調和振動), 46
弾性エネルギー, 82
単振り子, 66, 73
　　—の角振動数, 66
力, 51
力の場, 77
力のモーメント, 92, 95
中心力の働く場での角運動量, 92
定積分, 13, 14
テイラー級数 (展開), 15
電圧, 146
電荷, 138
　　—保存の法則, 138, 188
電界, 140
電気感受率, 156
電気振動
　　LRC 回路の—, 186
電気双極子, 144
電気抵抗, 164
　　合成—, 164
電気抵抗率, 164, 212
電気定数, 140, 211
電気伝導率, 164, 188, 212
電気変位, 156
電気容量, 156
電気力線, 141
電磁誘導, 182
電束電流, 182
電束密度, 156
電場, 140, 147
　　—の重ね合わせの原理, 140
　　平行平面電荷の—, 154

平面電荷の—, 153
無限に長い直線状電荷がつくる—, 149
電場中を運動する電荷, 174
電場と電位
　一様な電荷密度を持つ球がつくる—, 148
　球全体に一様に分布する電荷がつくる—, 151
　球の表面のみに一様に分布する電荷がつくる—, 150
　点電荷がつくる—, 147
電力, 165, 210
等加速度直線運動, 45, 47
導関数, 9
　cos 関数の—, 9
　sin 関数の—, 9
　合成関数の—, 10, 12
　指数関数の—, 10
　商関数の—, 10
　積関数の—, 10
　対数関数の—, 9
　べき関数の—, 9
　和関数の—, 10
透磁率
　真空の—(磁気定数), 169, 211
　物質の—, 188
等速円運動, 46, 48, 49, 96
等速直線運動, 45, 47, 51
等速度運動, 45
導体, 138
等電位面, 147
等電位面 (線), 141
ド・モアブルの定理, 19

内積, 76
　—と成分, 76
　—の結合則, 194
　—の交換則, 194, 206
　—のスカラー倍, 206
　—の定義, 76, 193
　—の分配則, 194, 206
内力, 100
二体問題, 100
　—の運動方程式, 101
　—の重心, 101
ニュートンの
　—運動の第一法則, 51
　—運動の第三法則, 52
　—運動の第二法則, 51
　—運動方程式, 51
　—運動方程式の運動量表示, 95
　—万有引力の法則, 52

薄板における直交軸の定理, 123, 126
発散, 25
はねかえり係数, 104
速さ, 38
　瞬間の—, 38
半導体, 138
反発係数, 105
反平行電流, 177
万有引力定数, 52

ビオ・サバールの法則, 173
比電気抵抗 (比抵抗), 164, 212
ファラデーの電磁誘導の法則, 182
複素数, 17
　共役—, 17
複素平面, 17
物理定数, 211
不定積分, 13
振り子の等時性, 66
フレミングの左手の法則, 173
分極電荷, 156
平均変化率, 9
平行軸の定理, 123, 126
平行電流, 177
平面角, 210
ベクトル関数, 24
ベクトル積, 91
ベクトル場, 24
変位, 37
変位電流, 182
　平行平板キャパシタの—, 185
偏導関数, 21
偏微分, 21
放物運動, 58, 61
　—斜方投射, 58
　—水平投射, 61
保存の法則
　運動量—, 104, 106
　角運動量—, 104, 107
　力学的エネルギー—, 104, 106
保存力, 77
　—に関する定理, 78
ポテンシャル, 77

マクスウェル方程式, 188
マクローリン級数 (展開), 15
摩擦電気, 138
モーター, 184

誘電分極, 156
誘電率
　真空の—(電気定数), 140, 211
　比—, 157
　物質の—, 157, 188
誘導起電力, 187
ヨーヨー, 136

落下運動
　慣性抵抗のある—, 68
　粘性抵抗のある—, 66
力学的エネルギー, 78
力積, 91, 94
リサジュー図形, 74
立体角, 210
連続の方程式, 188
レンツの法則, 182
ローレンツ力, 172

和の定理, 123, 127

演習で考え方を学ぶ 物理学（力学・電磁気学）

2022 年 3 月 20 日	第 1 版	第 1 刷	発行
2023 年 3 月 20 日	第 2 版	第 1 刷	発行
2024 年 3 月 20 日	第 3 版	第 1 刷	発行
2025 年 3 月 10 日	第 4 版	第 1 刷	印刷
2025 年 3 月 20 日	第 4 版	第 1 刷	発行

著　者　　髙 野 英 明
　　　　　柴 山 義 行
　　　　　桃 野 直 樹
　　　　　磯 田 広 史

発 行 者　　発 田 和 子

発 行 所　　株式会社 学術図書出版社

〒113-0033　東京都文京区本郷 5 丁目 4 の 6
TEL 03-3811-0889　　振替 00110-4-28454
　　　　　　　　　　印刷　三和印刷（株）

定価は表紙に表示してあります．

本書の一部または全部を無断で複写（コピー）・複製・転載することは，著作権法でみとめられた場合を除き，著作者および出版社の権利の侵害となります．あらかじめ，小社に許諾を求めて下さい．

© 2022–2025　TAKANO, H.　SHIBAYAMA, Y.
　　　　　　 MOMONO, N.　ISODA, H.
Printed in Japan
ISBN978-4-7806-1352-0　C3042